"十四五"职业教育国家规划教材

 "十四五"职业教育江苏省规划教材
"十三五"江苏省高等学校重点教材
（编号：2017-1-096）

建筑工程施工准备

（第三版）

主　编　安沁丽　王　磊　朱桂春
副主编　郭东芹　张领雷　冯　辉
主　审　陈年和

 南京大学出版社

图书在版编目(CIP)数据

建筑工程施工准备 / 安沁丽,王磊,朱桂春主编.
— 3 版. — 南京:南京大学出版社,2023.8
ISBN 978 - 7 - 305 - 26419 - 1

Ⅰ. ①建⋯ Ⅱ. ①安⋯ ②王⋯ ③朱⋯ Ⅲ. ①建筑工
程—施工准备—高等职业教育—教材 Ⅳ. ①TU721

中国版本图书馆 CIP 数据核字(2022)第 245628 号

出版发行　南京大学出版社
社　　址　南京市汉口路 22 号　　　　邮　编　210093
出 版 人　王文军
书　　名　**建筑工程施工准备**
主　　编　安沁丽　王　磊　朱桂春
责任编辑　朱彦霖　　　　　　　　编辑热线　025 - 83597482
照　　排　南京南琳图文制作有限公司
印　　刷　丹阳兴华印务有限公司
开　　本　787×1092　1/16　印张 20　字数 492 千
版　　次　2023 年 8 月第 3 版　2023 年 8 月第 1 次印刷
ISBN 978 - 7 - 305 - 26419 - 1
定　　价　58.00 元

网址:http://www.njupco.com
官方微博:http://weibo.com/njupco
微信服务号:NJUyuexue
销售咨询热线:(025) 83594756

第三版前言

　　"建筑工程施工准备"是建筑工程技术专业的岗位核心课程,主要培养学生组织与管理工程项目的基本能力,对达到建筑工程技术专业学生的培养目标起关键性作用。

　　本教材根据全国高职高专教育土建类专业教学指导委员会制定的教育标准和培养方案及主干课程教学大纲,对照岗位职业能力,确定岗位任务、分析工作过程,并结合二级建造师《建设工程施工管理》科目考试大纲、"1+X"建筑信息模型(BIM)职业技能等级考试大纲进行编写,是"岗课赛证"融通的新形态教材。

　　本教材在编写体例上也进行了大胆创新,每个项目根据授课需要,发布"项目任务单",既引起了学生的兴趣,又导入了知识点。教材在介绍重点内容的同时,还有针对性地设置"工程案例"、"思政案例"及"知识链接"等。"工程案例"和"知识链接"的大量采用,既锻炼了学生解决实际问题的能力,也开拓了学生的视野。通过"思政案例"贯彻落实党的二十大精神,培养学生的责任意识、担当意识及精益求精的工匠精神。在每个项目最后设置的单选题、多选题、案例分析题,均来自近几年的二级建造师考试真题,帮助学生复习巩固所学知识。

　　"建筑工程施工准备"课程于 2018 年立项为"江苏省'十三五'在线开放课程",本教材配套资源可在爱课程(中国大学 MOOC)上查看学习。

　　本教材由江苏建筑职业技术学院安沁丽、王磊、扬州工业职业技术学院朱桂春任主编,江苏建筑职业技术学院郭东芹、张领雷、中建八局第三建设公司上海分公司冯辉任副主编,江苏建筑职业技术学院陈年和主审,中建八局第三建设公司徐州分公司郭义朋、中国核工业第二二建设有限公司胡继通给予了编写指导。全书由安沁丽负责统稿、整理。

　　本教材大量引用了有关专业文献和资料,未在书中一一注明出处,在此对有关文献的作者表示感谢。本教材在编写过程中,虽经反复推敲核证,但建筑行业飞速发展,同时限于编者水平有限,难免存在疏漏和不妥之处,恳请读者、同行专家批评指正。

编　者

2023 年 5 月

目 录

项目 1 项目经理部的构建 ··················· 1

    任务 1.1 建筑工程项目经理 ··················· 2

    任务 1.2 项目经理部 ··················· 8

    任务 1.3 施工队组的准备 ··················· 17

    自测与案例 ··················· 19

项目 2 施工图审查和资料收集 ··················· 23

    任务 2.1 施工图的自审 ··················· 24

    任务 2.2 施工图的会审 ··················· 25

    任务 2.3 施工资料的收集 ··················· 29

    自测与案例 ··················· 37

项目 3 建筑工程流水施工 ··················· 38

    任务 3.1 流水施工原理 ··················· 41

    任务 3.2 流水施工参数的计算 ··················· 48

    任务 3.3 流水施工组织方法设计 ··················· 58

    自测与案例 ··················· 73

项目 4 网络计划技术 ··················· 77

    任务 4.1 网络计划基础知识 ··················· 80

    任务 4.2 双代号网络的组成及其绘制 ··················· 82

    任务 4.3 双代号网络图时间参数的计算 ··················· 93

    任务 4.4 双代号时标网络计划 ··················· 104

    任务 4.5 单代号网络图 ··················· 109

    任务 4.6 网络计划的具体应用 ··················· 112

    自测与案例 ··················· 115

项目 5 单位工程施工组织设计的编制 ··················· 120

    任务 5.1 单位工程施工组织设计概述 ··················· 121

任务 5.2　工程概况的编写 ······ 126

任务 5.3　施工部署的编写 ······ 129

任务 5.4　施工方案的编制 ······ 131

任务 5.5　施工进度计划的编制 ······ 155

任务 5.6　单位工程施工平面图的设计 ······ 162

自测与案例 ······ 179

项目 6　施工现场准备 ······ 182

任务 6.1　三通一平 ······ 183

任务 6.2　搭设临时设施 ······ 198

任务 6.3　施工物资进场 ······ 204

任务 6.4　施工现场管理 ······ 210

自测与案例 ······ 218

项目 7　施工项目进度管理 ······ 222

任务 7.1　进度管理概述 ······ 223

任务 7.2　施工进度控制方法的选择与应用 ······ 229

任务 7.3　施工项目进度计划的实施和调整 ······ 240

自测与案例 ······ 247

项目 8　施工项目成本管理 ······ 252

任务 8.1　成本管理概述 ······ 253

任务 8.2　施工成本计划 ······ 259

任务 8.3　施工成本控制 ······ 265

任务 8.4　施工成本核算、成本分析和成本考核 ······ 274

自测与案例 ······ 281

项目 9　施工项目质量管理 ······ 284

任务 9.1　建设工程项目质量管理概述 ······ 285

任务 9.2　施工项目质量控制 ······ 290

任务 9.3　施工质量事故预防与处理 ······ 304

自测与案例 ······ 311

参考文献 ······ 314

项目 1 项目经理部的构建

【引言】

施工现场项目经理部是在施工项目经理的领导下组建的临时性的基层施工管理机构,建立项目经理部的目的是为了使施工现场更具有生产组织功能,更好地实现施工项目管理的总目标。

【学习目标】

1. 掌握项目经理的职责、权限和任务;
2. 熟悉项目经理部的组织结构形式;
3. 理解项目经理部的运行程序;
4. 能够根据工程规模、特点组建项目经理部;
5. 培养爱岗敬业、团结协作、忠于职守、追求卓越、精益求精的工作品质。

项目任务单

任务背景

某大型市政工程项目,由 A、B、C 三个标段组成,采用施工总承包方式。经评标后,某建筑公司中标,该公司确定了项目经理,在施工现场设立了项目经理部。项目经理部下设物资设备部门、进度控制部门、质量控制部门、合同控制部门、信息管理部门等五个职能部门,设立 A、B、C 三个项目管理部。

任务内容

(1) 确定施工项目经理部的组织结构模式应考虑哪些因素?

(2) 根据任务背景本工程项目经理部应选择哪种组织结构形式,并绘制该组织结构图;

(3) 项目经理应承担哪些职责,具有哪些权限?

▶ 任务 1.1　建筑工程项目经理 ◀

1.1.1　施工项目经理地位及要求

建设工程项目是一项特殊而复杂的整体任务,有统一的最高目标,按照管理学的基本原则,需要设专人负责才能保证其目标的实现,这个负责人就是项目经理。建设工程项目管理中的项目经理有两种类型:一种是项目法人委派的项目经理,另一种是施工企业委派的项目经理。

《建设工程项目管理规范》(GB/T 50326—2017)规定,大中型项目的项目经理必须取得工程建设类相应专业注册执业资格证书。

建筑施工项目经理是指受企业法定代表人委托对工程项目施工过程全面负责的项目管理者,是建筑施工企业法定代表人在工程项目上的代理人。项目经理根据法定代表人授权的范围、期限和内容履行管理职责,并对项目实施全过程进行全面管理。

微课

项目经理 1

拓展知识

· 注册建造师执业工程规模标准
· 《建设工程项目管理规范》(GB/T 50326—2017)

> 提示:项目经理应为合同当事人所确认的人选,并在专用合同条款中明确项目经理的姓名、职称、注册执业证书编号、联系方式及授权范围等事项,项目经理经承包人授权后代表承包人负责履行合同。项目经理应是承包人正式聘用的员工,承包人应向发包人提交项目经理与承包人之间的劳动合同,以及承包人为项目经理缴纳社会保险的有效证明。承包人不提交上述文件的,项目经理无权履行职责,发包人有权要求更换项目经理,由此增加的费用和(或)延误的工期由承包人承担。项目经理应常驻施工现场,且每月在施工现场时间不得少于专用合同条款约定的天数。项目经理不得同时担任其他项目的项目经理。项目经理确需离开施工现场时,应事先通知监理人,并取得发包人的书面同意。

1. 项目经理的地位

就施工企业来说,项目经理是企业法人代表在施工项目中派出的全权代表,是对工程项目施工过程全面负责的项目管理者,工程项目的中心,在施工活动中占有举足轻重的地位。他的中心地位体现如下。

(1) 施工项目经理是建筑业企业法定代表人在施工项目上负责管理和合同履行的委托代理人,是施工项目实施阶段的第一责任人。从企业内部看,施工项目经理是施工项目实施过程中所有工作的总负责人,是项目动态管理的体现者,是生产要素合理投入和优化组合的组织者;从对外方面看,作为企业法定代表人的项目经理,不直接对每个项目业主负责,而是由施工项目经理在委托授权范围内对建设单位直接负责。

(2) 施工项目经理是协调各方面关系,使之相互协作、密切配合的桥梁和纽带。施工项目经理对项目管理目标的实现承担着全部责任,即合同责任,履行合同义务,执行合同条款,处理合同纠纷,受法律的约束和保护。

（3）施工项目经理对施工项目的实施进行控制，是各种信息的集散中心。所有信息通过各种渠道汇集到施工项目经理处，施工项目经理通过对各种信息进行汇总分析，及时做出应对决策，并通过指令、计划和协议等形式，对上反馈信息，对下、对外发布信息。通过信息的集散和处理达到对施工项目进行控制的目的。

（4）施工项目经理是施工项目责、权、利的主体。施工项目经理是项目总体的组织管理者，是项目中人、财、物、技术、信息等所有生产要素的组织管理人。他不同于技术、财务等专业的总负责人，施工项目经理必须把组织管理职责放在首位。首先，施工项目经理必须是项目实施阶段的责任主体，是项目目标的最高责任者，而且目标实现还应该不超出限定的资源条件。责任是施工项目经理责任制的核心，它构成了施工项目经理工作的压力和动力，是确定施工项目经理利益的依据。其次，施工项目经理必须是项目的权力主体，因为权力是确保施工项目经理能够承担起责任的条件与前提，所以权力的范围，必须视施工项目经理所承担的责任而定。如果没有必要的权力，施工项目经理就无法对工作负责。最后，施工项目经理还必须是施工项目的利益主体。利益是施工项目经理工作的动力，是因施工项目经理负有相应的责任而得到的报酬，所以利益的形式及利益的大小须与施工项目经理的责任对等。如果没有相应的利益，施工项目经理就不愿承担相应的责任，也不会认真行使相应的权力，也难以处理好与施工项目经理部、国家、企业和职工之间的利益关系。

2. 项目经理所需的素质

项目经理是决定项目管理成败的关键人物，是项目管理的柱石，是项目实施的最高决策者、管理者、协调者和责任者，因此必须由具有相关专业执业资格的人员担任。

项目经理必须具备以下良好的素质：

（1）具有较高的技术、业务管理水平和实践经验。

（2）有组织领导能力，特别是管理人的能力。

（3）政治素质好，作风正派，廉洁奉公，政策性强，处理问题能把原则性、灵活性和耐心结合起来。

（4）具有一定的社交能力和交流沟通能力。

（5）工作积极热情，精力充沛，能吃苦耐劳。

（6）决策准确、迅速，工作有魄力，敢于承担风险。

（7）具有较强的判断能力、敏捷思考问题的能力和综合概括的能力。

3. 项目经理的选择方法

一般情况下，项目经理的选择可以采用以下三种形式：

（1）经理委任制。委任的范围一般限于企业内部在聘干部，其程序是经过经理提名，组织人事部门考察，党政联席办公会议决定。这种方式要求组织人事部门严格考核，公司经理知人善任。

（2）竞争招聘制。招聘可面向社会，但要本着先内后外的原则，其程序是：个人自荐，组织审查，答辩讲演，择优选聘。这种方式既可选优，又可增强项目经理的竞争意识和责任心。

（3）基层推荐、内部协调制。这种方式一般是企业各基层施工队或劳务作业队向公推荐若干人选,然后由人事组织部门集中各方面意见,进行严格考核后,提出拟聘用人选,报企业党政联席会议研究决定。

工程项目经理的决策者应当是企业法定代表人,由他任命工程项目经理,法定代表人可以兼任一个重点工程项目的项目经理。

4. 项目经理的工作内容

(1) 项目经理的基本工作

① 规划项目管理目标。项目经理应当对质量、工期、成本目标做出规划;应当组织项目经理班子成员对目标系统做出详细规划,进行目标管理。

② 制定制度和规范。要建立合理而有效的项目管理组织机构,制定重要的规章制度和规范,从而保证规划目标的实现。规章制度和规范由项目经理组织机构制定,项目经理给予审批、督促和效果考核。

③ 选用人才。项目经理必须选择好项目经理班子成员及主要的业务人员。项目经理在选择人员时,应坚持精干高效的原则,要选得其才,用得其能,置得其所。

(2) 项目经理经常性工作

① 决策。项目经理对重大决策必须按照完整的科学方法进行。项目经理不需要包揽一切决策,只有如下两种情况要及时明确地做出决断:一是出现了例外性事件,例如特别的合同变更,对某种特殊材料的购买,领导重要指示的执行决策等;二是下级请示的重大问题,即涉及项目目标的全局性问题,项目经理要及时明确地做出决断,项目经理可不直接回答下属问题,只直接回答下属建议。决策要及时、明确,不要模棱两可。

② 联系群众。项目经理必须密切联系群众,经常深入实际,这样才能体察下情问题,发现问题,便于开展领导工作。要帮助群众解决问题,把关键工作做在最恰当的时候。

③ 实施合同。对合同中确定的各项目标的实现进行有效的协调与控制,协调各种关系,组织全体职工实现工期、质量、成本、安全、文明施工目标,提高经济效益。

④ 学习。项目管理涉及现代生产、科学技术、经营管理,它往往集中了这三者的最新成就,故项目经理必须事先学习,在实践中学习。事实上,群众的水平在不断提高,项目经理如果不学习,就不能很好地领导水平提高了的下属,也不能很好地解决出现的新问题。项目经理必须不断抛弃老化的知识,学习新知识、新思想和新方法。

提示:选择项目经理应注意的事项

(1) 项目经理工作的特点是任务繁重、紧张,工作具有挑战性和创新开拓性。一般项目经理应该具有较好的体质、充沛的精力和开拓进取的精神,而且这方面的素质难以靠聘请其他组织或个人去完成。

(2) 必须把施工企业的工程任务作为一个有机的完整系统、一个项目来管理,实行项目经理个人全面负责制。所以项目经理的素质必须较为全面,能够独当一面,具有独立决策的工作能力。如果某一方面能力弱一些,必须在项目经理小组配备能力较强的人。

(3) 由于项目经理遇到的许多问题都具有"非程序性"、"例外性",难以直接用从书本上学习到的现成的理论知识去套用,必须靠实践经验,所以施工项目经理一般应有一定年限的工作经验。

（4）由于项目经理要对项目的全部工作负责，处理众多的企业内外部人际关系，所以必须具有较强的组织管理、协调人际关系的能力，这方面的能力比技术能力更重要。

1.1.2　项目经理责任制

微课

项目经理责任制及项目经理的责、权、利

1. 项目经理责任制的概念

项目经理责任制，是指以项目经理为责任主体的项目管理目标责任制度，用以确立项目经理部与企业、职工三者之间的责权利关系。它是以工程项目为对象，以项目经理全面负责为前提，以项目目标责任书为依据，以创优质工程为目标，以求得项目产品的最佳经济效益为目的，实行从项目开工到竣工、验收、交工的一次性全过程的管理。项目经理责任制是施工项目管理的基本制度，是评价项目经理工作绩效的基本依据。项目经理责任制的核心是项目经理承担实现《施工项目管理目标责任书》确定的责任。项目经理和项目部在工程建设中应严格遵守和实行施工项目管理责任制，确保施工项目目标全面实现。

施工企业在推行项目管理时，应实行项目经理责任制，注意处理好企业管理层、项目管理层和劳务作业层的关系，并应在"项目管理目标责任书"中明确项目经理的责任、权力和利益。企业管理层、项目管理层和劳务作业层的关系应符合下列规定：

（1）企业管理层应制定和健全施工项目管理制度，规范项目管理。

（2）企业管理层应加强计划管理，保持资源的合理分布和有序流动，并为项目生产要素的优化配置和动态管理服务。

（3）企业管理层应对项目管理层的工作进行全过程指导、监督和检查。

（4）项目管理层应做好资源的优化配置动态管理，执行和服从企业管理层对项目管理的监督检查和宏观调控。

（5）企业管理层与劳务作业层应签订劳务分包合同。项目管理层与劳务作业层应建立共同履行劳务分包合同的关系。

2. 项目经理责任书

项目经理责任书由施工企业法定代表人或其授权人与项目经理签订，具体明确项目经理及其管理成员在项目实施过程中的职责、权限、利益与奖惩，是规范和约束企业与项目经理部各自行为，考核项目管理目标完成情况的重要依据，属于内部合同，其主要内容有：

（1）项目管理实施目标。

（2）企业和项目管理机构职责、权限和利益的划分。

（3）项目现场质量、安全、环保、文明、职业健康和社会责任目标。

（4）项目设计、采购、施工、试运行管理的内容和要求。

（5）项目所需资源的获取和核算方法。

（6）法定代表人向项目管理机构负责人委托的相关事项。

（7）项目管理机构负责人和项目管理机构应承担的风险。

（8）项目应急事项和突发事件处理的原则和方法。

（9）项目管理效果和目标实现的评价原则、内容和方法。

（10）项目实施过程中相关责任和问题的认定和处理原则。

（11）项目完成后对项目管理机构负责人的奖惩依据、标准和办法。

（12）项目管理机构负责人解职和项目管理机构解体的条件及办法。

（13）缺陷责任期、质量保修期及之后对项目管理机构负责人的相关要求。

1.1.3 项目经理的责、权、利

1. 项目经理的职责

（1）项目管理目标责任书中规定的职责；

（2）工程质量安全责任承诺书中应履行的职责；

（3）组织或参与编制项目管理规划大纲、项目管理实施规划，对项目目标进行系统管理；

（4）主持制定并落实质量、安全技术措施和专项方案，负责相关的组织协调工作；

（5）对各类资源进行质量监控和动态管理；

（6）对进场的机械、设备、工器具的安全、质量和使用进行监控；

（7）建立各类专业管理制度，并组织实施；

（8）制定有效的安全、文明和环境保护措施并组织实施；

（9）组织或参与评价项目管理绩效；

（10）进行授权范围内的任务分解和利益分配；

（11）按规定完善工程资料，规范工程档案文件，准备工程结算和竣工资料，参与工程竣工验收；

（12）接受审计，处理项目管理机构解体的善后工作；

（13）协助和配合组织进行项目检查、鉴定和评奖申报；

（14）配合组织完善缺陷责任期的相关工作。

2. 项目经理的权限

（1）参与项目招标、投标和合同签订；

（2）参与组建项目管理机构；

（3）参与项目各阶段的重大决策；

（4）主持项目管理机构工作；

（5）决定授权范围内的项目资源使用；

（6）在组织制度的框架下制定项目管理机构管理制度；

（7）参与选择并直接管理具有相应资质的分包人；

（8）参与选择大宗资源的供应单位；

（9）在授权范围内与项目相关方进行直接沟通；

（10）法定代表人和组织授予的其他权利。

3. 项目经理的利益

施工项目经理最终利益是项目经理行使权力和承担责任的结果，也是市场经济条件下责、权、利相互统一的具体体现。施工项目经理应享有以下利益：

（1）获得工资和奖励。

（2）项目完成后，按照《施工项目管理目标责任书》的规定，工程竣工验收结算后，接受企业的考核和审计，除按规定获得物质奖励外，还可获得表彰、记功、优秀项目经理等荣誉称号及其他精神奖励。

（3）经考核和审计，未完成《施工项目管理目标责任书》确定的责任目标或造成亏损的，按有关条款承担责任，并接受经济或行政处罚。

4. 项目经理的责任

项目经理应承担施工安全和质量的责任，要加强对建筑业企业项目经理市场行为的监督管理，对发生重大工程质量安全事故或市场违法违规行为的项目经理，必须依法予以严肃处理。

项目经理对施工承担全面管理的责任。工程项目施工应建立以项目经理为首的生产经营管理系统，实行项目经理负责制。项目经理在工程项目施工中处于中心地位，对工程项目施工负有全面管理的责任。

项目经理由于主观原因，或由于工作失误有可能承担法律责任和经济责任。政府主管部门追究的主要是法律责任，企业追究的主要是经济责任。但是，如果由于项目经理的违法行为而导致企业的损失，企业也有可能追究其法律责任。

典型考题 1-1

根据《建设工程项目管理规范》（GB/T 50326—2017），项目经理的权限有（　　）。（2022 年二建）

A. 参与选择大宗资源的供应单位　　B. 主持项目管理机构工作

C. 制定项目管理目标责任书　　D. 自主选择具有相应资质的分包人

E. 决定授权范围内的项目资源使用

正确答案：ABE。

 **知识链接**

建造师与项目经理的区别和联系

2002 年 12 月 5 日，人事部、建设部联合下发了《关于印发〈建造师执业资格制度暂行规定〉的通知》（人发〔2002〕111 号），标志着我国建立建造师执业资格制度的工作正式启动。

一、建造师与项目经理的区别

（一）本质区别

（1）建造师是从事建设工程管理包括工程项目管理的专业技术人员的执业资格，按照规定具备一定条件，并参加考试合格的人员，才能获得这个资格。获得建造师执业资格的人员，经注册后可以担任工程项目的项目经理及其他有关岗位职务。

（2）项目经理是建筑业企业实施工程项目管理设置的一个岗位职务，项目经理根据企业法定代表人的授权，对工程项目自开工准备至竣工验收实施全面全过程的组织管理。

项目经理的资质由行政审批获得。

（二）定位不同

1. 建造师

（1）建造师执业资格制度是政府对某种责任重大、社会通用性强、关系公共安全利益的专业技术工作实行的市场准入控制，是专业技术人员从事某种专业技术工作学识、技术和能力的必备条件。所以要想取得建造师执业资格，就必须具备一定的条件，比如规定的学历、从事工作年限等，同时还要通过全国建造师执业资格统一考核或考试，并经国家主管部门授权的管理机构注册后方能取得建造师执业资格证书。建造师从事建造活动是一种执业行为，取得资格后可使用建造师名称，依法单独执行建造业务，并承担法律责任。

（2）建造师是一种证明某个专业人士从事某种专业技术工作知识和实践能力的体现。这里特别注重"专业"二字。所以，一旦取得建造师执业资格，提供工作服务的对象有多种选择，可以是建设单位（业主方），也可以是施工单位（承包人），还可以是政府部门、学校科研单位等，从而从事相关专业的工程项目管理活动。

2. 项目经理

（1）经理或项目经理与建造师不仅是名称不同，其内涵也不一样。经理通常解释为经营管理，这是广义概念；狭义的解释即负责经营管理的人，可以是经理、项目经理和部门经理。作为项目经理，理所当然是负责工程项目经营管理的人，对工程项目的管理是全方位、全过程的。对项目经理的要求，不但在专业知识上要求有建造师资格，更重要的是还必须具备政治和领导素质、组织协调和对外洽谈能力以及工程项目管理的实践经验。

（2）项目经理是企业法定代表人在项目上的一次性授权管理者和责任主体。项目经理从事项目管理活动，通过实行项目经理责任制，履行岗位职责，在授权范围内行使权力，并接受企业的监督考核。项目经理资质是企业资质的人格化体现，从工程投标开始，就必须出示项目经理资质证书，并不得低于工程项目和业主对资质等级的要求。

二、建造师与项目经理的联系

建造师与项目经理定位不同，但所从事的都是建设工程的管理。建造师执业的覆盖面较大，可涉及工程建设项目管理的许多方面，担任项目经理只是建造师执业中的一项，且项目经理仅限于企业内某一特定工程的项目管理。建造师选择工作相对自由，可在社会市场上有序流动，有较大的活动空间；项目经理岗位则是企业设定的，项目经理是由企业法人代表授权或聘用的一次性的工程项目施工管理者。

▶ 任务 1.2 项目经理部 ◀

1.2.1 项目经理部概述

施工现场设置项目经理部，有利于各项管理工作顺利进行。因此，大中型施工项目，施工方必须在施工现场设立项目经理部，并根据目标控制和管理的需要设立专业职能部门,小型施工项目,一般也应设立项目经理部,但可简化。

微课

1. 项目经理部的概念

项目经理部是组织设置的项目管理机构,承担项目实施的管理任务和目标实现的全面责任。项目经理部由项目经理领导,接受组织职能部门的指导、监督、检查、服务和考核,并负责对项目资源进行合理使用和动态管理。

项目经理部

> 提示:项目经理部应在项目启动前建立,并在项目竣工验收、审计完成后按合同约定解体。

2. 项目经理部的地位

项目经理部是施工项目管理的核心,其职能是对施工项目从开工到竣工实行全过程的综合管理。施工项目完成的好坏,在很大程度上取决于项目经理部的整体素质、管理水平和工作效率。

对企业来讲,项目经理部既是企业的一个下属单位,必须服从企业的全面领导,又是一个施工项目机构独立利益的代表,同企业形成一种经济责任内部合同关系,代表企业对施工项目的各方面活动全面负责。它一方面是企业施工项目的管理层,另一方面又对劳务作业层担负着管理和服务的双重职能。对业主来讲,项目经理部是建设单位成果目标的直接责任者,是业主直接监督控制的对象。

思政案例

3. 项目经理部的作用

施工项目经理部是由企业授权,并代表企业履行工程承包合同,进行项目管理的工作班子。施工项目经理部的作用有:

(1)施工项目经理部是企业在某一工程项目上的一次性管理组织机构,由企业委任的施工项目经理领导。

(2)施工项目经理部对施工项目从开工到竣工的全过程实施管理,对作业层负有管理和服务的双重职能,其工作质量好坏将对作业层的工作质量有重大影响。

(3)施工项目经理部是代表企业履行工程承包合同的主体,是对最终建筑产品和建设单位全面负责、全过程负责的管理实体。

(4)施工项目经理部是一个管理组织体,要完成项目管理任务和专业管理任务;凝聚管理人员的力量,调动其积极性,促进合作;协调部门之间、管理人员之间的关系,发挥每个人的岗位作用,为共同目标进行工作;贯彻组织责任制,搞好管理;及时沟通部门之间、项目经理部与作业层之间、与公司之间、与环境之间的信息。

1.2.2 项目经理部的设置

1. 项目经理部的设置原则

(1)根据所选择的项目组织形式组建。

不同的组织形式决定了企业对项目的不同管理方式,提供的不同管理环境,以及对项目经理授予权限的大小。同时对项目经理部的管理力量配备、管理职责也有不同的要求,要充分体现责、权、利的统一。

(2)根据项目的规模、复杂程度和专业特点设置。

如大型施工项目的项目经理部要设置职能部、处;中型施工项目的项目经理部要设置职能处、科;小型施工项目的项目经理部只要设置职能人员即可。在施工项目的专业性很强时,可设置相应的专业职能部门,如水电处、安装处等。项目经理部的设置应与施工项目的目标要求相一致,便于管理,提高效率,体现组织现代化。

(3)根据施工工程任务需要调整。

项目经理部是弹性的一次性的工程管理实体,不应成为一级固定组织,不设固定的作业队伍。应根据施工的进展,业务的变化,实行人员选聘进出,优化组合,及时调整,动态管理。

(4)适应现场施工的需要。

项目经理部人员配置可考虑设专职或兼职,功能上应满足施工现场的计划与调度、技术与质量、成本与核算、劳务与物资、安全与文明施工的需要。不应设置经营与咨询、研究与发展、政工与人事等与项目无关的人员。

(5)应建立有益于组织运转的管理制度。

2. 施工项目经理部的设置步骤

(1)根据企业批准的项目管理规划大纲,确定项目经理部的管理任务和组织形式。

(2)确定项目经理部的层次,设立职能部门和工作岗位。

(3)确定人员、职责、权限。

(4)由项目经理根据项目管理目标责任书进行目标分解。

(5)组织有关人员制定规章制度和目标责任考核、奖惩制度。

3. 施工项目经理部的规模

施工项目经理部的规模等级,国家尚无具体规定,结合有关企业推行施工项目管理的实际,一般按项目的性质和规模划分。只有当施工项目的规模达到以下要求时才实行项目管理:1万平方米以上的公共建筑、工业建筑、住宅建设区及其他工程项目投资在500万元以上的,均实行项目管理。表1-1给出了试点的项目经理部规模等级的划分标准,供参考。

表1-1 施工项目经理部规模等级

施工项目经理部等级	施工项目规模		
	群体工程建筑面积/万平方米	单体工程建筑面积/万平方米	各类工程项目投资/万元
一级	15 及以上	10 及以上	8 000 及以上
二级	10～15	5～10	3 000～8 000
三级	2～10	1～5	500～3 000

建筑面积在2万平方米以下的群体工程,或面积在1万平方米以下的单体工程,按照项目经理负责制有关规定,实行栋号承包。以栋号长为承包人,直接与公司(或工程部)经理签订承包合同。

4. 施工项目经理部的部门设置和人员配置

施工项目经理部是市场竞争的核心、企业管理的重心、成本管理的中心。为此,施工项目经理部应优化设置部门、配置人员，全部岗位职责能覆盖项目施工的全方位、全过程，人员应素质高、一专多能、有流动性。项目经理部的部门设置和人员配置与施工项目的规模和类型有关，应能满足施工全过程的项目管理，成为履行合同的主体。表1-2列出了不同等级的施工项目经理部部门设置和人员配置要求，可供参考。

表1-2　施工项目经理部的部门设置和人员配置参考

施工项目经理部等级	人数	项目领导	职能部门	主要工作
一级 二级 三级	30～45 20～30 15～20	项目经理 总工程师 总经济师 总会计师	经营核算部门	预算、资金收支、成本核算、合同、索赔、劳动分配等
			工程技术部门	生产调度、施工组织设计、进度控制、技术管理、劳动力配置计划、统计等
			物资设备部门	材料工具询价、采购、计划供应、运输、保管、管理、机械设备租赁及配套使用等
			监控管理部门	施工质量、安全管理、消防、保卫、文明施工、环境保护等

1.2.3　项目经理部的组织形式

项目经理部的组织形式是指施工项目管理组织中处理管理层次、管理跨度、部门设置和上下级关系的组织结构类型。项目经理部的组织形式多种多样，随着社会生产力水平的提高和科学技术的发展，还将不断产生新的结构。选择什么样的项目组织形式，由企业做决策。常用的线织结构包括线性（直线式）组织结构、职能式组织结构和矩阵式组织结构等。

1.　线性（直线式）组织结构

在军事组织系统中，组织纪律非常严谨，军、师、旅、团、营、连、排和班的组织关系是指令逐级下达，一级指挥一级和一级对一级负责。线性组织结构就是来自这种十分严谨的军事组织系统。在线性组织结构中，每一个工作部门只能对其直接的下属部门下达工作指令，每一个工作部门也只有一个直接的上级部门，因此，每一个工作部门只有唯一一个指令源，避免了由于矛盾的指令而影响组织系统的运行。

微课

线性组织结构和职能式组织结构

在图1-1所示的线性组织结构中：

（1）A 可以对其直接的下属部门 B1、B2、B3 下达指令。

（2）B2 可以对其直接的下属部门 C21、C22、C23 下达指令。

（3）虽然 B1 和 B3 比 C21、C22、C23 高一个组织层次，但是，B1 和 B3 并不是 C21、C2、C2 的直接上级部门，它们不允许对 C21、C22、C23 下达指令。在该组织结构中，每一

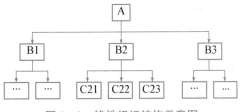

图1-1　线性组织结构示意图

个工作部门的指令源是唯一的。

线性组织结构的主要优点是结构简单、权力集中、易于统一指挥、隶属关系明确、职责分明、决策迅速。但由于未设职能部门，项目经理没有参谋和助手，要求领导者通晓各种业务，成为"全能式"人才，无法实现管理工作专业化，不利于项目管理水平的提高。在一个特大组织系统中，由于线性组织结构模式的指令路径过长，有可能会造成组织系统在一定程度上运行的困难，所以这种组织形式比较适合于中小型项目。

2. 职能式组织结构

职能式组织结构是一种传统的组织结构模式。职能式组织结构是在各管理层次之间设置职能部门，各职能部门分别从职能角度对下级执行者进行业务管理。在职能式组织机构中，各级领导不直接指挥下级，而是指挥职能部门。每一个职能部门可根据它的管理职能对其直接和非直接的下属工作部门下达工作指令。因此，每一个工作部门可能得到其直接和非直接的上级工作部门下达的工作指令，它就会有多个矛盾的指令源，使下级执行者接受多方指令，容易造成职责不清。一个工作部门的多个矛盾的指令源会影响企业管理机制的运行。

在图 1 - 2 所示的职能式组织结构中，A、B1、B2、B3、C5 和 C6 都是工作部门，A 可以对 B1、B2、B3 下达指令，B1、B2、B3 都可以在其管理的职能范围内对 C5 和 C6 下达指令，因此 C5 和 C6 有多个指令源，其中有些指令可能是矛盾的。

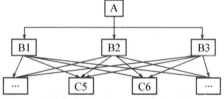

图 1 - 2　职能式组织结构示意图

在一般的工业企业中，设有人、财、物和产、供、销管理的职能部门，另有生产车间和后勤保障机构等。虽然生产车间和后勤保障机构并不一定是职能部门的直接下属部门，但是，职能管理部门可以在其管理的职能范围内对生产车间和后勤保障机构下达工作指令，这是典型的职能组织结构。在高等院校中，设有人事、财务、教学、科研和基建等管理的职能部门（处室），另有学院、系和研究中心等教学和科研的机构，其组织结构模式也是职能组织结构，人事处和教务处等都可对学院和系下达其分管范围内的工作指令。我国多数的企业、学校、事业单位目前还沿用这种传统的组织结构模式。许多建设项目也还用这种传统的组织结构模式，在工作中常出现交叉和矛盾的工作指令关系，严重影响了项目管理机制的运行和项目目标的实现。

【工程案例 1 - 1】

某建设集团有限公司承建某综合大楼，地上 22 层，地下 3 层，建筑面积 31 500 m²，檐高 65 m，箱型基础，框筒结构，工期 550 天，质量需符合国家质量验收合格标准。该项目采用了职能式的组织结构形式，经理部的部门设置和人员配备情况：项目经理 1 人，执行经理 1 人，现场经理、技术经理、商务经理、机电经理各 1 人，工程部 3 人，机电部 2 人，商务部 2 人，质量安全部 2 人，物资部 2 人，技术部 2 人，办公室 3 人，如图 1 - 3 所示。

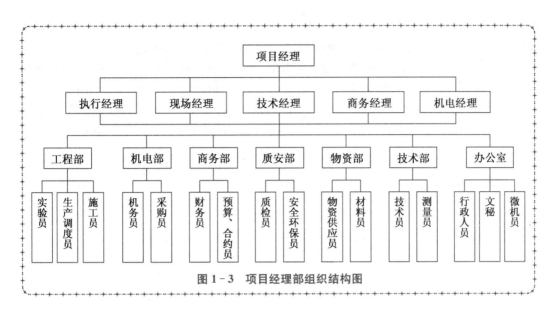

图1-3 项目经理部组织结构图

3. 矩阵式组织结构

微课

矩阵式组织结构

矩阵式组织结构是将按职能划分的部门与按工程项目(或产品)设立的管理机构,依照矩阵方式有机地结合起来的一种组织结构形式。这种组织结构以工程项目为对象设置,各项目管理结构内的管理人员从各职能部门临时抽调,归项目经理统一管理,待工程完工交付后又回到原职能部门或到另外工程项目的组织机构中工作。矩阵式组织结构如图1-4所示。

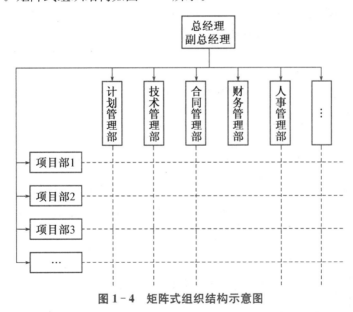

图1-4 矩阵式组织结构示意图

矩阵式组织结构的优点是能根据工程任务的实际情况灵活地组建与之相适应的管理机构,具有较大的机动性和灵活性。它实现了集权与分权的最优结合,有利于调动各类人员的工作积极性,使工程项目管理工作顺利地进行。但是,矩阵式组织结构经常变动,稳定型差,尤其是业务人员的工作岗位频繁调动。此外,矩阵中的每一个成员都受项目经理和职能部门经理的双重领导,如果处理不当,会造成矛盾,产生扯皮现象。

当纵向和横向工作部门的指令发生矛盾时,由该组织系统的最高指挥者(部门),即如图1-5(a)所示的A进行协调或决策。在矩阵式组织结构中为避免纵向和横向工作部门指令矛盾对工作的影响,可以采用以纵向工作部门指令为主1-5(b)或以横向工作部门指令为主1-5(c)的矩阵式组织结构模式,这样也可减轻该组织系统的最高指挥者的协调工作量。

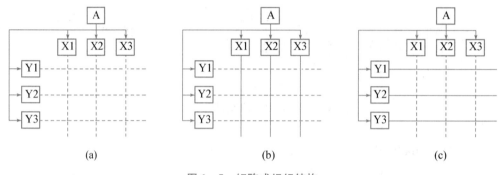

图1-5 矩阵式组织结构

矩阵式组织结构适宜用于大型、复杂的施工项目,因为大型复杂项目要求多部门、多技术、多工种配合实施,在不同阶段,对不同人员有不同数量和不同搭配的需要。矩阵式组织结构模式也适用于同时承担多个施工项目管理的企业。在这种情况下,各项目对专业技术人才和管理人员都有需求,加在一起数量较大,采用矩阵式组织可以充分利用有限的人才对多个项目进行管理,特别有利于发挥优秀人才的作用。

典型考题1-2

某施工单位采用如图1-6所示的组织结构模式,关于该组织结构的说法,正确的有( )。(2015年二建)

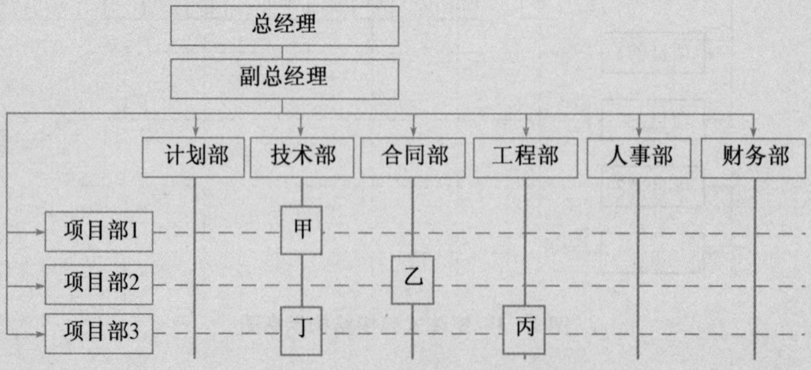

图1-6 组织结构模式

A. 甲工作涉及的指令源有2个,即项目部1和技术部

B. 该组织结构属于矩阵式

C. 当乙工作来自项目部 2 和合同部的指令矛盾时,必须以合同部指令为主

D. 技术部可以对甲、乙、丙、丁直接下达指令

E. 工程部不可以对甲、乙、丙、丁直接下达指令

解析:本题主要考查矩阵式的特点,技术部只能对甲和丁下达指令,工程部只能对丙下达指令。

正确答案:ABC。

典型考题 1-3

关于项目管理组织结构模式说法,正确的有( )。

A. 矩阵式组织结构适用于大型组织系统

B. 矩阵式组织系统中有横向和纵向两个指令源

C. 职能式组织结构中每一个工作部门只有一个指令源

D. 大型线性组织系统中的指令路径太长

E. 线性组织结构中可以跨部门下达指令知识链接

解析:本题主要考查直线式、职能式和矩阵式组织结构的特点及适用范围,职能式组织结构有多个指令源,组织结构只能逐级下达指令。

正确答案:ABD。

1.2.4 项目经理部的运行和解体

1. 项目经理部的运行原则

项目经理部的运作是公司整体运行的一部分,它应处理好与企业、主管部门、外部及其他各种关系。

(1)处理好与企业及主管部门的关系

项目经理部与企业及其主管部门的关系:一是在行政管理上,二者是上下级行政关系,又是服从与服务、监督与执行的关系;二是在经济往来上,根据企业法人与项目经理签订的"项目管理目标责任状",严格履约,以实计算,建立双方平等的经济责任关系;三是在业务管理上,项目经理部作为企业内部项目的管理层,接受企业职能部门的业务指导和服务。

(2)处理好与外部的关系

① 协调总分包之间的关系。项目管理中总包单位与分包单位在施工配合中,处理经济利益关系的原则是严格按照国家有关政策和双方签订的总分包合同及企业的规章制度办理,实事求是。

② 协调处理好与劳务作业层之间的关系。项目经理部与作业层队伍或劳务公司是甲乙双方平等的劳务合同关系。劳务公司提供的劳务要符合项目经理部为完成施工需要而提出的要求,并接受项目经理部的监督与控制。同时,坚持相互尊重、支持、协商解决问题,坚持为作业层创造条件,特别是不损害作业层的利益。

③ 协调土建与安装分包的关系。本着"有主有次,确保重点"的原则,统一安排好土建、安装施工。服从总进度的需要,定期召开现场协调会,及时解决施工中交叉矛盾。

④ 重视公共关系。施工中要经常和建设单位、设计单位、监理单位以及政府主管行业部门取得联系,主动争取他们的支持和帮助,充分利用他们各自的优势为工程项目服务。

（3）取得公司的支持和指导

项目经理部的运行只有得到公司强有力的支持和指导,才会高水平地发挥。两者的关系应本着大公司、小项目的原则来建设。公司应是项目运行的强大后盾,由于公司的强大使项目运行不会因项目经理的水平稍低而降低水平,从而保证公司各个项目都能代表公司的整体水平。

2. 施工项目经理部的工作内容

项目经理部的工作内容主要有如下几个方面:

（1）在项目经理领导下制定《施工项目管理实施规划》及项目管理的各项规章制度。

（2）对进入项目的资源和生产要素进行优化配置和动态管理。

（3）有效控制项目工期、质量、成本和安全等目标。

（4）协调企业内部、项目内部以及外部各系统之间的关系,增进项目各部门之间的沟通,提高工作效率。

（5）对施工项目目标和管理行为进行分析、考核和评价,对各类责任制度的执行结果实施奖罚。

3. 施工项目经理部的解体

施工项目经理部解体的条件:

（1）工程项目已经竣工验收。工程项目已经经过建设相关各方(包括政府建设主管部门、项目业主、监理单位、设计单位等)的联合验收确认并形成书面材料。

（2）与各分包单位已经结算完毕。

（3）已协助企业管理层与项目业主签订了《工程质量保修书》。

（4）《施工项目管理目标责任书》已经履行完成,并经过企业管理层审计合格。

（5）施工项目经理部在解体之前应与企业管理层办妥各种交接手续。主要是对相关职能部门交接项目管理文件资料,核算账册,现场办公设备,公章管理,交还领借的工器具及劳防用品,项目管理人员的业绩考核评价材料等。

（6）现场清理完毕。

施工项目经理部在完成以上工作后,进一步办理解体手续。

拓展知识

项目经理部解体的
程序与善后工作

思政案例

"火神山、雷神山医院"的故事

2020 年湖北武汉疫情肆虐、急需专门医院救治新冠肺炎患者的紧急时刻,10 天建成武汉火神山医院、12 天建成雷神山医院。在被称为"中国速度""世界奇迹"的背后,凝聚着"听党召唤、不畏艰险、团结奋斗、使命必达"的"火雷精神"。

2020年初,突如其来的新冠肺炎打破了中国新年的祥和宁静,武汉疫情十万火急。1月23日,武汉市新冠疫情防控指挥部紧急决定参照北京"小汤山模式",在武汉市蔡甸区火速建设一所建筑面积3.39万平方米、可容纳1000张床位的火神山医院。

虽然疫情严峻,但中建集团毅然扛起了这个艰巨的任务,第一时间拨付专项资金,组织最强大的队伍和资源,以最快速度向项目现场集中。全国各地两千多家供应商和分包商积极响应,2500余台大型设备及运输车辆集结武汉。四面八方汇聚而成的澎湃力量,筑牢了抗疫力量最硬的盾牌。

1月23日晚上十点半,第一台挖掘机挺进了知音湖畔,打响了火神山建设第一枪。1月25日大年初一,武汉新冠疫情防控指挥部又紧急召开调度会,决定半个月之内在江夏区黄家湖畔再建一所雷神山医院。雷神山医院总建筑规模超过两个火神山医院。此时,武汉市全市的施工人员、机械设备、物资材料都在援助火神山医院。开启"第二战场",可以说是难上加难。为应对建设队伍不足和物资的严重匮乏,集团征召4万名建设者逆行出征,调集11家子企业尽锐出战。

哪里任务险重,哪里就有挺身而出的英雄。放下婚纱的新婚夫妻来了,告别满月孩子的年轻父亲来了,一直熬夜督战的集团领导也来到了建筑一线!现场人数的每一次增长,都意味着必胜的信念更加强大。

饿了,蹲在工地上吃盒饭;困了,靠在材料堆上打个盹;下雨就钻到管子里睡十几分钟。材料一运到,马上又爬出来干活。他们用半个月时间完成了平常两年的工作量。

2月2日,火神山医院交付。2月6日,雷神山医院交付。透过直播屏幕,全球无数双眼睛都在见证"两山"医院的建设。网络上的千万"云监工"激动泪目:加油中国!

勇者逆行,令人惊叹的中国速度背后,是一名名建设者日夜兼程的无怨劳作。他们造"家园",打"疫"场胜仗。他们是雷神山医院的建设者,是最普通却最值得敬佩的劳动者。

任务1.3　施工队组的准备

施工队组的建立要认真考虑专业、工种的合理配合,技工、普工的比例要满足合理的劳动组织,专业工种工人要持证上岗,要符合流水施工组织方式的要求,确定建立施工队组,要坚持合理、精干、高效的原则;人员配置要从严控制二三线管理人员,力求一专多能、一人多职。

1.3.1　施工队组的组建

基本施工队组应根据现有的劳动组织情况、结构特点及施工组织设计的劳动力需要量计划确定。一般有以下几种组织形式:

(1)砖混结构的建筑。该类建筑在主体施工阶段,主要是砌筑工程,应以瓦工为主,配合适量的架子工、钢筋工、混凝土工、木工及小型机械工等;装饰阶段以抹灰、油漆工为主,配合适量的木工、电工、管工等。因此以混合施工班组为宜。

（2）框架、框剪及全现浇混凝土结构的建筑。该类建筑主体结构施工主要是钢筋混凝土工程,应以模板工、钢筋工、混凝土工为主,配合适量的瓦工;装饰阶段配备抹灰、油漆工等。因此以专业施工班组为宜。

（3）预制装配式结构的建筑。该类建筑的主要施工工作以构件吊装为主,应以吊装起重工为主,配合适量的电焊工、木工、钢筋工、混凝土工、瓦工等,装饰阶段配备抹灰工、油漆工、木工等。因此以专业施工班组为宜。

施工大型单位工程内部的机电安装、消防、空调、通信系统等设备安装工程时,可将这些专业性较强的工程外包给其他专业施工单位来完成。

1.3.2　施工企业劳动用工管理

施工企业必须根据《中华人民共和国劳动法》及有关规定,规范企业劳动用工及工资支付行为,保障劳动者的合法权益,维护建筑市场的正常秩序和稳定。

1. 施工企业劳动用工的种类

目前我国施工企业劳动用工大致有以下三种情况。

（1）企业自有职工。通常是长期合同工或无固定期限的合同工。企业对这部分员工的管理纳入正式的企业人力资源管理范畴,管理较为规范。

（2）劳务分包企业用工。劳务分包企业以独立企业法人形式出现,由其直接招收、管理进城务工人员,为施工总承包企业和专业承包企业提供劳务分包服务,或成建制提供给施工总承包企业和专业承包企业使用。

（3）施工企业直接雇用的短期用工。他们往往由包工头带到工地劳动,也有一定数量的零散工。

上列第（2）和第（3）两种情况的用工对象主要是进城务工人员,俗称"农民工",是目前施工企业劳务用工的主力军。对这部分用工的管理存在问题较多,是各级政府主管部门明令必须加强管理的重点对象。

农民工是指户籍仍在农村,进入城市务工和在当地或异地从事非农产业劳动6个月及以上的劳动者。施工企业劳务作业人员是指在建设工程现场从事施工作业以及为施工作业提供配套服务的人员。

2. 劳动用工管理

近年来,各级政府主管部门陆续制定了许多有关建设工程劳动用工管理的规定,主要内容如下。

（1）建筑施工企业（包括施工总承包企业、专业承包企业和劳务分包企业,下同）应当按照相关规定办理用工手续,不得使用零散工,不得允许未与企业签订劳动合同的劳动者在施工现场从事施工活动。

（2）建筑施工企业与劳动者建立劳动关系,应当自用工之日起按照劳动合同法规的规定签订书面劳动合同。劳动合同中必须明确规定劳动合同期限,工作内容,工资支付的标准、项目、周期和日期,劳动纪律,劳动保护和劳动条件以及违约责任。劳动合同应一式三份,双方当事人各持一份,劳动者所在工地保留一份备查。

（3）施工总承包企业和专业承包企业应当加强对劳务分包企业与劳动者签订劳动合同的监督，不得允许劳务分包企业使用未签订劳动合同的劳动者。

（4）建筑施工企业应当将每个工程项目中的施工管理、作业人员劳务档案中有关情况在当地建筑业企业信息管理系统中按规定如实填报。人员发生变更的，应当在变更后7个工作日内，在建筑业企业信息管理系统中做相应变更。

自测与案例

一、单项选择题

1. 下列责任内容中，应由施工项目经理承担的是（　　）。（2022 年二建）

　　A. 施工安全、质量责任　　　　　　B. 企业市场经营责任

　　C. 项目投标责任　　　　　　　　　D. 企业总部管理责任

2. 根据《建设工程项目管理规范》，下列工作内容中，属于施工方项目经理权限的是（　　）。（2022 年二建）

　　　　A. 主持项目的投标工作　　　　　B. 组建工程项目经理部

　　　　C. 制定项目管理机构管理制度　　D. 主持制定项目管理目标责任书

3. 根据《建设工程项目管理规范》，项目管理目标责任书应在项目实施之前，由企业的（　　）与项目经理协商制定。（2020 年二建）

　　　　A. 法定代表人　　B. 董事会　　　　C. 技术负责人　　D. 股东大会

4. 根据《建设工程项目管理规范》，建设工程施工前由施工企业法定代表人或其授权人与项目经理协商制定的文件是（　　）。（2020 年二建）

　　　　A. 施工组织设计　　　　　　　　B. 项目管理目标责任书

　　　　C. 施工总体规划　　　　　　　　D. 工程总承包合同

5. 根据《建设工程项目管理规范》(GB/T 50326—2017)，施工项目经理在项目管理实施规划中的职责是（　　）。（2017 年二建）

　　　　A. 主持编制　　B. 参与编制　　　C. 协助编制　　　D. 批准实施

6. 关于建造师执业资格制度的说法，正确的是（　　）。（2020 年二建）

　　　　A. 取得建造师注册证书的人员即可担任项目经理

　　　　B. 实施建造师执业资格制度后可取消项目经理岗位责任制

　　　　C. 建造师是一个工作岗位的名称

　　　　D. 取得建造师执业资格的人员表明其知识和能力符合建造师执业要求

7. 施工企业采用矩阵式组织结构，若纵向工作部门是工程计划、人事管理、设备管理等部门，则横向工作部门可以是（　　）。（2022 年二建）

　　　　A. 技术管理部门　　　　　　　　B. 施工项目部

　　　　C. 合同管理部门　　　　　　　　D. 财务管理部

8. 某项目管理机构设立了合约部、工程部和物资部等部门，其中物资部下设采购组和保管组，合约部工程部均可对采购组下达工作指令，则该组织结构模式是（　　）。

（2020年二建）

    A. 强矩阵组织结构   B. 弱矩阵组织结构

    C. 职能组织结构   D. 线性组织结构

9. 某建设工程项目设立了采购部、生产部、后勤保障部等部门，但在管理中采购部和生产部均可在职能范围内直接对后勤保障部下达工作指令，则该组织结构模式为（　　）。（2019年二建）

    A. 职能组织结构   B. 线性组织结构

    C. 强矩阵组织结构   D. 弱矩阵组织结构

10. 某施工企业采用矩阵组织结构模式，其横向工作部门可以是（　　）。（2018年二建）

    A. 合同管理部   B. 计划管理部   C. 财务管理部   D. 项目管理部

11. 根据《建设工程项目管理规范》（GB/T 50326—2017），施工项目经理具有的权限是（　　）。（2017年二建）

    A. 编制项目管理实施规划   B. 参与选择大宗资料的供应单位

    C. 参与工程竣工验收   D. 对资源进行动态管理

12. 某施工企业组织结构如图1-7，关于该组织结构模式特点的说法，正确的是（　　）。（2016年二建）

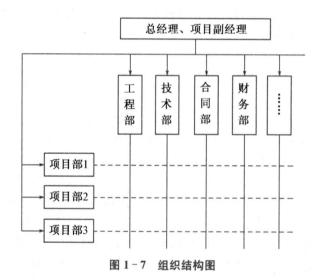

图1-7　组织结构图

    A. 当纵向和横向工作部门的指令发生矛盾时，以横向部门指令为主

    B. 当纵向和横向工作部门的指令发生矛盾时，由总经理进行决策

    C. 每一项纵向和横向交汇的工作只有一个指令源

    D. 当纵向和横向工作部门的指令发生矛盾时，以纵向部门指令为主

二、多项选择题

1. 根据《建设工程项目管理规范》（GB/T 50326—2017），施工项目经理应履行的职责有（　　）。（2021年二建）

A. 组织或参与编制项目管理规划大纲

B. 主持编制项目管理目标责任书

C. 对各类资源进行质量管控和动态管理

D. 组织或参与评价项目管理绩效

E. 进行授权范围内的利益分配

2. 据《建设工程项目管理规范》(GB/T 50326—2017),施工项目经理的职责有(   )。(2017 年一建)

A. 进行授权范围内的利益分配　　B. 对资源进行动态管理

C. 参与工程竣工验收　　　　　　D. 确保项目建设资金的落实到位

E. 与建设单位签订承包合同

3. 关于施工企业项目经理地位的说法,正确的有(   )。(2017 年二建)

A. 是承包人为实施项目临时聘用的专业人员

B. 是施工企业全面履行施工承包合同的法定代表人

C. 是施工企业法定代表人委托对项目施工过程全面负责的项目管理者

D. 是施工承包合同中的权利、义务和责任主体

E. 项目经理经承包人授权后代表承包人负责履行合同

4. 在建设工程施工管理过程中,项目经理在企业法定代表人授权范围内可以行驶的管理权力有(   )。(2018 年二建)

A. 对外进行纳税申报　　　　　　B. 制定企业经营目标

C. 选择施工作业队伍　　　　　　D. 组织项目管理班子

E. 指挥工程项目建设的生产经营活动

5. 图 1-8 组织结构模式中,关于下达工作指令的说法,正确的有(   )。(2021 年二建延考)

A. 部门 B2 可以对部门 C21 下达指令

B. 部门 A 可以对部门 B3 下达指令

C. 部门 A 可以对部门 C21 下达指令

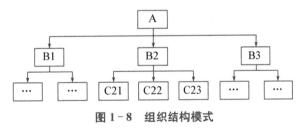

D. 部门 B3 可以对部门 C23 下达指令

E. 部门 B2 可以对部门 C23 下达指令

图 1-8 组织结构模式

三、案例题

1. 某写字楼工程,建筑面积 8 640 m²,建筑高度 40 m,地下一层,基坑深度 4.5 m,地上十一层,钢筋混凝土框架结构。施工单位中标后组建了项目部,并与项目部签订了项目目标管理责任书。(2018 年二建)

问题:施工单位应根据哪些因素确定本项目的组织结构形式?

2. 某大型建筑工程项目由 A、B、C、D 四个单项工程组成,采用施工总承包方式进行

招标。经评标后,由某建设集团公司中标。该公司确定了项目经理,在施工现场设立项目经理部。项目经理部下设综合办公室(兼管合同)、技术部(兼管工期和造价)、质量安全部三个业务职能部门;设立甲、乙、丙、丁四个施工管理组。

　　问题:(1) 对委派的项目经理的资格有什么要求? 对其素质有什么要求?

　　(2) 施工项目组织结构的主要形式有哪些? 本工程为了充分发挥职能部门和施工管理组的作用,使项目经理部具有机动性,应选择何种组织结构形式? 试说明理由。

　　(3) 项目经理部通过什么文件从企业获得任务? 该文件的主要内容是什么?

　　(4) 项目经理部解体应符合什么条件?

参考答案

项目 2 施工图审查和资料收集

【引言】

　　一个建筑物或构筑物的施工依据就是施工图纸，读懂图纸，掌握图纸内容，明确工程特点和各项技术要求，理解设计意图，是确保工程质量和工程顺利进行的重要前提。

【学习目标】

1. 熟悉图纸自审的内容；
2. 掌握图纸会审的组织和程序；
3. 能够根据工程条件收集拟建工程的相关资料；
4. 养成良好的自我学习和信息获取能力及认真做事、细心做事的科学态度。

项目任务单

任务背景

　　根据所给工程图纸(扫描右侧二维码获取)，熟悉图纸内容。(本图纸为2020年9月江苏省识图考试用图纸试卷)

任务图纸

任务成果

　　1. 完成 2020 年江苏省职业院校技能大赛高职组建筑工程识图技能竞赛识图试卷。(见二维码)

　　2. 5~7 人一个小组，小组成员分别扮演建设方、设计方、施工方和监理方模拟图纸会审，并编写本工程图纸会审纪要。

▶ 任务 2.1　施工图的自审 ◀

微课

施工图的自审

2.1.1　熟悉图纸阶段

1. 熟悉图纸工作的组织

由施工单位的工程项目经理部组织有关工程技术人员认真熟悉图纸,了解设计意图与建设单位要求以及施工应达到的技术标准,明确工艺流程。

2. 熟悉图纸的要求

(1)先粗后细。先看平面图、立面图、剖面图,对整个工程的概貌有一个了解,对总的长宽尺寸、轴线尺寸、标高、层高、总高有一个大体的印象。然后再看细部做法,核对总尺寸与细部尺寸、标高是否相符,门窗表中的门窗型号、规格、形状、数量是否与结构相符等。

(2)先小后大。先看小样图,后看大样图。核对在平面图、立面图、剖面图中标注的细部做法,与大样图的做法是否相符;所采用的标准构件图集编号、类型、型号,与设计图纸有无矛盾,索引符号有无漏标之处,大样图是否齐全等。

(3)先建筑后结构。先看建筑图,后看结构图。把建筑图与结构图互相对照,核对其轴线尺寸、标高是否相符,有无矛盾,查对有无遗漏尺寸,有无构造不合理之处。

(4)先一般后特殊。先看一般的部位和要求,后看特殊的部位和要求。特殊部位变形缝的设置、防水处理要求和抗震、防火、保温、隔热、防尘、特殊装修等技术要求。

(5)图纸与说明结合。要在看图时对照设计总说明和图中的细部说明,核对图纸和说明有无矛盾,规定是否明确,要求是否可行,做法是否合理等。

(6)土建与安装结合。看土建图时,有针对性地看一些安装图,核对与土建有关的安装图有无矛盾,预埋件、预留洞、槽的位置、尺寸是否一致,了解安装对土建的要求,以便考虑在施工中的协作配合。

(7)图纸要求与实际情况结合。核对图纸有无不符合现场施工实际之处,如建筑物相对位置、场地标高、地质情况等是否与设计图纸相符;对一些特殊的施工工艺、新方法施工单位能否做到等。

2.1.2　自审图纸阶段

1. 自审图纸的组织

由施工单位项目经理部组织各工种人员对本工种的有关图纸进行审查,掌握和了解图纸中的细节;在此基础上,由总承包单位内部的土建与水、暖、电等专业,共同核对图纸,消除差错,协商施工配合事项;最后,总承包单位与外分包单位(如:桩基施工、装饰工程施工、设备安装施工等)在各自审查图纸基础上,共同核对图纸中的差错及协商有关施工配合问题。

2. 自审图纸的依据

(1)建设单位和设计单位提供的初步设计或扩大初步设计(技术设计)、施工图设计、建筑总平面图、土方数量设计和城市规划等资料文件。

（2）调查、搜集的原始资料。

（3）设计规范、施工验收规范和有关技术规定等。

3. 熟悉图纸的目的

（1）为了能够按照设计图纸的要求顺利地进行施工，生产出符合设计要求的最终建筑产品（建筑物或构筑物）。

（2）为了能够在拟建工程开工之前，使从事建筑施工技术和经营管理的工程技术人员充分地了解、掌握设计图纸和设计意图、结构与构造特点和技术要求等。

（3）通过审查，发现设计图纸中存在的问题和错误，使其在施工开始之前改正，为拟建工程的施工提供一份准确、齐全的设计图纸。

4. 审查图纸的内容

（1）图纸是否经设计单位正式签署，地质勘察资料是否齐全。

拓展知识

预制装配式混凝土
工程图纸审查内容

（2）设计图纸与说明书是否齐全、明确，坐标、标高、尺寸、管线、道路等交叉连接是否相符；图纸内容、表达深度是否满足施工需要；施工中所列各种标准图册是否已经具备。

（3）施工图与设备、特殊材料的技术要求是否一致；主要材料来源有无保证，能否代换；新技术、新材料的应用是否落实。

（4）设备说明书是否详细，与规范、规程是否一致。

（5）土建结构布置与设计是否合理，是否与工程地质条件紧密结合，是否符合抗震设计要求。

（6）几家设计单位设计的图纸之间有无相互矛盾；各专业之间、平立剖面之间、总图与分图之间有无矛盾；建筑图与结构图的平面尺寸及标高是否一致，表示方法是否清楚；预埋件、预留孔洞等设置是否正确；钢筋明细表及钢筋的构造图是否表示清楚；混凝土柱、梁接头的钢筋布置是否清楚，是否有节点图；钢构件安装的连接节点图是否齐全；各类管沟、支吊架等专业间是否协调统一；是否有综合管线图，通风管、消防管、电缆桥架是否相碰。

（7）设计是否满足生产要求和检修需要。

（8）施工安全、环境卫生有无保证。

（9）建筑与结构是否存在不能施工或不便施工的技术问题，或导致质量、安全及工程费用增加等问题。

（10）防火、消防设计是否满足有关规程要求。

▶ 任务2.2　施工图的会审 ◀

图纸会审是指工程各参建单位（建设单位、监理单位、施工单位、各种设备厂家）在收到设计院施工图设计文件后，对图纸进行全面细致的熟悉，审查出施工图中存在的问题及不合理情况并提交设计院进行处理的一项重要活动。通过图纸会审可以使各参建单位特别是施工单位熟悉设计图纸、领会设计意图、掌握工程特点及难点，找出需要解决的技术难题并拟定解决方案,从而将因设计缺陷而存在的问题消灭在施工之前。

微课

施工图的会审

2.2.1 图纸会审的组织、程序及要求

1. 图纸会审的组织

一般工程的图纸会审应由建设单位组织并主持会议,设计单位交底,施工单位、监理单位参加。重点工程或规模较大及结构、装修较复杂的工程,如有必要可邀请各主管部门、消防及有关的协作单位参加。

2. 图纸会审参与人员

建设方:现场负责人员及其他技术人员;

设计方:设计院总工程师、项目负责人及各个专业设计负责人;

监理方:项目总监、副总监及各个专业监理工程师、监理员等;

施工单位:项目经理、项目副经理、项目总工程师及各个专业技术负责人;

其他相关单位:技术负责人。

3. 图纸会审会议的一般程序

图纸会审应开工前进行,一般情况下设计施工图分发后3个工作日内由建设单位(或监理单位)负责组织建设、设计、监理、施工单位及其他相关单位进行设计交底。设计交底后15个工作日内由监理负责组织上述单位进行图纸会审,开会时间由监理部决定并发通知。如施工图纸在开工前未全部到齐,可先进行分部工程图纸会审,图纸会审的一般程序如图2-1所示。

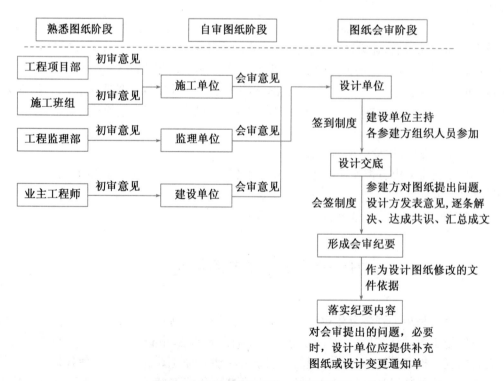

图 2-1 图纸会审工作的一般组织程序

（1）业主或监理方主持人发言。

（2）设计单位介绍设计意图、结构设计特点、工艺布置与工艺要求、施工中注意事项等。

（3）各有关单位对图纸中存在的问题进行提问。图纸会审前必须组织预审。对图中发现的问题应归纳汇总，会上派代表人为主发言，其他人可视情况适当解释、补充。

（4）施工方及设计方专人对提出和解答的问题做好记录，以便查核。

（5）各单位针对问题进行研究与协调，制订解决办法。写出会审纪要，并经各方签字认可，作为与设计文件同时使用的技术文件和指导施工的依据，以及建设单位与施工单位进行工程结算的依据。

提示：图纸会审的注意事项

（1）图纸会审每个单位提出的问题或优化建议在会审会议上必须经过讨论做出明确结论；对需要再次讨论的问题，在会审记录上明确最终答复日期。

（2）图纸会审记录一般由监理单位负责整理并分发，由各方代表签字盖章认可后各参建单位执行和归档。

（3）各个参建单位对施工图、工程联系单及图纸会审记录应做好备档工作。

---

4. 纪要与实施

（1）项目监理部应将施工图会审记录整理汇总并负责形成图纸会审纪要（见表2-1）。经与会各方签字同意后，该纪要即被视为设计文件的组成部分（施工过程中应严格执行），发送建设单位和施工单位，抄送有关单位，并予以存档。

表 2-1　图纸会审记录

工程名称					共　页　第　页	
会审地点			记录整理人		日期	
序号	图纸编号		提出图纸问题		图纸修订意见	
1						
2						

建设单位：　　　　　　　设计院代表：　　　　　　　监理单位：　　　　　　　施工单位：

　　　　年　月　日　　　　　　年　月　日　　　　　　年　月　日　　　　　　年　月　日

（2）如有不同意见通过协商仍不能取得统一时，应报请建设单位定夺。

（3）对会审会议上决定必须进行设计修改的，由原设计单位按设计变更管理程序（图2-2）提出修改设计，一般性问题经监理工程师和建设单位审定后，交施工单位执行；重大问题报建设单位及上级主管部门与设计单位共同研究解决。

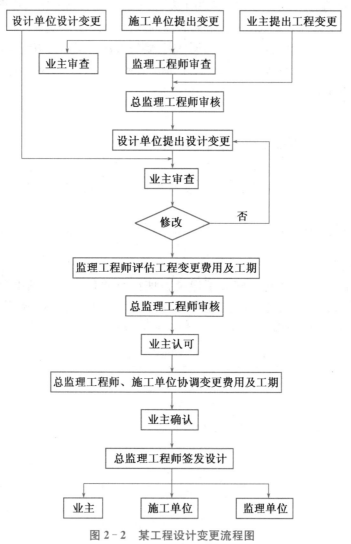

图2-2 某工程设计变更流程图

2.2.2 现场签证阶段

在拟建工程施工的过程中，如果发现施工的条件与设计图纸的条件不符，或者发现图纸中仍然有错误，或者因为材料的规格、质量不能满足设计要求，或者因为施工单位提出了合理化建议，需要对设计图纸进行修订时应遵循技术核定和设计变更的签证制度，进行图纸的施工现场签证。如果设计变更的内容对拟建工程的规模、投资影响较大时，要报请项目的原批准单位批准。在施工现场的图纸修改、技术核定和设计变更资料，都要有正式的文字记录,归入拟建工程施工档案,作为指导施工、竣工验收和工程结算的依据。设计变更、洽商记录见表 2-2。

表 2-2 设计变更、洽商记录

工程名称			时　间		年　月　日	
内容:						

施工单位	项目经理: 技术负责人: 专职质检员:	建设或监理单位	专业技术人员: (专业监理工程师) 项目负责人: (总监理工程师)	设计单位	专业设计人员: 项目负责人:

任务 2.3 施工资料的收集

调查研究和收集有关施工资料是施工准备工作的重要内容之一。尤其是施工单位进入一个新的城市和地区,此项工作显得更加重要,它关系到施工单位全局的部署与安排。通过原始资料的收集分析,为编制出合理的、符合客观实际的施工组织设计文件,提供全面、系统、科学的依据;为图纸会审、编制施工图预算和施工预算提供依据;为施工企业管理人员进行经营管理决策提供可靠的依据。

2.3.1 工程建设信息

可以向建设单位与勘察设计单位调查工程建设相关资料,如表 2-3 所示。

表 2-3 建设单位、设计单位调查的项目

序号	调查单位	调查内容	调查目的
1	建设单位	(1) 建设项目设计任务书、有关文件 (2) 建设项目性质、规模、生产能力 (3) 生产工艺流程、主要工艺设备名称及来源、供应时间、分批和全部到货时间 (4) 建设期限、开工时间、交工先后顺序、竣工投产时间 (5) 总概算投资、年度建设计划 (6) 施工准备工作的内容、安排、工作进度表	(1) 施工依据 (2) 项目建设部署 (3) 制订主要工程施工方案 (4) 规划施工总进度 (5) 安排年度施工计划 (6) 规划施工总平面 (7) 确定占地范围

序号	调查单位	调查内容	调查目的
2	设计单位	(1) 建设项目总平面规划 (2) 工程地质勘查资料 (3) 水文勘查资料 (4) 项目建筑规模，建筑、结构、装修概况，总建筑面积、占地面积 (5) 单项(单位)工程个数 (6) 设计进度安排 (7) 生产工艺设计、特点 (8) 地形测量图	(1) 规划施工总平面图 (2) 规划生产施工区、生活区 (3) 安排大型临建工程 (4) 概算施工总进度 (5) 规划施工总进度 (6) 计算平整场地土石方量 (7) 确定地基、基础的施工方案

2.3.2 自然条件调查分析

自然条件调查包括对建设地区的气象资料、工程地质、水文、周围民宅的坚固程度及其居民的健康状况等调查。主要作用是为制订施工方案、技术组织措施、冬(雨)期施工措施，进行施工平面规划布置等提供依据；为编制现场"三通一平"计划提供依据，如地上建筑物的拆除，高压电线路的搬迁，地下构筑物的拆除和各种管线的搬迁等工作；为减少施工公害，如打桩工程在打桩前，对居民的危房和居民中的心脏病患者，采取保护性措施提供依据。自然条件调查的项目如表2-4所示。

表2-4 建设地区自然条件调查表

序号	项目	调查内容	调查目的
1	气象资料		
(1)	气温	(1) 全年各月平均温度 (2) 最高温度、月份，最低温度、月份 (3) 冬季、夏季室外温度 (4) 霜、冻、冰雹期 (5) 低于$-3\,℃、0\,℃、5\,℃$的天数，起止日期	(1) 防暑降温 (2) 全年正常施工天数 (3) 冬期施工措施 (4) 估计混凝土、砂浆强度增长
(2)	降雨	(1) 雨季起止时间 (2) 全年降水量、一日最大降水量 (3) 全年雷暴天数、时间 (4) 全年各月平均降水量	(1) 雨期施工措施 (2) 现场排水、防洪 (3) 防雷 (4) 雨天天数估计
(3)	风	(1) 主导风向及频率(风玫瑰图) (2) 大于或等于8级风的全年天数、时间	(1) 布置临时设施 (2) 高空作业及吊装措施
2	工程地形、地质		
(1)	地形	(1) 区域地形图 (2) 工程位置地形图 (3) 工程建设地区的城市规划 (4) 控制桩、水准点的位置 (5) 地形、地质的特征 (6) 勘察文件、资料等	(1) 选择施工用地 (2) 合理布置施工总平面图 (3) 计算现场平整土方量 (4) 障碍物及数量 (5) 拆迁和清理施工现场

序号	项目	调查内容	调查目的
（2）	地质	（1）钻孔布置图 （2）地质剖面图（各层土的特征、厚度） （3）土质稳定性：滑坡、流沙、冲沟 （4）地基土强度的结论，各项物理力学指标：天然含水率、孔隙比、渗透性、压缩性指标、塑性指数、地基承载力 （5）软弱土、膨胀土、湿陷性黄土分布情况；最大冻结深度 （6）防空洞、枯井、土坑、古墓、洞穴，地基土破坏情况 （7）地下沟渠管网、地下构筑物	（1）土方施工方法的选择 （2）地基处理方法 （3）基础、地下结构施工措施 （4）障碍物拆除计划 （5）基坑开挖方案设计
（3）	地震	抗震设防烈度的大小	对地基、结构影响，施工注意事项
3		工程水文地质	
（1）	地下水	（1）最高、最低水位及时间 （2）流向、流速、流量 （3）水质分析 （4）抽水试验、测定水量	（1）土方施工基础施工方案的选择 （2）降低地下水位方法、措施 （3）判定侵蚀性质及施工注意事项 （4）使用、饮用地下水的可能性
（2）	地面水 （地面河流）	（1）临近的江河、湖泊及距离 （2）洪水、平水、枯水时期，其水位、流量、流速、航道深度，通航可能性 （3）水质分析	（1）临时给水 （2）航运组织 （3）水工工程
（3）	周围环境及障碍物	（1）施工区域现有建筑物、构筑物、沟渠、水流、树木、土堆、高压输变电线路等 （2）临近建筑坚固程度及其中人员工作、生活、健康状况	（1）及时拆迁、拆除 （2）保护工作 （3）合理布置施工平面 （4）合理安排施工进度

2.3.3　技术经济条件信息收集

1. 建筑材料的调查

建筑工程需要消耗大量的材料，主要有钢材、木材、水泥、地方材料（砖、瓦、石、砂）、装饰材料、构件制作、商品混凝土等。调查的主要内容：地方材料供应能力、质量、价格、运费等；商品混凝土、建筑机械供应与维修、脚手架、定型模大型租赁所能提供的服务项目及其数量、价格、供应条件等，其作用是为选择建筑材料和施工机械提供依据。

（1）构件生产企业调查的内容，如表 2-5 所示。

表 2-5　构件生产企业情况调查表

序号	企业名称	产品名称	规格质量	单位	生产能力	供应能力	生产方式	出厂价格	运距	运输方式	单位运价	备注
1												
...												

注：名称按照构件厂、木工厂、金属结构厂、商品混凝土厂、砂石厂、建筑设备厂、砖、瓦、石灰厂等填列。

（2）地方资源情况调查的内容，如表 2-6 所示。

表 2-6　地方资源情况调查内容

序号	材料名称	产地	质量	开采量	开采费	出厂价	单位运价	运价	备注
1									
...									

注：材料名称栏按照块石、碎石、砾石、砂、工业废料填列。

（3）地方材料及主要设备调查的内容，如表 2-7 所示。

表 2-7　三大材料、特殊材料及主要设备调查内容

序号	项目	调查内容	调查目的
1	三大材料	（1）钢材订货的规格、牌号、强度等级、数量和到货时间 （2）木材订货的规格、等级、数量和到货时间 （3）水泥订货的品种、强度等级、数量和到货时间	（1）确定临时设施和堆放场地 （2）确定木材加工计划 （3）确定水泥储存方式
2	特殊材料	（1）需要的品种、规格、数量 （2）试制、加工和供应情况 （3）进口材料和新材料	（1）制订供应计划 （2）确定储存方式
3	主要设备	（1）主要工艺设备的名称、规格、数量和供货单位 （2）分批和全部到货时间	（1）确定临时设施和堆放场地 （2）拟订防雨措施

2. 交通运输资料的调查

交通道路和运输条件是进行建筑施工输送物资、设备的动脉，也与现场施工和消防有关，特别是在城区施工，场地狭小，物资、设备存放空间有限，运输频繁，往往与城市交通管理存在矛盾，因此，要做好建设项目地区交通运输条件的调查。建筑施工常用铁路、公路和水路三种主要交通运输方式。调查的主要内容：主要材料及构件运输通道情况；有超长、超高、超重或超宽的大型构件、大型起重机械和生产工艺设备需整体运输时，还要调查沿线架空电线、天桥等的高度，并与有关部门商谈避免大件运输对正常交通干扰的路线、时间及措施等。具体内容如表 2-8 所示。

表 2 - 8　地区交通运输条件调查表

序号	项目	调查内容	调查目的
1	铁路	(1) 邻近铁路专用线、车站至工地的距离及沿途运输条件 (2) 站场卸货路线长度,起重能力和储存能力 (3) 装载单个货物的最大尺寸、重量的限制 (4) 运费、装卸费和装卸力量	
2	公路	(1) 主要材料产地至工地的公路等级,路面构造宽度及完好情况,允许最大载重量 (2) 途经桥涵等级,允许最大载重量 (3) 当地专业机构及附近村镇能提供的装卸、运输能力,汽车、畜力、人力车的数量及运输效率,运费、装卸费 (4) 当地有无汽车修配厂,修配能力和至工地距离、路况 (5) 沿途架空电线高度	(1) 选择施工运输方式 (2) 拟订施工运输计划
3	航运	(1) 货源、工地至邻近河流、码头渡口的距离,道路情况 (2) 洪水、平水、枯水期和封冻期通航的最大船只及吨位,取得船只的可能性 (3) 码头装卸能力,最大起重量,增设码头的可能性 (4) 渡口的渡船能力,同时可载汽车、马车数,每日次数,能为施工提供的能力 (5) 运费、渡口费、装卸费	

3. 供水、供电和供气资料的调查

水、电是施工不可缺少的必要条件,其主要调查内容如下:

(1) 城市自来水管的供水能力、接管距离、地点和接管条件等;利用市政排水设施的可能性,排水去向、距离、坡度等。

(2) 可供施工使用的电源位置,引入现场工地的路径和条件,可以满足的容量和电压;使用电话、电报的可能性,需要增添的线路和设施等。

资料来源主要是当地市政建设、电业、电信等管理部门和建设单位,主要作用是选用施工用水、用电等的依据。调查的主要内容如表 2 - 9 所示。

表 2 - 9　供水、供电和供气条件调查表

序号	项目	调查内容	调查目的
1	给水与排水	(1) 与当地现有水源连接的可能性,可供水量,接管地点、管径、管材、埋深、水压、水质、水费,至工地距离,地形、地物情况 (2) 临时供水源:利用江河、湖水的可能性,水源、水量、水质,取水方式,至工地距离,地形、地物情况,临时水井位置、深度、出水量、水质 (3) 利用永久排水设施的可能性,施工排水去向、距离、坡度,有无洪水影响,现有防洪设施、排洪能力	(1) 确定生活、生产供水方案 (2) 确定工地排水方案和防洪方案 (3) 拟订给排水设施的施工进度计划

（续表）

序号	项目	调查内容	调查目的
2	供电与通信	(1) 电源位置,引入的可能性、允许供电容量、电压、导线截面、距离、电费、接线地点、至工地距离、地形、地物情况 (2) 建设单位、施工单位自有发电、变电设备的规格型号、台数、能力、燃料、资料及可能性 (3) 利用邻近电信设备的可能性、电话、电报局至工地距离、增设电话设备和计算机等自动化办公设备和线路的可能性	(1) 确定供电方案 (2) 确定通信方案 (3) 拟订供电和通信的施工进度计划
3	供气与供热	(1) 蒸汽来源,可供能力、数量、接管地点、管径、埋深、至工地距离,地形、地物情况,供气价格,供气的正常性 (2) 建设单位、施工单位自有锅炉型号、台数、能力、所需燃料、用水水质、投资费用 (3) 当地单位、建设单位提供压缩空气、氧气的能力、至工地的距离	(1) 确定生产、生活蒸汽的方案 (2) 确定压缩空气、氧气的供应计划

注:资料来源于当地城建、供电局、水厂等单位及建设单位。

4. 建设地区社会劳动力和生活条件的调查

建筑施工是劳动密集型的生产活动,社会劳动力是建筑施工劳动力的主要来源。其主要作用是为劳动力安排计划、布置临时设施等提供依据。调查的主要内容如表 2-10 所示。

表 2-10　建设地区社会劳动力和生活设施的调查表

序号	项目	调查内容	调查目的
1	社会劳动力	(1) 少数民族地区的风俗习惯 (2) 当地能提供的劳动力人数、技术水平、工资费用和来源 (3) 上述人员的生活安排	(1) 拟订劳动力计划 (2) 安排临时设施
2	房屋设施	(1) 必须在工地居住的单身人数和户数 (2) 能作为施工用的现有的房屋栋数、每栋面积、结构特征、总面积、位置、水、暖、电、卫、设备状况 (3) 上述建筑物的适宜用途,用作宿舍、食堂、办公室的可能性	(1) 确定现有房屋为施工服务的可能性 (2) 安排临时设施
3	周围环境	(1) 主副食品供应,日用品供应,文化教育,消防治安等机构能为施工提供的支援能力 (2) 邻近医疗单位至工地的距离,可能就医情况 (3) 当地公共汽车、邮电服务情况 (4) 周围是否存在有害气体、污染情况,有无地方病	安排职工生活基地

注:资料来源可向当地劳动局、商业、卫生、教育、邮电等主管部门调查。

5. 参加施工的各单位能力的调查内容

施工企业的信息收集是指了解施工企业的资质等级、技术装备、管理水平、施工经验、社会信誉等有关情况。对同一工程若是多个施工单位共同参与施工的,应了解参加施工的各单位能力,以便做到心中有数。调查的主要内容如表 2－11 所示。

表 2－11　参加施工的各单位能力调查表

序号	项目	调查内容	调查目的
1	工人	(1) 工人数量、分工种人数,能投入本工程施工的人数 (2) 专业分工及一专多能的情况、工人队组形式 (3) 定额完成情况、工人技术水平、技术等级构成	(1) 了解总、分包单位的技术、管理水平 (2) 选择分包单位 (3) 为编制施工组织设计提供依据
2	管理人员	(1) 管理人员总数,所占比例 (2) 其中技术人员数,专业情况,技术职称,其他人员数	
3	施工机械	(1) 机械名称、型号、能力、数量、新旧程度、完好率,能投入本工程施工的情况 (2) 总装备程度(马力/全员) (3) 分配、新购情况	
4	施工经验	(1) 历年曾施工的主要工程项目、规模、结构、工期 (2) 习惯施工方法,采用过的先进施工方法,构件加工、生产能力、质量 (3) 工程质量合格情况,科研、革新成果 (4) 科研成果和技术更新情况	
5	经济指标	(1) 劳动生产率指标:产值、产量、全员建安劳动生产率 (2) 质量指标:产品优良率及合格率 (3) 机械化程度、工业化程度 (4) 安全指标:安全事故频率 (5) 设备、机械的完好率、利用率	

注:资料来源于参加施工的各单位及主管部门。

6. 参考资料的收集

在编制施工组织设计时,为弥补调查收集的原始资料的不足,有时还可以借助一些相关的参考资料作为编制的依据。这些参考资料可以是施工定额、施工手册、施工组织设计实例、相似工程的技术资料或平时实践活动所积累的资料等。

【工程案例 2－1】

某工程的相关施工资料

1. 原始资料的调查

(1) 施工现场的调查。经公司组织人力现场调查发现,某高层建筑项目区域地形图、场地地形图符合现场实际情况,现场控制桩与水准基点与图纸标定的位置相吻合。

(2) 工程地质、水文的调查。

① 地形地貌。现场地势略有起伏,地面标高(吴淞高程)在 3.35～5.19 m 之间,高差 1.84 m。地貌形态单一,属滨海平原地貌沉积类型。根据现场踏勘,6 层商业房

距场地南侧地铁轨交线 5~10 m。

②地基上的构成与特征。本场地位于古河道地段,该场地地基上在 9.0 m 深度范围内均为第四纪沉积物,属第四纪滨海平原地基上沉积层,主要由黏性土、粉性土以及砂性土组成,一般具有成层分布特点,属稳定场地。

③地下水类型。场地内地下水潜水位离地表面约 0.3~1.5 m,年平均水位埋深 0.50~0.70 m,地下水高水位深 0.0 m,低水位埋深为 1.5 m。浅部微承压水位及深部承压水位均低于潜水位,年呈周期性变化,埋深为 3~12 m。

④地下水水质。场地内的地下水在Ⅲ类环境下对混凝土有微腐蚀性;当长期浸水时对混凝土中的钢筋有微腐蚀性;当干湿交替浸水时对混凝土中的钢筋有微腐蚀性;地下水对钢结构有弱腐蚀性。

(3)气象资料的调查。近年来,全年平均气温 16.4 ℃;夏季最高气温 39 ℃,夏季长约 120 d;冬季最低气温-5 ℃左右,冬季长约 90 d;多年平均降水量 1 480 mm,主汛期 5—9 月的降水量占全年的 60%。

(4)周围环境及障碍物的调查。本工程位于上海中心城区的西南翼,位于浦东新区北蔡镇。北临中环路,南临御桥路,西临沪南路,东临咸塘港和待建住宅。场地四周除基坑南侧外,其余各侧地下室外墙与用地红线均相距较近。施工现场已经完成"三通一平",施工现场无道路构筑物、沟渠、水井、古墓、文物、树木、电力架空线路、人防工程、地下管线、枯井等。

2. 收集给排水、供电等资料

(1)本工程施工临时用电接入市政电网,施工临时用水接入市政管网。施工单位已经在施工现场西北角提供了管径为 DN150 供水管和取水点,在施工现场的东南角提供了一个 1 000 kVA 的变电房。

(2)收集交通运输资料。本工程与市区连接建设地点的各道路基本畅通,沿途无限高限宽、天桥等。

3. 收集三材、地方材料及装饰材料等资料

本项目建设所在地周围 7 km 范围内有两家大型建材市场,土建、安装和装饰材料齐备,价格较合理。同时,本工程所用的脚手架、定型模板和大型工具等加工场距离建设地点约 15 km。

4. 社会劳动力和生活条件调查

经调查,工程所在当地建筑劳务市场较繁荣,劳动力充足。

自测与案例

一、单项选择题

1. 下列哪个单位不参加图纸会审（　　）。

A. 建设单位　　　B. 设计单位　　　C. 施工单位　　　D. 材料供应商

2. 一般工程的图纸会审应（　　）组织并主持会议。

A. 建设单位　　　B. 设计单位　　　C. 施工单位　　　D. 施工分包单位

3. 项目开工前，项目技术负责人应向（　　）进行书面技术交底。（2017 年二建）

A. 项目经理　　　　　　　　　B. 承担施工的责任人

C. 施工班组长　　　　　　　　D. 操作工人

二、多项选择题

1. 图纸会审应填写图纸会审记录，由（　　）共同签字、盖章，作为指导施工和工程结算的依据。

A. 建设单位　　　B. 设计单位　　　C. 施工单位

D. 质量检查站　　　　　　　　E. 监理单位

2. 施工过程中，设计变更时有发生，设计变更可能由（　　）提出。

A. 建设单位　　　B. 设计单位　　　C. 施工单位

D. 质量检查站　　　　　　　　E. 监理单位

三、简答题

1. 简述图纸会审的程序。

2. 简述审查图纸的内容。

参考答案

项目 3　建筑工程流水施工

【引言】

　　流水施工是一种有效的施工组织方法,极大地促进了建筑业劳动生产率的提高,缩短了工期,降低了成本,是一种科学的生产组织方式。

【学习目标】

1. 理解流水施工的含义;
2. 掌握流水施工参数的计算;
3. 能够依据工程给定条件组织流水施工;
4. 培养计划、组织和协调能力及良好的合作精神。

项目任务单

任务背景

　　现已知某办公楼包含地下 1 层,地上 6 层,框架结构,工程量见表 3-1 所示。

表 3-1　办公楼工程量一览表

	序号	工作名称	工程量	单位	时间定额	单位	劳动量	单位	人数/台班	工作班制	天数
基础工程	1	施工前准备	363.90	m²	0.162	工日/10 m²	58.95	工日			
	2	机械挖土	2 190.59	m³	0.003	工日/m³	6.57	台班			
	3	混凝土垫层	58.42	m³	0.357	工日/m³	20.86	工日			
	9	筏板基础钢筋	11.05	t	2.29	工日/t	25.30	工日			
	10	筏板基础模板	6.00	m²	0.769	工日/10 m²	4.61	工日			
	11	筏板基础混凝土	91.49	m³	0.213	工日/m³	19.49	工日			
地下室	12	负一层墙、柱钢筋	15.44	t	2.29	工日/t	35.36	工日			
	13	负一层墙、柱模板	787.50	m²	0.715	工日/10 m²	563.1	工日			
	14	负一层墙、柱砼	137.39	m³	0.559	工日/m³	76.80	工日			
	15	负一层二次结构筋	0.63	t	2.29	工日/t	1.44	工日			
	16	负一层支梁板梯模	573.03	m²	0.91	工日/10 m²	521.5	工日			

（续表）

序号	工作名称	工程量	单位	时间定额	单位	劳动量	单位	人数/台班	工作班制	天数
17	负一层绑梁板梯筋	10.68	t	5.1	工日/t	54.47	工日			
18	负一层浇梁板梯砼	77.47	m³	0.185	工日/m³	14.33	工日			
19	回填土	748.68	m³	0.071	工日/m³	53.16	工日			
20	一层墙、柱钢筋	3.33	t	2.29	工日/t	7.63	工日			
21	一层墙柱模板	226.76	m²	0.715	工日/10 m²	162.2	工日			
22	一层墙、柱砼	91.48	m³	0.559	工日/m³	51.14	工日			
23	一层二次结构筋	1.21	t	2.29	工日/t	2.77	工日			
24	一层支梁板梯模	578.20	m²	0.91	工日/10 m²	526.2	工日			
25	一层绑梁板梯筋	7.39	t	5.1	工日/t	37.69	工日			
26	一层浇梁板梯砼	70.92	m³	0.185	工日/m³	13.12	工日			
27	二层墙、柱筋	2.31	t	2.29	工日/t	5.29	工日			
28	二层墙、柱模板	129.42	m²	0.715	工日/10 m²	92.54	工日			
29	二层墙、柱砼	19.20	m³	0.559	工日/m³	10.73	工日			
30	二层二次结构钢筋	1.75	t	2.29	工日/t	4.01	工日			
31	二层梁板梯模板	657.38	m²	0.91	工日/10 m²	598.3	工日			
32	二层梁板梯钢筋	8.87	t	5.1	工日/t	45.24	工日			
33	二层梁板梯砼	74.94	m³	0.185	工日/m³	13.86	工日			
34	三层墙、柱筋	2.31	t	2.29	工日/t	5.29	工日			
35	三层墙、柱模板	129.42	m²	0.715	工日/10 m²	92.54	工日			
36	三层墙、柱砼	19.20	m³	0.559	工日/m³	10.73	工日			
37	三层二次结构钢筋	1.75	t	2.29	工日/t	4.01	工日			
38	三层梁板梯模板	657.38	m²	0.91	工日/10 m²	598.3	工日			
39	三层梁板梯钢筋	8.87	t	5.1	工日/t	45.24	工日			
40	三层梁板梯砼	74.94	m³	0.185	工日/m³	13.86	工日			
41	四层墙、柱筋	2.31	t	2.29	工日/t	5.29	工日			
42	四层墙、柱模板	129.42	m²	0.715	工日/10 m²	92.54	工日			
43	四层墙、柱砼	19.20	m³	0.559	工日/m³	10.73	工日			
44	四层二次结构钢筋	1.75	t	2.29	工日/t	4.01	工日			
45	四层梁板梯模板	657.38	m²	0.91	工日/10 m²	598.3	工日			
46	四层梁板梯钢筋	8.87	t	5.1	工日/t	45.24	工日			

主体工程（序号 20—46 左侧栏）

(续表)

序号	工作名称	工程量	单位	时间定额	单位	劳动量	单位	人数/台班	工作班制	天数
47	四层梁板梯砼	74.94	m³	0.185	工日/m³	13.86	工日			
48	五层墙、柱筋	2.31	t	2.29	工日/t	5.29	工日			
49	五层墙、柱模板	129.42	m²	0.715	工日/10 m²	92.54	工日			
50	五层墙、柱砼	19.20	m³	0.559	工日/m³	10.73	工日			
51	五层二次结构钢筋	1.75	t	2.29	工日/t	4.01	工日			
52	五层梁板梯模板	657.38	m²	0.91	工日/10 m²	598.3	工日			
53	五层梁板梯钢筋	8.87	t	5.1	工日/t	45.24	工日			
54	五层梁板梯砼	74.94	m³	0.185	工日/m³	13.86	工日			
55	顶层绑柱筋	1.46	t	2.29	工日/t	3.34	工日			
56	顶层支柱模	72.89	m²	0.715	工日/10 m²	52.12	工日			
57	顶层浇柱砼	13.20	m³	0.559	工日/m³	7.38	工日			
58	顶层二次结构筋	1.70	t	2.29	工日/t	3.90	工日			
59	顶层支梁板梯模	654.56	m²	0.91	工日/10 m²	595.7	工日			
60	顶层绑梁板梯筋	6.22	t	5.1	工日/t	31.72	工日			
61	顶层浇梁板梯砼	67.98	m³	0.185	工日/m³	12.58	工日			
62	支屋顶模板	342.11	m²	0.026	工日/10 m²	8.89	工日			
63	绑屋顶筋	9.58	t	10	工日/t	95.75	工日			
64	浇屋顶混凝土	41.98	m³	0.712	工日/m³	29.89	工日			
65	绑构造柱钢筋	5.91	t	6.5	工日/t	38.42	工日			
66	支构造柱模	388.39	m²	1.6	工日/10 m²	621.5	工日			
67	浇构造柱混凝土	15.40	m³	0.995	工日/m³	15.32	工日			
屋面工程 68	改性沥青防水层	351.38	m²	0.609	工日/10 m²	213.9	工日			
装饰工程 69	踢脚线	613.18	m	0.741	工日/10 m	454.4	工日			
70	顶棚抹灰	924.36	m²	1.11	工日/10 m²	1 026	工日			
71	内墙抹灰	3 706.28	m²	1.071	工日/10 m²	3 969	工日			
72	外墙抹灰	2 114.82	m²	1.071	工日/10 m²	2 264	工日			
73	陶瓷砖楼地面	716.48	m²	2.233	工日/10 m²	1 599	工日			
74	内顶棚刷乳胶漆内墙抹灰面喷涂料	924.36	m²	0.621	工日/10 m²	574.0	工日			

序号	工作名称	工程量	单位	时间定额	单位	劳动量	单位	人数/台班	工作班制	天数
75	门安装	16.00	樘	1	工日/樘	16.0	工日			
76	窗安装	26.00	樘	0.556	工日/樘	14.4	工日			
77	散水混凝土	3.68	m³	0.246	工日/m³	0.91	工日			
78	台阶混凝土	10.56	m³	1.06	工日/m³	11.1	工日			
79	楼梯面层	716.46	m²	2.3	工日/10 m²	1 647	工日			
其他工程 80	零星扫尾						工日			

任务内容

根据给定的工程量,确定人数(台班)、工作班制、天数,并绘制合理的横道图施工进度计划。

任务 3.1　流水施工原理

微课

依次施工和
平行施工

3.1.1　流水施工的基本概念

任何一个施工项目都是由许多施工过程组成的,而每一个施工过程可以组织一个或多个施工班组来进行施工。对应于相同的施工任务,采用不同的方法组织施工,其施工过程对资源的需求是不同的,在编制进度计划时,必须以既定的施工组织方法为前提。通常,施工组织方式有三种即依次施工、平行施工和流水施工。

【工程案例 3－1】

有三幢相同的砖混结构房屋的基础工程,其施工过程划分、班组人数及工种构成、各施工过程的工程量、完成每幢房屋一个施工过程所需时间等信息,如表 3－2 所示。

表 3－2　每幢房屋基础工程的施工过程及劳动量

施工过程	劳动量/工日	人数	工作班制	施工天数	班组工种
基槽挖土	30	15	1	2	普工
混凝土垫层	20	20	1	1	普工、混凝土工
钢筋混凝土基础	90	30	1	3	普工、混凝土工
基槽回填土	15	15	1	1	普工

根据上述条件,按三种施工组织方式加以比较分析。

1. 依次施工组织方式

依次施工也称顺序施工。即一幢房屋基础工程各施工过程全部完成后,再施工第二幢,依次完成每幢施工任务。这种施工组织方式的施工进度安排,如图 3-1 所示。图下半部分为它的劳动力动态变化曲线,其纵坐标为每天施工班组人数,横坐标为施工进度(天)。将每天各投入施工的班组人数之和连接起来,即可绘出劳动力动态变化曲线。

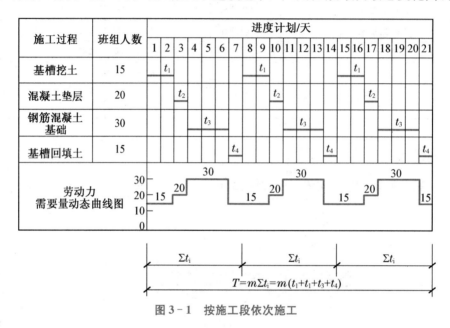

图 3-1 按施工段依次施工

依次施工的组织,还可以采取依次完成每幢房屋的第一个施工过程后,再开始第二个施工过程的施工,依次完成最后一个施工过程的施工任务。其施工进度安排如图 3-2 所示。按施工过程依次施工所需总时间与按幢依次施工相同,但每天所需的劳动力不同。

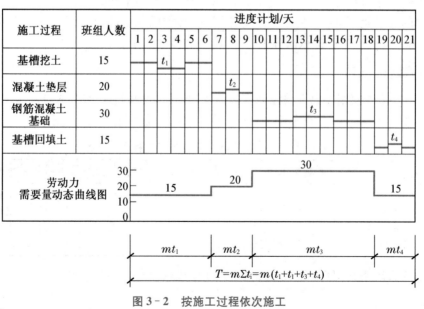

图 3-2 按施工过程依次施工

由图3-1和图3-2可以看出,依次施工组织方式的优点是每天投入的劳动力较少,机具使用不集中,材料供应较单一,施工现场管理简单,便于组织和安排。依次施工组织方式的缺点如下:

(1)由于没有充分地利用工作面去争取时时间,工期长;

(2)若按专业成立工作队,各专业工作队不能连续施工,有时间间歇,劳动力和物资使用不均衡;

(3)若成立混合工作队,则不能实现专业化施工,不利于改进工人的操作方法和施工机具,不利于提高工程质量和劳动生产率。

提示:当工程规模比较小,施工工作面又有限时,依次施工是适用的,也是常见的。

2. 平行施工组织方式

平行施工组织方式是全部工程任务的各施工段同时开工、同时完成的一种施工组织方式。在案例3-1中,如果采用平行施工组织方式,其施工进度计划如图3-3所示。

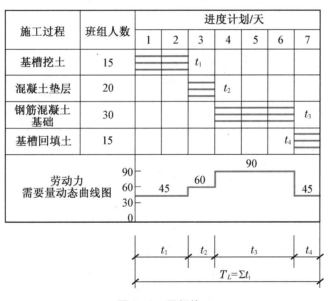

图3-3 平行施工

由图3-3可以看出,平行施工组织方式具有以下特点:

(1)充分利用了工作面,争取了时间,工期缩至最短。

(2)若按专业成立工作队,各专业工作队不能连续施工,短期内完成任务后,可能有时间间歇,劳动力和物资使用不均衡。

(3)若成立混合工作队,则不能实现专业化施工,不利于改进工人的操作方法和施工机具,不利于提高工程质量和劳动生产率。

(4)单位时间内投入施工的资源量成倍增长,现场临时设施也成倍增加不利于资源的供应工作。

(5)施工现场组织、管理较复杂,工程施工的积极效果不良。

提示：平行施工只有在工程规模较大或工期紧的情况下采用才是合理的。

3. 流水施工组织方式

流水施工是指所有的施工过程按一定的时间间隔依次投入施工，各个施工过程陆续开工，陆续竣工，使同一施工过程的施工队伍保持连续、均衡施工，不同的施工过程尽可能平行搭接施工的组织方式。在案例 3-1 中，采用流水施工组织方式，其施工进度计划如图 3-4、3-5 所示。

微课

流水施工

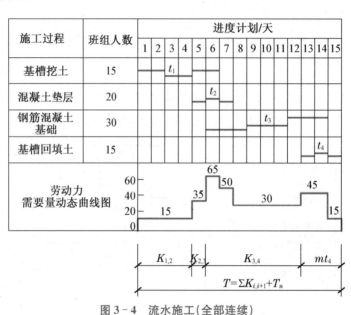

图 3-4　流水施工(全部连续)

图 3-5　流水施工(部分间断)

> 提示：为了充分利用工作面，可按图 3-5 所示组织方式进行施工，工期比图 3-4 所示流水施工减少了 2 天。其中，垫层施工队组虽然做间断安排（回填土施工班组不论间断还是连续施工对总工期没有影响），但在一个分部工程若干个施工过程的流水施工组织中，只要安排好主要的施工过程，即工程量大、作业持续时间较长者（本例为钢筋混凝土基础），组织它们连续、均衡地流水施工；而非主要的施工过程，在有利于缩短工期的情况下，可安排其间断施工，这种组织方式仍认为是流水施工的组织方式。

建筑生产的流水施工有如下主要特点：

（1）生产工人和生产设备从一个施工段转移到另一个施工段，代替了建筑产品的流动。

（2）建筑生产的流水施工既沿建筑物的水平方向流动（平面流水），又沿建筑物的垂直方向流动（层间流水）。

（3）在同一施工段上，各施工过程保持了顺序施工的特点，不同施工过程在不同的施工段上又最大限度地保持了平行施工的特点。

（4）同一施工过程保持了连续施工的特点，不同施工过程在同一施工段上尽可能保持连续。

（5）单位时间内生产资源的供应和消耗基本均衡。

典型考题 3-1

关于横道图进度计划的说法，正确的有（　　　）。（2019 年一建）

A. 能直接显示工作的开始和完成时间　　B. 计划调整工作量大

C. 便于进行资源优化和调整　　D. 可将工作简要说明直接放在横道上

E. 可进行时间参数的计算

正确答案：ABD。

3.1.2　流水施工的技术经济效果及条件

1. 技术经济效果

流水施工在工艺划分、时间排列和空间布置上统筹安排，必然会给工程项目施工带来显著的经济效果，具体可归纳为以下几点：

（1）利于提高劳动生产率。流水施工进入各施工过程的班组专业化程度高，为工人提高技术水平和改进操作方法及革新生产工具创造了有利条件，因而促进劳动生产率不断提高和工人劳动条件的改善，同时使工程质量容易得到保证和提高。

（2）充分发挥施工机械和劳动力的生产效率。流水施工时，各专业工作队按预先规定时间，完成各个施工段的任务，施工组织合理，减少窝工现象，增加了有效劳动时间。在有节奏、连续、均衡地流水施工中，可以保证施工机械和劳动力得到充分、合理利用。

（3）利于施工工期的缩短。流水施工能合理地、充分地利用工作面，争取时间，加速工程的施工进度，从而有利于缩短工期。

拓展知识

流水施工和流水作业的区别

（4）降低工程成本，提高综合经济效益。流水施工劳动力和物资消耗均衡，加速了施工机械、架设工具等的周转使用次数，而且可以减少现场临时设施，从而节约施工费用。

2. 组织流水施工的条件

流水施工的实质是分工协作与成批生产。在社会化大生产的条件下，分工已经形成，由于建筑产品体形庞大，通过划分施工段就可将单件产品变成假想的多件产品。组织流水施工的条件主要有以下几点：

（1）划分施工段

根据组织流水施工的需要，将拟建工程尽可能地划分为劳动量大致相等的若干个施工段（区），也可称为流水段（区）。

每一个段（区），就是一个假定"产品"。建筑工程组织流水施工的关键是将建筑单件产品变成多件产品，以便成批生产。由于建筑产品体形庞大，通过划分施工段（区）就可将单件产品变成"批量"的多件产品，从而形成流水作业的前提。没有"批量"就不可能也没必要组织任何流水作业。

（2）划分分部分项工程

首先，将拟建工程根据工程特点及施工要求，划分为若干个分部工程，每个分部工程又根据施工工艺要求、工程量大小、施工队组的组成情况，划分为若干施工过程（即分项工程）。

（3）主要施工过程必须连续、均衡地施工

对工程量较大、施工时间较长的施工过程，必须组织连续、均衡地施工，对其他次要施工过程，可考虑与相邻的施工过程合并或在有利于缩短工期的前提下，可安排其间断施工。

（4）不同的施工过程尽可能组织平行搭接施工

按照施工先后顺序要求，在有工作面的条件下，除必要的技术和组织间歇时间外，尽可能组织平行搭接施工。

3.1.3 流水施工的表达方式

流水施工的表示方法有三种：水平图表（横道图）、垂直图表（斜线图）和网络图。

1. 水平图表

水平图表（图3-4）由纵、横坐标两个方向的内容组成，图表左侧的纵坐标用以表示施工过程，图表下侧的横坐标用以表示施工进度，以活动所对应的横道位置表示活动的起始时间，横道的长短表示活动持续时间的长短。它实质上是图和表的结合形式。如在横道图中加入各活动的工程量、机械需要量、劳动力需要量等，使横道图所表示内容更加丰富。

施工进度的单位可根据施工项目的具体情况和图表的应用范围来确定，可以是日、周、月、旬、季或年等，日期可以按自然数的顺序排列，还可以采用奇数或偶数的顺序排列，也可以采用扩大的单位数来表示，比如以5天或10天为基数进行编排，以简洁、清晰为标准。用标明施工段的横线段来表示具体的施工进度。水平图表具有绘制简单，形象直观的特点。

2. 垂直图表

垂直图表是以纵坐标由下往上表示出施工段数，以横坐标表示各施工过程在各施工段上的施工持续时间,右边用斜线在时间坐标下画出施工进度线。垂直图表的实际应用不及水平图表普遍。流水施工垂直图表示实例如图 3-6 所示。

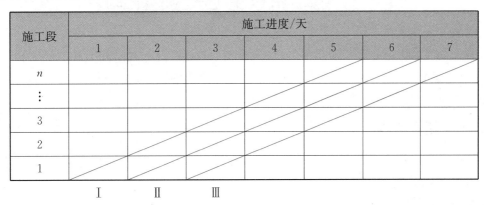

施工段	施工进度/天						
	1	2	3	4	5	6	7
n							
⋮							
3							
2							
1							

Ⅰ　　　Ⅱ　　　Ⅲ

注:Ⅰ、Ⅱ、Ⅲ为房屋栋数。

图 3-6　垂直图表(斜线图)

3.1.4　流水施工的分类

流水施工的分类是组织流水施工的基础,其分类方法按不同的流水特征进行划分。

1. 按流水施工组织的范围不同划分

(1)分项工程流水施工

分项工程流水施工,也称为细部流水施工。它是一个专业工作队,依次在各个施工段上进行的流水施工,如绑钢筋工作队依次、连续地完成应承担的施工段上绑钢筋任务。

(2)分部工程流水

分部工程流水是指为完成分部工程而组建起来的全部细部流水的总和。即若干个专业班组依次连续不断地在各施工段上重复完成各自的工作。随着前一个专业班组完成前一个施工过程之后,接着后一个专业班组来完成下一个施工过程。依此类推,直到所有专业班组都经过了各施工段,完成了分部工程为止。如某现浇钢筋混凝土分部工程是由安装模板、绑扎钢筋、浇筑混凝土三个细部流水所组成。

(3)单位工程流水施工

单位工程流水是指为完成单位工程而组织起来的全部分部工程流水的总和,即所有专业班组依次在一个施工对象的各施工段中连续施工,直至完成单位工程为止。例如,多层框架结构房屋,它是由基础分部工程流水、主体分部工程流水以及装修分部工程流水所组成。

(4)群体工程流水施工

群体工程流水施工,也称为大流水施工。它是在几个单位工程(建筑物或构筑物)之间组织的流水施工。它在施工进度表上,是该群体工程的施工总进度计划。

2. 按流水施工的流水节拍特征划分

根据流水施工流水节拍特征的不同,流水可以划分为有节奏流水施工和无节奏流水施工两大类。有节奏流水又可分为等节奏流水和异节奏流水,具体内容详见任务 3.3。

▶ 任务 3.2 流水施工参数的计算 ◀

流水施工参数是指组织流水施工时,为了表示各施工过程在时间上和空间上相互依存,引入一些描述施工进度计划图特征和各种数量关系的参数。按其性质的不同,一般可分为工艺参数、空间参数和时间参数三种。

3.2.1 工艺参数

工艺参数是用以表达流水施工在工艺方面进展状态的参数,通常包括施工过程和流水强度两个参数。

1. 施工过程

施工过程是施工进度计划的基本组成单元,应按照图纸和施工顺序将拟建工程的各个施工过程列出,并结合施工方法、施工条件、劳动组织等因数,加以适当调整。施工过程数,以符号 n 表示。

(1)施工过程的分类

根据工艺性质不同,它可以分为制备类、运输类和砌筑安装类三种施工过程。

制备类施工过程是为了提高建筑产品工厂化、装配化、机械化水平和生产能力而形成的施工过程,如各种混凝土预制构件、各类门窗的生产等。

运输类施工过程是从建筑工地以外将建筑材料、半成品、构件等运到工地仓库、施工现场或加工现场的过程。

安装、砌筑类施工过程是直接在施工对象上进行加工生产,最后形成建筑产品的施工过程。它占用时间、空间,影响总工期,所以是编制施工进度计划的主要内容,没有它,施工进度计划也就无从谈起了。如建筑工程的基础、墙身的砌筑作业、混凝土预制构件的安装作业、混凝土浇筑作业等,它们的完成直接形成工程主体。

> **提示:**制备类和运输类的施工过程一般不占用施工对象的时间,不影响总工期,通常也不列入施工进度计划图中。只有当其占用施工对象的施工时间影响总工期时,方才考虑列入计划。

(2)划分施工过程数的影响因素

划分施工过程时应考虑以下因素:

① 施工计划的性质与作用。

控制性的施工计划,其施工过程划分可粗些,一般划分至单位工程或分部工程。实施性施工计划,其施工过程划分可细些、具体些,一般划分至分项工程。对月度作业性计划,有些施工过程还可分解为工序,如安装模板、绑扎钢筋等。

② 施工方案及工程结构。

施工过程的划分与工程的施工方案及工程结构形式有关。如厂房的柱基础与设备基础挖土,如同时施工,可合并为一个施工过程,若先后施工,可分为两个施工过程。承重墙与非承重墙的砌筑也是如此。砖混结构、大墙板结构、装配式框架与现浇钢筋混凝土框架等不同结构体系，其施工过程划分及其内容也各不相同。

③ 劳动组织及劳动量大小。

施工过程的划分与施工队组的组织形式有关。如现浇钢筋混凝土结构的施工，如果是单一工种组成的施工班组，可以划分为支模板、扎钢筋、浇混凝土三个施工过程；同时为了组织流水施工的方便或需要，也可合并成一个施工过程，这时劳动班组的组成是多工种混合班组。施工过程的划分还与劳动量大小有关。劳动量小的施工过程，当组织流水施工有困难时，可与其他施工过程合并。

④ 施工过程内容和工作范围。

施工过程的划分与其内容和范围有关。如直接在施工现场与工程对象上进行的劳动过程，可以划入流水施工过程，如安装砌筑类施工过程等；而场外劳动内容可以不划入流水施工过程，如部分场外制备和运输类施工过程。

综上所述，施工过程所包含的施工范围可大可小，既可以是分项工程，也可以是分部工程，还可以是单位工程。施工过程的划分既不能太多、过细，那样将给计算增添麻烦，重点不突出；也不能太少、过粗，那样将过于笼统，失去指导作用。

所有施工过程应大致按照施工先后顺序排列，所采用的施工项目名称可参看现行定额手册上的项目名称。

2. 流水强度

某施工过程在单位时间内所完成的工程量，称为该施工过程的流水强度。

3.2.2   空间参数

在组织流水施工时，用以表达流水施工在空间布置上所处状态的参数，称为空间参数。空间参数主要有：工作面、施工段和施工层。

1. 工作面

某专业工种的工人在从事建筑产品施工生产过程中所必须具备的活动空间，这个活动空间称为工作面。由于工程产品的固定性，决定了其施工过程中所能提供的工作面是有限的。它的大小是根据相应工种单位时间内的产量定额、工程操作规程和安全规程等的要求确定的。工作面过大或过小均会制约专业生产班组生产能力的发挥，进而影响其时间生产率。有关工种的工作面见表 3-3。

微课

空间参数

表 3-3   主要工作面参考数据表

工作项目	每个技工的工作面	说明
砖基础	7.6 m/人	以 $1\frac{1}{2}$ 砖计，2 砖乘以 0.8，3 砖乘以 0.55
砌砖墙	8.5 m/人	以 1 砖计，$1\frac{1}{2}$ 砖乘以 0.7，2 砖乘以 0.57
毛石墙基	3 m/人	以 60 cm 计
毛石墙	3.3 m/人	以 40 cm 计

工作项目	每个技工的工作面	说明
混凝土柱、墙基础	8 m³/人	机拌、机捣
混凝土设备基础	7 m³/人	机拌、机捣
现浇钢筋混凝土柱	2.45 m³/人	机拌、机捣
现浇钢筋混凝土梁	3.20 m³/人	机拌、机捣
现浇钢筋混凝土墙	5 m³/人	机拌、机捣
现浇钢筋混凝土楼板	5.3 m³/人	机拌、机捣
预制钢筋混凝土柱	3.6 m³/人	机拌、机捣
预制钢筋混凝土梁	3.6 m³/人	机拌、机捣
预制钢筋混凝土屋架	2.7 m³/人	机拌、机捣
预制钢筋混凝土平板、空心板	1.91 m³/人	机拌、机捣
预制钢筋混凝土大型屋面板	2.62 m³/人	机拌、机捣
混凝土地坪及面层	40 m²/人	机拌、机捣
外墙抹灰	16 m²/人	
内墙抹灰	18.5 m²/人	
卷材屋面	18.5 m²/人	
防水水泥砂浆屋面	16 m²/人	
门窗安装	11 m²/人	

2. 施工段

为了有效地组织流水施工,通常把平面上划分的若干个劳动量大致相等的施工区段称为施工段,用符号 m 表示。

划分施工段的目的,在于保证不同工种的专业班组能在不同的工作面上同时施工,以消除由于多个工种的专业班组不能同时在同一个工作面上施工而产生的互等、停歇现象,从而充分利用时间、空间,为组织流水施工创造条件。划分施工段的原则应考虑以下因素:

（1）各施工段的劳动量（或工程量）要大致相等（相差宜在 15% 以内）或相近。

（2）施工段的数目要合理。施工段数过多势必要减少人数,工作面不能充分利用,拖长工期;施工段数过少,则会引起劳动力、机械和材料供应的过分集中,有时还会造成"断流"的现象。

（3）各施工段要有足够的工作面。

（4）考虑结构界限（沉降缝、伸缩缝、单元分界线等）,要有利于结构的整体性。

（5）当组织流水施工的工程对象有层间关系,分层分段施工时,应使各施工队组能连续施工。即施工过程的施工队组做完第一段能立即转入第二段,施工完第一层的最后一段能立即转入第二层的第一段。因此,每层的施工段数必须大于或等于其施工过程数,即 $m \geqslant n$。

提示:当无层间关系或无施工层(如某些单层建筑物、基础工程等)时,则施工段数不受此限制。

【工程案例 3-2】

某局部二层的现浇钢筋混凝土结构的建筑物,主体结构工程对进度起控制性作用的施工过程为支模板、绑钢筋和浇筑混凝土,即 $n=3$,设每个施工过程在各施工段上的持续时间均为 3 天,则施工段数与施工过程数之间可能有下述三种情况:

(1)当 $m>n$ 时,即每层分四个施工段组织流水施工时,其进度安排如图 3-7 所示。

施工层	施工过程名称	施工进度/天									
		3	6	9	12	15	18	21	24	27	30
I	支模板	①	②	③	④						
	绑扎钢筋		①	②	③	④					
	浇混凝土			①	②		④				
II	支模板					①	②	③	④		
	绑扎钢筋						①	②	③	④	
	浇混凝土							①	②	③	④

图 3-7　$m>n$ 时流水施工进度安排

从图 3-7 可以看出:当 $m>n$ 时,各专业施工队在完成第一施工层第四个施工段的任务后,能连续施工,但每层混凝土浇筑完毕后,不能立即投入支模板,即施工段有空闲,均为 3 天。但工作面的停歇并不一定有害,有时还是必要的,如可以利用停歇的时间做养护、备料、弹线等工作。

(2)当 $m=n$ 时,即每层分三个施工段组织流水施工时,其进度安排如图 3-8 所示。

从图 3-8 可以看出:当 $m=n$ 时,各施工队组连续施工,施工段上始终有施工队组,工作面能充分利用,无停歇现象,也不会产生工人窝工现象,比较理想。如果采用这种方案,则要求项目管理者必须提高施工管理水平,只能进取,不能后退,不允许有任何的时间拖延。

(3)当 $m<n$ 时,即每层分两个施工段组织施工时,其进度安排如图 3-9 所示。

从图 3-9 可以看出:当 $m<n$ 时,尽管施工段上未出现停歇,但施工队组不能及

时进入第二层施工段施工而轮流出现窝工现象。如支模板工作队完成第一层的施工任务后,要停工3天才能进行第二层第一段的施工,其他对组也同样停工3天。这是因为一个施工段只能给一个专业工作队提供工作面,所以在施工段数目小于施工过程数的情况下,超出施工段数的专业工作队就会因为没有工作面而停工;各施工段始终有专业工作队在施工,没有空闲。由此可见,当 $m<n$ 时,流水施工呈现出的特点是:各专业工作队在跨越施工层时,均不能连续施工而产生窝工;施工段没有空闲。这种情况对有数幢同类型建筑物的建筑群,可组织建筑物之间的大流水施工,来弥补停工现象;但对组织单一建筑物的流水施工是不适宜的,应加以杜绝。

施工层	施工过程名称	施工进度/天							
		3	6	9	12	15	18	21	24
Ⅰ	支模板	①	②	③					
	绑扎钢筋		①	②	③				
	浇混凝土			①	②	③			
Ⅱ	支模板				①	②	③		
	绑扎钢筋					①	②	③	
	浇混凝土						①	②	③

图 3-8 $m=n$ 时流水施工进度安排

施工层	施工过程名称	施工进度/天						
		3	6	9	12	15	18	21
Ⅰ	支模板	①	②					
	绑扎钢筋		①	②				
	浇混凝土			①	②			
Ⅱ	支模板				①	②		
	绑扎钢筋					①	②	
	浇混凝土						①	②

图 3-9 $m<n$ 时流水施工进度安排

从上面的三种情况可以看出,施工段数的多少,直接影响工期的长短,而且要想保证专业工作队能够连续施工,必须满足要求。

> **提示:划分施工段的一般部位**
> (1) 设置有伸缩缝、沉降缝的建筑工程,可按此缝为界划分施工段。
> (2) 单元式的住宅工程,可按单元为界分段,必要时以半个单元处为界分段。
> (3) 道路、管线等按长度方向延伸的工程,可按一定长度作为一个施工段。
> (4) 多栋同类型建筑,可以一栋房屋作为一个施工段。

3. 施工层

施工层是指在组织多层建筑物的竖向流水施工时,把建筑物垂直方向划分的施工区段称为施工层,用符号 r 表示。施工层的划分,要考虑施工项目的具体情况,根据建筑物的高度、楼层来确定,如砌筑工程的施工层高度一般为 1.2～1.5 m;混凝土结构、室内抹灰、木装饰、油漆玻璃和水电安装等的施工高度,可按楼层进行施工层的划分。

3.2.3　时间参数

在组织流水施工时,用以表达流水施工在时间排列上所处状态的参数,称为时间参数。它包括:流水节拍、流水步距、平行搭接时间、技术与组织间歇时间、流水工期。

1. 流水节拍

流水节拍是指某一施工过程在某一施工段上的作业时间,用符号 t_i 表示($i=1,2,\cdots$)。

(1) 流水节拍的确定

流水节拍的大小反映施工速度的快慢、资源供应量的大小。因此,合理确定流水节拍,具有重要的意义。流水节拍可按下列三种方法确定:

微课

流水节拍

① 定额计算法。这是根据各施工段的工程量和现有能够投入的资源量(劳动力、机械台数和材料量等),按公式(3-1)或公式(3-2)进行计算。

$$t_i=\frac{Q_i}{S_iR_iN_i}=\frac{P_i}{R_iN_i} \tag{3-1}$$

$$t_i=\frac{Q_iH_i}{R_iN_i}=\frac{P_i}{R_iN_i} \tag{3-2}$$

式中:t_i 为某施工过程的流水节拍;Q_i 为某施工过程在某施工段上的工程量;S_i 为某施工队组的计划产量定额;H_i 为某施工队组的计划时间定额;P_i 为在一施工段上完成某施工过程所需的劳动量(工日数或机械台班量台班数),按公式(3-3)计算;R_i 为某施工过程的施工队组人数或机械台数;N_i 为每天工作班制。

$$P_i=\frac{Q_i}{S_i}=Q_iH_i \tag{3-3}$$

在公式(3-1)和公式(3-2)中,S_i 和 H_i 应是施工企业的工人或机械所能达到实际定额水平。

② 三时估算法。主要用于新技术、新工艺、新材料、新结构等无已有定额可遵循,只有借助经验、试验或相似定额,用三时估算法来估算出施工过程的持续时间。一般按下式计算:

$$t_i = \frac{a + 4c + b}{6} \tag{3-4}$$

式中:t_i 为某施工过程在某施工段上的流水节拍;a 为某施工过程在某施工段上的最短估算时间;b 为某施工过程在某施工段上的最长估算时间;c 为某施工过程在某施工段上的最可能估算时间。

③ 经验估算法。它是某些施工对象事先已规定了完成时间的施工过程,组织流水施工时,根据已定工期和以往工程实践经验估算,施工过程的持续时间和班制,再按已确定的持续时间、班制计算出施工需用劳动力数。当然这样确定了每班劳动力数还需检查施工工作面是否满足最小要求,否则就得采取穿插作业实施搭接施工或多班制施工。

④ 经过试验推算。

典型考题 3-2

某工作最短估计时间是 5 天,最长估计时间是 10 天,最可能估计时间是 6 天。根据三时估算法,该工作的持续时间是(　　　)天。(2019 年一建)

A. 6.25　　　　B. 6.5　　　　C. 6.75　　　　D. 7

正确答案:B。

---

(2) 确定流水节拍应考虑的因素

① 最少人数,就是指合理施工所必需的最少劳动组合人数。如工地搅拌混凝土的浇筑工程的劳动组合必须保证上料、搅拌、运输、浇筑等施工工序的基本人员要求,否则将难于正常工作。

② 最多人数,是指施工段上满足正常施工的情况下可容纳的最多人数。可按下式确定

最多人数=最小施工段上的工作面/每个工人所需最小作业面

③ 要考虑施工机械的充分利用。

④ 要考虑各种材料、构配件等施工现场堆放量、供应能力及其他有关条件的制约。

⑤ 要考虑施工及技术条件的要求。例如,浇筑混凝土时,为了连续施工有时要按照三班制工作的条件决定流水节拍,以确保工程质量。

⑥ 确定一个分部工程各施工过程的流水节拍时,首先应考虑主要的、工程量大的施工过程的节拍,其次确定其他施工过程的节拍值。

⑦ 节拍值一般取整数,必要时可保留 0.5 天(台班)的小数值。

2. 间歇时间

在组织流水施工时,有些施工过程完成后,后续施工过程不能立即投入施工,必须有足够的间歇时间。

(1) 技术间歇时间(Z_1)。由建筑材料或现浇构件工艺性质决定的间歇时间称为技术

间歇。如现浇混凝土构件的养护时间、抹灰层的干燥时间和油漆层的干燥时间等。

（2）组织间歇时间（Z_2）。由施工组织原因造成的间歇时间称为组织间歇。如基础工程验收、回填土前地下管道检查验收，施工机械转移和砌筑墙体前的墙身位置弹线，以及其他作业前的准备工作等。

典型考题 3 - 3

某项目施工横道图进度计划如图 3 - 10，如果第二层支设模板需要在第一层浇筑混凝土完成 1 天后才能开始，则有 1 天的层间技术间歇，正确的层间间隙是（　　）。（2020 年一建）

工作名称	施工队伍	施工进度/（天）															
		1	2	3	4	5	6	7	8	9	10	11	12	13	14	15	16
支模板	A	I-①		I-③		I-⑤		II-①		II-③		II-⑤					
	B		I-②		I-④		I-⑥		II-②		II-④		II-⑥				
绑钢筋	C			I-①			I-③		II-①			II-③		II-⑤			
	D				I-②			I-④			II-②			II-④		II-⑥	
浇混凝土	E					I-①	I-②	I-③	I-④	I-⑤	II-⑥	II-①	II-②	II-③	II-④	II-⑤	II-⑥
			Z_1			Z_2		Z_3						Z_4			

图 3 - 10　流水施工进度安排

注：I II—表示楼层；①②③④⑤⑥—表示施工段。

A. Z_1　　　　　B. Z_3　　　　　C. Z_2　　　　　D. Z_4

正确答案：B。

3. 平行搭接时间

平行搭接时间是指在同一施工段上，不等前一施工过程施工完后，后一施工过程就投入施工，相邻两施工过程同时在同一施工段上的工作时间，通常以 $C_{i,i+1}$ 表示。平行搭接时间可以使工期缩短。

4. 流水步距

流水步距是指相邻两个专业工作队在保证施工顺序、满足连续施工、最大限度搭接和保证工程质量要求的条件下，相继进入同一施工段开始施工的时间间隔，称为流水步距。用符号 $K_{i,i+1}$ 表示（i 表示前一个施工过程，$i+1$ 表示后一个施工过程）。

微课

流水步距及工期

> 提示：流水步距的大小，对工期有着较大的影响。一般说来，在施工段不变的条件下，流水步距越大，工期越长；流水步距越小，则工期越短。

（1）确定流水步距的基本要求

① 主要施工队组连续施工的需要。流水步距的最小长度，必须使主要施工专业队组

进场以后,不发生停工、窝工现象。

② 技术组织间歇的需要。

③ 最大限度搭接的要求。流水步距要保证相邻两个专业队在开工时间上最大限度地、合理地搭接,不发生前一施工过程尚未全部完成,后一施工过程便开始施工的现象。有时为了缩短工期,某些次要的专业队可以提前插入,但必须技术上可行,而且不影响前一个专业队的正常工作。

(2) 确定流水步距的方法

确定流水步距的方法很多,简捷、实用的方法主要有累加数列法(潘特考夫斯基法)。

累加数列法没有计算公式,它的文字表达式为:"累加数列错位相减取大差"。其计算步骤如下:

① 将每个施工过程的流水节拍逐段累加,求出累加数列;

② 根据施工顺序,对所求相邻的两累加数列错位相减;

③ 根据错位相减的结果,确定相邻施工队组之间的流水步距,即相减结果中数值最大者。

【工程案例 3-3】

将某钢筋混凝土工程划分为四个施工段,每段有三个施工过程,支模板→扎筋→浇混凝土,各工序施工段流水节拍见表3-4。试确定相邻专业工作队之间的流水步距。

表3-4　某工程流水节拍

施工过程 \ 施工段	①	②	③	④
支模板	2	3	3	2
扎筋	2	2	3	3
浇混凝土	3	3	3	2

【解】　(1) 求流水节拍的累加数列

A(支模):2,5(2+3),8(5+3),10(8+2)

B(扎筋):2,4(2+2),7(4+3),10(7+3)

C(浇混凝土):3,6(3+3),9(6+3),11(9+2)

(2) 错位相减

A与B

$$
\begin{array}{r}
2,\ 5,\ 8,\ 10 \\
-)\quad 2,\ 4,\ 7,\ 10 \\
\hline
2,\ 3,\ 4,\ 3\ -10
\end{array}
$$

B 与 C

$$
\begin{array}{r}
2,\ 4,\ 7,\ 10 \\
-)\quad 3,\ 6,\ 9,\ 11 \\
\hline
2,\ 1,\ 1,\ 1,\ -11
\end{array}
$$

（3）确定流水步距

因流水步距等于错位相减所得结果中数值最大者,故有

$K_{A,B}=\max\{2,3,4,3,-10\}=4$（天）

$K_{B,C}=\max\{2,1,1,1,-11\}=2$（天）

提示:数列累加法主要适应于连续式的流水施工,且没有考虑间歇时间和搭接时间。若施工过程之间存在间歇时间或搭接时间时,在求出的流水步距上加上(或减去)相应的间歇时间(搭接时间)。

5. 流水工期

流水工期是指完成一项工程任务或一个流水组施工所需的时间,一般可采用公式(3-5)计算。

$$T=\sum K_{i,i+1}+T_n \tag{3-5}$$

式中:T 为流水施工工期;$K_{i,i+1}$ 为流水施工中各流水步距之和;T_n 为流水施工中最后一个施工过程在各施工段上的持续时间之和。

典型考题 3-4

关于如图 3-11 横道图进度计划的说法正确的是(　　)。(2019 年一建)

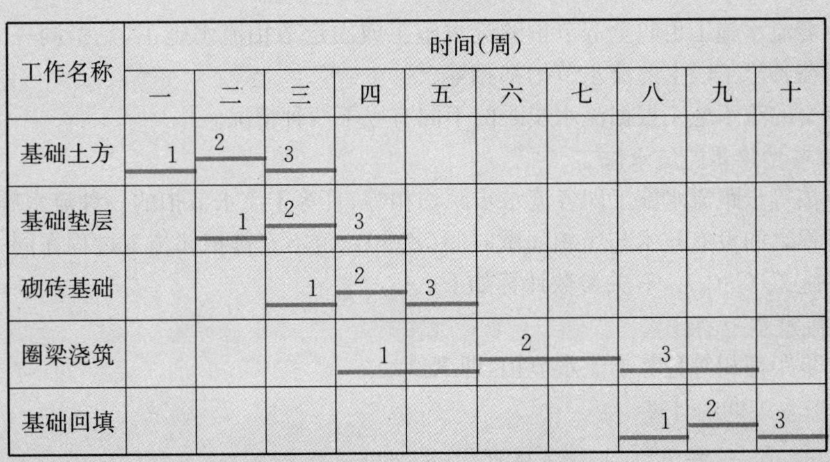

工作名称	时间(周)									
	一	二	三	四	五	六	七	八	九	十
基础土方	1	2	3							
基础垫层		1	2	3						
砌砖基础			1	2	3					
圈梁浇筑				1		2		3		
基础回填								1	2	3

图 3-11　流水施工进度安排

A. 如果不要求工程连续,工期可压缩 1 周

B. 圈梁浇筑和基础回填间的流水步距是 2 周

C. 所有工作都没有机动时间

D. 圈梁浇筑工作的流水节拍是 2 周

正确答案:D。

任务 3.3　流水施工组织方法设计

根据流水节拍特征的不同,流水施工的基本方式分为有节奏流水施工和无节奏流水施工两大类。有节奏流水又可分为等节奏流水和异节奏流水,如图 3-12 所示。

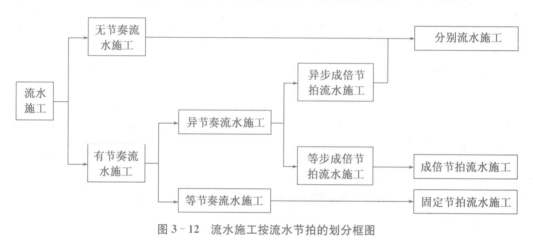

图 3-12　流水施工按流水节拍的划分框图

3.3.1　等节奏流水施工

微课

等节奏流水施工也叫全等节拍的流水施工或固定节拍流水施工,是指同一施工过程在各施工段上的流水节拍都相等。

等节奏的流水施工根据流水步距的不同有以下两种情况。

等节奏流水施工

1. 等节拍等步距流水施工

等节拍等步距流水施工即各流水步距均相等,且等于流水节拍的一种流水施工方式。各施工过程之间没有技术与组织间歇时间($Z=0$),也不安排相邻施工过程在同一施工段上的搭接施工($C=0$)。有关参数计算如下。

(1) 流水步距的计算

流水步距都相等且等于流水节拍,即 $K=t$。

(2) 流水工期的计算

因为 $\sum K_{i,i+1} = (n-1) \times t$ 且有 $T_n = mt$

所以　　　　　　$T = \sum K_{i,i+1} + T_n = (m+n-1) \times t$　　　　　　(3-6)

【工程案例 3-4】

某分部工程组织流水施工,它由四个施工过程即开挖基槽、绑扎钢筋、浇混凝土、基础砌砖组成,每个施工过程划分为五个流水段,流水节拍均为 4 天,无间歇时间也无搭接施工。试确定流水段施工工期并绘制流水段施工进度横道图。

【解】 本例属于无间歇时间与搭接时间的固定节拍流水施工问题。

由题意已知:施工段数 $m=5$,施工过程数 $n=4$,流水节拍 $t=4$(天),流水步距 $K=4$(天),故流水工期为 $T=\sum K_{i,i+1}+T_n=(m+n-1)t=(5+4-1)\times4=32$(天)。

用横道图绘制流水进度计划,如图 3-13 所示。

序号	施工过程	施工进度/天							
		4	8	12	16	20	24	28	32
1	开挖基槽	I	II	III	IV	V			
2	绑扎钢筋		I	II	III	IV	V		
3	浇混凝土			I	II	III	IV	V	
4	基础砌砖				I	II	III	IV	V
工期计算		$(n-1)t$			mt				
			$T=(m+n-1)t$						

图 3-13 某工程等节奏流水施工横道图

提示:全等节拍流水施工,一般只适用于施工对象结构简单、工程规模较小、施工过程数不太多的房屋工程或线型工程,如道路工程、管道工程等。

2. 等节拍不等步距流水施工

等节拍不等步距流水施工即各施工过程的流水节拍全部相等,但各流水步距不一定相等。这是由于各施工过程之间,有的需要有技术与组织间歇时间,有的可以安排搭接施工所致。有关参数计算如下。

(1) 流水步距的计算

流水步距 $\qquad\qquad K_{i,i+1}=t_i+Z_{i,i+1}-C_{i,i+1}$ $\qquad\qquad$ (3-7)

(2) 施工段数(m)的确定

① 无层间关系时,施工段数(m)按划分施工段的基本要求确定即可;

② 有层间关系时,为了保证各施工队组连续施工,应取($m\geq n$)。

若一个楼层内各施工过程间的技术、组织间歇时间之和为 $\sum Z_i$,楼层间技术组织间歇时间为 Z_3。如果每层的 $\sum Z_i$ 均相等,Z_3 也相等,则保证各施工队组能连续施工的最小施工段数(m)的确定如下:

$$(m-n) \cdot K = \sum Z_i + Z_3$$

$$m = n + \frac{\sum Z_i}{K} + \frac{Z_3}{K} \qquad (3-8)$$

式中：m 为施工段数；n 为施工过程数；$\sum Z_i$ 为一个楼层内各施工过程间技术、组织间歇时间之和；Z_3 为楼层间技术、组织间歇时间；K 为流水步距。

（3）流水施工工期计算

无层间关系时：

$$T = \sum K_{i,i+1} + T_n = (m+n-1)t + \sum Z_{i,i+1} - \sum C_{i,i+1} \qquad (3-9)$$

有层间关系或施工层时，工期可用下式计算：

$$T = \sum K_{i,i+1} + T_n = (m \times r + n - 1)t + \sum Z_{i,i+1} - \sum C_{i,i+1} \qquad (3-10)$$

式中字母含义同前。

【工程案例 3-5】

某现浇混凝土工程划分为扎筋、支模、浇混凝土三个施工过程，分两层组织流水施工。已知：该分部工程的流水节拍分别为：$t_1 = t_2 = t_3 = 2$ 天，第二个和第三个施工过程之间有 1 天组织间歇，层间有 1 天技术间歇。试组织等节奏流水施工。

【案例分析】 （1）确定流水步距

由等节奏流水的特征可知：

$$K_{1,2} = 2（天），K_{2,3} = 3（天）$$

（2）确定施工段数

$$m = n + \frac{\sum Z_i}{K} + \frac{Z_3}{K} = 3 + \frac{1}{2} + \frac{1}{2} = 4$$

（3）计算工期

$$T = (m \times r + n - 1)t + \sum Z_{i,i+1} - \sum C_{i,i+1}$$
$$= (4 \times 2 + 3 - 1) \times 2 + 1 = 21（天）$$

（4）用横道图绘制流水进度计划，如图 3-14 所示。

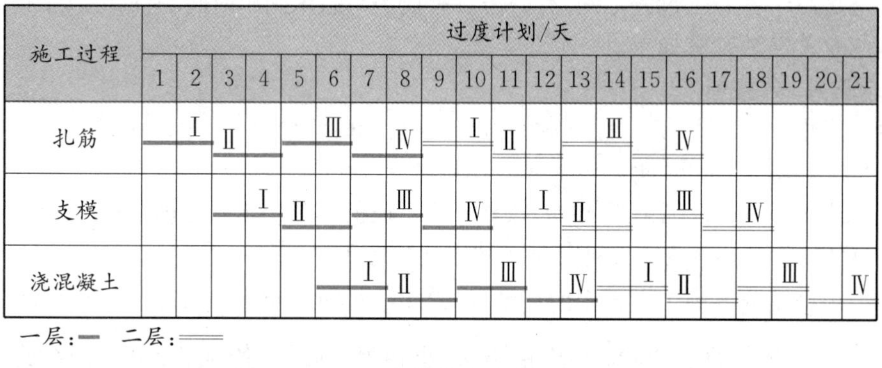

施工过程	过度计划/天																				
	1	2	3	4	5	6	7	8	9	10	11	12	13	14	15	16	17	18	19	20	21
扎筋	I		II		III			IV		I		II		III		IV					
支模				I		II		III		IV		I		II		III		IV			
浇混凝土						I		II		III		IV		I		II		III		IV	

一层：— 二层：＝

图 3-14　某工程等节奏流水施工进度图

提示:层间间歇时间不影响工期,是因为层间间歇是指在活动完成后,需要等待一段时间才能开始下一活动,这段时间已经被计算在活动本身的工期中。而计算工期时,需要考虑的是活动的前后逻辑关系和所需时间,因此公式中只考虑单个活动的工期,而不考虑层间间歇。

3.3.2 异节奏流水施工

异节奏流水是指在有节奏的流水施工中,各施工过程的流水节拍各自相等而不同施工过程之间的流水节拍不尽相等的流水施工。在组织异节奏流水施工时,又可分为异步距异节拍流水施工和成倍节拍流水施工两种。

1. 异步距异节拍流水施工

异步距异节拍流水施工是指同一施工过程在各个施工段的流水节拍均相等,不同施工过程之间的流水节拍不尽相等的流水施工方式。

(1)异步距异节拍流水施工特点

① 同一施工过程在各个施工段的流水节拍均相等,不同施工过程之间的流水节拍不尽相等;

② 相邻施工过程之间的流水步距不尽相等;

③ 专业工作队数等于施工过程数;

④ 各个专业工作队在施工段上能够连续作业,施工段间没有间隔时间。

(2)流水步距的确定

$$K_{i,i+1} = \begin{cases} t_i + Z_{i,i+1} - C_{i,i+1} & (当\ t_i \leqslant t_{i+1}) \\ mt_i - (m-1)t_{i+1} + Z_{i,i+1} - C_{i,i+1} & (当\ t_i > t_{i+1}) \end{cases} \qquad (3-11)$$

式中字母含义同前。

流水步距也可用前述"累加数列法"求得。

(3)流水施工工期 T

$$T = \sum K_{i,i+1} + T_n \qquad (3-12)$$

提示:异步距异节拍流水施工适用于分部和单位工程的流水施工,它在进度安排上比等节奏流水灵活,实际应用范围较广泛。

【工程案例 3-6】

某群体住宅的施工,四栋大板楼组织流水施工,施工过程分为基础工程 $t_A = 5$ 天,主体结构 $t_B = 10$ 天,室内装修 $t_C = 10$ 天,室外装修 $t_D = 5$ 天,以每栋楼为一个施工段,每个施工过程都由一个专业施工队负责施工,试求各施工过程之间的流水步距及该工程的工期,并绘制流水施工进度表。

【解】 （1）确定流水步距

根据上述条件及式(3-11)，各流水步距计算如下：

因为 $t_A < t_B$ 时，$K_{A,B} = t_A = 5$（天）

因为 $t_B = t_C$ 时，$K_{B,C} = t_B = 10$（天）

因为 $t_C > t_D$ 时，$K_{C,D} = mt_C - (m-1)t_D = 4 \times 10 - (4-1) \times 5 = 25$（天）。

（2）计算流水工期

$$T = \sum K_{i,i+1} + T_n = 5 + 10 + 25 + 4 \times 5 = 60（天）。$$

（3）绘制施工进度计划表如图3-15所示。

施工过程	进度计划/天											
	5	10	15	20	25	30	35	40	45	50	55	60
基础工程	1	2	3	4								
主体结构		1		2		3		4				
室内装修				1		2		3		4		
室外装修									1	2	3	4

图 3-15 某工程异节拍流水施工进度计划

2. 成倍节拍流水施工

成倍节拍流水施工是指同一施工过程在各个施工段上的流水节拍相等，不同施工过程之间的流水节拍不完全相等，但各个施工过程的流水节拍之间存在一个最大公约数。为加快流水施工进度，按最大公约数的倍数组建每个施工过程的施工队组，以形成类似于等节奏流水的成倍节拍流水施工方式。

（1）成倍节拍流水施工的特征

① 同一施工过程流水节拍相等，不同施工过程流水节拍之间存在整数倍或公约数关系；

② 流水步距彼此相等，且等于流水节拍的最大公约数；

③ 各专业施工队都能够保证连续作业，施工段没有空闲；

④ 施工队组数(n')大于施工过程数(n)，即。$n' > n$。

（2）成倍节拍流水施工主要参数的确定

① 流水步距的确定

$$K_{i,i+1} = K_b \qquad (3-13)$$

式中：K_b 为成倍节拍流水步距，取流水节拍的最大公约数。

提示:上式中 K_b 为没有考虑技术组织间歇和平行搭接时间。若存在间歇时间和搭接时间,实际流水步距在画横道图时必须考虑这两类时间参数对流水步距的影响。

② 每个施工过程的施工队组数确定

$$b_i = \frac{t_i}{K_b} \tag{3-14}$$

$$n' = \sum b_i \tag{3-15}$$

式中:b_i 为某施工过程所需施工队组数;n' 为专业施工队组总数目;其他符号含义同前。

③ 流水工期

无层间关系时

$$T = (m + n' - 1)K_b + \sum Z_{i,i+1} - \sum C_{i,i+1} \tag{3-16a}$$

有层间关系时

$$T = (mr + n' - 1)K_b + \sum Z_{i,i+1} - \sum C_{i,i+1} \tag{3-16b}$$

符号含义同前。

提示:成倍节拍流水施工方式比较适用于线型工程(如道路、管道等)的施工,也适用于房屋建筑施工。

【工程案例 3-7】

某群体住宅的施工,四栋大板楼组织流水施工,施工过程分为基础工程 $t_A = 5$ 天,主体结构 $t_B = 10$ 天,室内装修 $t_C = 10$ 天,室外装修 $t_D = 5$ 天,以每栋楼为一个施工段,试编制工期最短的进度计划并绘制横道图。

【解】 (1) 按式(3-13)确定流水步距

$$K_b = 最大公约数\{5,10,10,5\} = 5(天)$$

(2) 由式(3-14)确定每个施工过程的施工队组数

$$b_A = \frac{t_A}{K_b} = \frac{5}{5} = 1 个, b_B = \frac{t_B}{K_b} = \frac{10}{5} = 2 个, b_C = \frac{t_C}{K_b} = \frac{10}{5} = 2 个, b_D = \frac{t_D}{K_b} = \frac{5}{5} = 1 个$$

施工队总数　　$n' = \sum b_i = 1 + 2 + 2 + 1 = 6(个)$

(3) 计算工期

由式(3-16)得:

$$T = (m + n' - 1)K_b = (4 + 6 - 1) \times 5 = 45(天)$$

(4) 绘制流水施工进度表如图 3-16 所示。

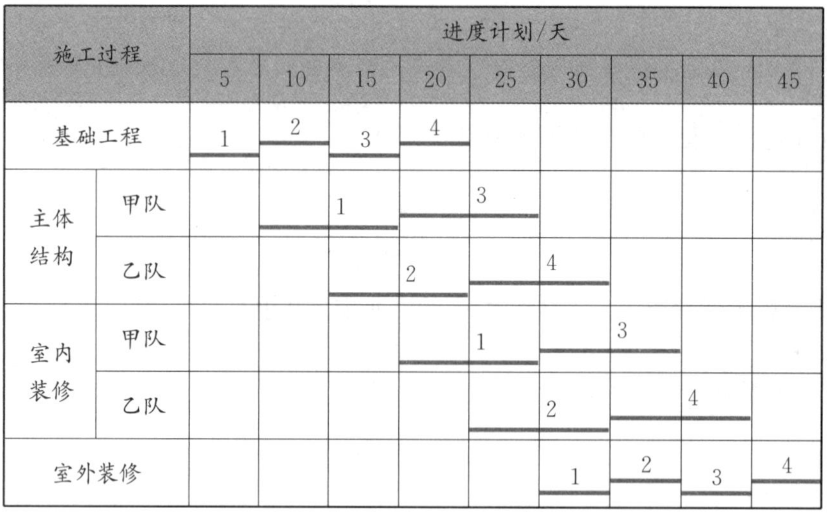

施工过程		进度计划/天								
		5	10	15	20	25	30	35	40	45
基础工程		1	2	3	4					
主体结构	甲队			1		3				
	乙队				2		4			
室内装修	甲队					1		3		
	乙队						2		4	
室外装修								1	2	3	4

图 3-16　某工程等步距异节拍流水施工进度计划

提示：成倍节拍流水的组织方式，与采用"两班制""三班制"的组织方式不同："两班制""三班制"的组织方式是指同一个专业队在同一施工段上连续作业 16 h（"两班制"）或 24 h（"三班制"）；或安排两个专业队在同一个施工段上各作业 8 h，累计 16 h（"两班制"）或安排三个专业队在同一个施工段上各作业 8 h 累积 24 h（"三班制"）。在进度计划反映的流水节拍应为原流水节拍的 1/2（"两班制"）或 1/3（"三班制"）。而成倍节拍流水的组织方式是指增加的专业队和原有的专业队分别以交叉的方式安排在不同的施工段上进行作业，其流水节拍不会发生改变。

3.3.3　无节奏流水施工

无节奏流水施工是指同一施工过程在各个施工段上流水节拍不完全相等的一种流水施工方式。

在实际工程中，无节奏流水施工是最常见的一种流水施工方式。因为它不像有节奏流水那样有一定的时间规律约束，在进度安排上比较灵活、自由。它是流水施工的普遍形式。

1. 无节奏流水施工的特征

（1）每个施工过程在各个施工段上的流水节拍不尽相等；

（2）各个施工过程之间的流水步距不完全相等且差异较大；

（3）各施工作业队能够在施工段上连续作业，但有的施工段可能出现空闲；

（4）施工队组数（n'）等于施工过程数（n）。

微课

无节奏流水施工

2. 无节奏流水施工主要参数的确定

（1）流水步距的确定

无节奏流水步距通常采用"累加数列法"确定。

（2）流水施工工期

$$T = \sum K_{i,i+1} + T_n \tag{3-17}$$

式中符号同前。

典型考题 3-5

【背景资料】　某综合楼工程，地下三层，地上二十层，总建筑面积 68 000 m²。地基基础设计等级为甲级，灌注桩筏板基础，现浇钢筋混凝土框架-剪力墙结构，建设单位与施工单位签订了施工合同。装修施工单位将结构标准层（F6～F20）划分为三个施工段组织流水施工，各施工段上均包含三个施工工序，其流水节拍如表 3-5 所示（单位时间：周）。（2016 年一建 节选）

表 3-5　标准层装修施工流水节拍参数一览表

流水节拍		施工过程		
		工序①	工序②	工序③
施工段	F6 - F10	4	3	3
	F11 - F15	3	4	6
	F16 - F20	5	4	3

【问题】　请绘制标准层装修的流水施工横道图。

【解析】　流水施工横道图如图 3-17 所示：

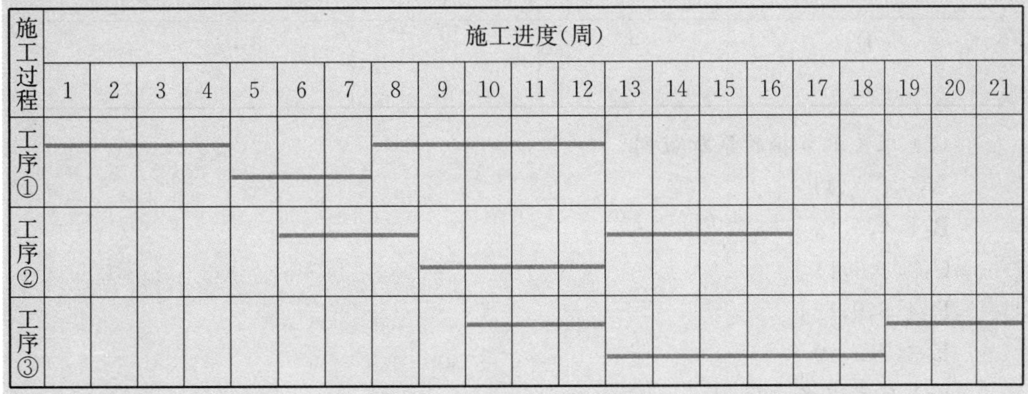

图 3-17　流水施工横道图

【工程案例 3-8】

某项目经理部拟承建一项工程，该工程有 A、B、C、D、E 五个施工过程。施工时在平面上划分成四个施工段，每个施工过程在各个施工段上的工程量、定额与队组人数见表3-6。规定施工过程B完成后,其相应施工段至少要养护2天,施工过程D完成后,其相应施工段要留有1天的准备时间。为了早日完工,允许施工过程A与B之间搭接施工1天,试编制流水施工方案。

表3-6 某工程资料表

施工过程	产量定额	各施工段的工作量					专业队人数
		单位	第Ⅰ段	第Ⅱ段	第Ⅲ段	第Ⅳ段	
A	$8\,m^2/工日$	m^2	238	160	164	315	10
B	$1.5\,m^3/工日$	m^3	23	68	118	66	15
C	$0.4\,t/工日$	t	6.5	3.3	9.5	16.1	8
D	$1.3\,m^3/工日$	m^3	51	27	40	38	10
E	$5\,m^3/工日$	m^3	148	203	97	53	10

【解】 (1)根据上述资料,计算流水节拍,利用公式(3-1),计算如下:

$$t_i = \frac{Q_i}{S_i R_i N_i} = \frac{P_i}{R_i N_i} = \frac{238}{8 \times 10 \times 1} \approx 3(天)$$

同理可求出其余的流水节拍并整理成表3-7。

表3-7 某工程流水节拍 单位:天

施工工程＼施工段	Ⅰ	Ⅱ	Ⅲ	Ⅳ
A	3	2	2	4
B	1	3	5	3
C	2	1	3	5
D	4	2	3	3
E	3	4	2	1

(2)求流水节拍的累加数列

A:3,5,7,11

B:1,4,9,12

C:2,3,6,11

D:4,6,9,12

E:3,7,9,10

(3)确定流水步距

① $K_{A,B}$

$$
\begin{array}{r}
3,\ 5,\ 7,\ 11 \\
-\quad 1,\ 4,\ 9,\ 12 \\
\hline
3,\ 4,\ 3,\ 2,\ -12
\end{array}
$$

因为施工过程A,B之间有一天的搭接时间,所以 $K_{A,B}=4-1=3$(天)。

② $K_{B,C}$

$$
\begin{array}{r}
1, 4, 9, 12 \\
- \quad 2, 3, 6, 11 \\
\hline
1, 2, 6, 6, -11
\end{array}
$$

因为 B,C 施工工程之间有 2 天的间歇时间,所以 $K_{B,C}=6+2=8$(天)。

③ $K_{C,D}$

2,3,6,11

$$
\begin{array}{r}
2, 3, 6, 11 \\
- \quad 4, 6, 9, 12 \\
\hline
2, -1, 0, 2, -12
\end{array}
$$

所以,$K_{C,D}=2$(天)。

④ $K_{D,E}$

$$
\begin{array}{r}
4, 6, 9, 12 \\
- \quad 3, 7, 9, 10 \\
\hline
4, 3, 2, 3, -10
\end{array}
$$

因为施工过程 D 之后有 1 天的准备时间,所以 $K_{D,E}=4+1=5$(天)。

(3) 确定流水工期

$$
T = \sum K_{i,i+1} + T_n = (3+8+2+5)+(3+4+2+1) = 28(天)
$$

(4) 绘制流水施工进度表如图 3-18 所示。

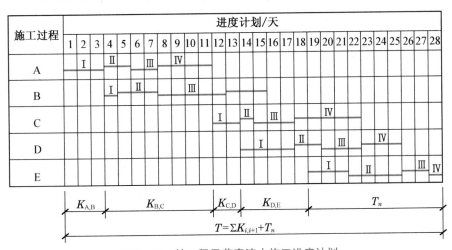

图 3-18　某工程无节奏流水施工进度计划

3.2.4　流水施工的工程案例

在建筑施工中,需要组织许多施工过程的活动,在组织这些施工过程的活动中,我们把在施工工艺上互相联系的施工过程组成不同的专业组合(如基础工程、主体工程以及装饰工程等),然后对各专业组合,按其组合的施工过程的流水节拍特征(节奏性),分别组织成独立的流水组分别进行流水施工,这些流水组的流水参数可以是不相等的,组织流水的方式也可能有所不同。最后将这些流水组按照工艺要求和施工顺序依次搭接起来,即成为一个工程对象的工程流水或一个建筑群的流水施工。需要指出,所谓专业组合是指围绕主导施工过程的组合,其他的施工过程不必都纳入流水组,而只作为调剂项目与各流水组依次搭接。在更多情况下,考虑到工程的复杂性,在编制施工进度计划时,往往只运用流水作业的基本概念,合理选定几个主要参数,保证几个主导施工过程的连续性。对其他非主导施工过程,只力求使其在施工段上尽可能各自保持连续施工。各施工过程之间只有施工工艺和施工组织上的约束,不一定步调一致。这样,对不同专业组合或几个主导施工过程分别进行流水的组织方式就有极大的灵活性,且往往更有利于计划的实现。下面用两个较为常见的工程施工实例来阐述流水施工的应用。

【工程案例 3-9】

某学校四层教学楼,建筑面积 4 020 m²,基础为钢筋混凝土独立基础,主体工程为全现浇框架结构。装修工程为铝合金窗、胶合板门;外墙贴面砖;内墙为中级抹灰,普通涂料刷白;楼地面贴地板砖;屋面用 200 mm 厚加气混凝土块做保温层,上做SBS 改性沥青防水层,其劳动量一览表见表 3-8。

表 3-8　某幢四层框架结构教学楼劳动量一览表

序号	分项工程名称	劳动量（工日或台班）	序号	分项工程名称	劳动量（工日或台班）
	基础工程			屋面工程	
1	机械开挖基础土方	8 台班	15	加气混凝土保温隔热层(含找坡)	252
2	混凝土垫层	32			
3	绑扎基础钢筋	70	16	屋面找平层	62
4	基础模板	80	17	屋面防水层	60
5	基础混凝土	92		装饰工程	
6	回填土	132	18	顶棚墙面中级抹灰	1 820
	主体工程		19	外墙面砖	720
7	脚手架	350	20	楼地面及楼梯地砖	1 115
8	柱筋	145	21	铝合金窗扇安装	72
9	柱、梁、板模板(含楼梯)	2 462	22	胶合板门	68
10	柱混凝土	245	23	顶棚墙面涂料	430
11	梁、板钢筋(含楼梯)	913	24	油漆	63
12	梁、板混凝土(含楼梯)	820	25	室外	
13	拆模	412	26	水、电	
14	砌空心砖	600			

本工程是由基础工程、主体工程、屋面工程、装修工程和水电工程组成,因其各分

部的劳动量差异较大,应采用分别流水法,先分别组织各分部的流水施工,然后再考虑各分部之间的相互搭接施工。具体组织方法如下:

(1) 基础工程

基础工程包括基槽挖土、混凝土垫层、绑扎基础钢筋、支设基础模板、浇筑基础混凝土、回填土等施工过程。其中基础挖土采用机械开挖,考虑到工作面及土方运输的需要,挖土时不分段,且不纳入流水。混凝土垫层劳动量较小,将其安排在挖土完成之后,也不纳入流水。

土方机械开挖 8 个台班,用 2 台机械 2 班制施工,则作业持续时间为:

$$t_{挖}=\frac{8}{2\times 2}=2(天)$$

基槽开挖完毕后留 1 天用于人工清理基底标高和组织设计院等相关人员验槽。

混凝土垫层 32 个工日,施工班组人数 16 人,一班制施工,垫层完成后需 1 天的养护时间,其作业持续时间为:

$$t_{混凝土}=\frac{32}{16\times 1}=2(天)$$

基础工程参与流水的只有四个过程($n=4$),考虑到工作面因素,将其划分为两个施工段($m=2$),组织全等节拍流水施工如下:

基础绑扎钢筋劳动量为 70 个工日,施工班组人数为 12 人,采用一班制施工,其流水节拍为:

$$t_{筋}=\frac{70}{2\times 12\times 1}\approx 3(天)$$

其他施工过程的流水节拍均取 3 天,$K=3$。其中基础支模板 80 个工日,采用一班制施工,施工班组人数为:

$$R_{木}=\frac{80}{2\times 3\times 1}\approx 14(人)$$

浇筑混凝土劳动量为 92 个工日,采用一班制施工,施工班组人数为:

$$R_{混凝土}=\frac{92}{2\times 3\times 1}\approx 16(人)$$

回填土劳动量为 132 个工日,采用一班制施工,施工班组人数为:

$$R_{回}=\frac{132}{2\times 3\times 1}=22(人)$$

流水工期计算如下:

$$T=(m+n-1)t=(2+4-1)\times 3=15(天)$$

则基础工程的工期为:

$$T_1=2+1+2+1+15=21(天)$$

(2) 主体工程

主体工程包括立柱钢筋,安装柱、梁、板模板,浇柱混凝土,梁、板、楼梯钢筋绑扎,浇梁、板、楼梯混凝土,搭脚手架,拆模板,砌空心砖墙等分项工程,其中后三个施工过程属平行穿插施工过程,只根据施工工艺要求,尽量搭接施工即可,不纳入流水施工。

本工程中平面上划分为两个施工段,主体工程由于有层间关系,$m=2$,$n=5$,$m<n$,工作班组会出现窝工现象。要保证施工过程流水施工,必须使 $m\geqslant n$。本工程只要求主导施工过程柱、梁、板模板安装要连续施工,其余的施工班组与其他的工地统一考虑调度安排。同时要保证主导施工过程连续作业,可以将其他次要施工过程综合为一个施工过程来考虑其流水节拍,且其流水节拍值之和不得大于主导施工过程的流水节拍。因此,主体工程参与流水的施工过程数 $n=2$ 个,满足 $m\geqslant n$ 的要求。具体组织如下:

主导施工过程的柱、梁、板模板劳动量为 2 462 个工日,施工班组人数为 26 人,两班制施工,则流水节拍为:

$$t_{模}=\frac{2\,462}{4\times2\times26\times2}\approx6(天)$$

柱子钢筋劳动量为 145 个工日,施工班组人数为 19 人,一班制施工,则其流水节拍为:

$$t_{柱筋}=\frac{145}{4\times2\times19\times1}\approx1(天)$$

柱子混凝土劳动量为 245 个工日,施工班组人数为 16 人,两班制施工,其流水节拍为:

$$t_{柱混凝土}=\frac{245}{4\times2\times16\times2}\approx1(天)$$

梁、板钢筋劳动量为 913 个工日,施工班组人数为 29 人,两班制施工,其流水节拍为:

$$t_{梁、板筋}=\frac{913}{4\times2\times29\times2}\approx2(天)$$

梁、板混凝土劳动量为 820 个工日,施工班组人数为 35 人,三班制施工,其流水节拍为:

$$t_{梁、板混凝土}=\frac{820}{4\times2\times35\times3}\approx1(天)$$

因此,综合施工过程的流水节拍和为 $(1+1+2+1)=5$(天),符合上述条件。

由于主体施工只有按照梁板柱模板时采用连续施工,其余工序均采用间断式流水施工,所以无法用公式直接计算,可以用分析法得到。

实际中拆柱模板可比拆梁板模板提前,但计划安排可视为一个施工过程,即在梁、板混凝土浇筑 14 天后进行(早拆体系),其劳动量为 412 个工日,施工班组人数为 26 人,一班制施工,其流水节拍为:

$$t_{拆模}=\frac{412}{4\times2\times26\times1}\approx2(天)$$

砌空心砖墙(含门窗框)劳动量为 600 个工日,施工班组人数为 20 人,一班制施工,其流水节拍为:

$$t_{砌墙} = \frac{600}{4 \times 2 \times 20 \times 1} \approx 4（天）$$

（3）屋面工程

屋面工程包括屋面保温隔热层、找平层和防水层三个施工过程。考虑屋面防水要求高,所以不分段施工,即采用依次施工的方式。

屋面保温隔热层劳动量为 252 个工日,施工班组人数为 36 人,一班制施工,其施工持续时间为:

$$t_{保温} = \frac{252}{36 \times 1} = 7（天）$$

屋面找平层劳动量为 62 个工日,31 人,一班制施工,其施工持续时间为:

$$t_{找平} = \frac{62}{31 \times 1} = 2（天）$$

屋面找平层完成后,安排大约 14 天(视情况而定)的养护和干燥时间,方可进行屋面防水层的施工。SBS 改性沥青防水层劳动量为 60 个工日,安排 15 人一班制施工,其施工持续时间为:

$$t_{防水} = \frac{60}{15 \times 1} = 4（天）$$

（4）装饰工程

装饰工程包括顶棚墙面中级抹灰、外墙面砖、楼地面及楼梯地砖、铝合金窗扇安装、胶合板门安装、内墙涂料、油漆等施工过程。参与流水的施工过程为 $n = 7$。把每层房屋视为一个施工段,共 4 个施工段 $m = 4$。由于各施工过程劳动量不同,所以采用异节拍的流水施工。

装修工程采用自上而下的施工起点流向,其中抹灰工程是主导施工过程。

顶棚墙面抹灰劳动量为 1 820 个工日,施工班组人数为 65 人,一班制施工,其流水节拍为:

$$t_{抹灰} = \frac{1\,820}{4 \times 65 \times 1} = 7（天）$$

楼地面及楼梯地砖劳动量为 1 115 个工日,施工班组人数为 40 人,一班制施工,其流水节拍为:

$$t_{地面} = \frac{1\,115}{4 \times 40 \times 1} \approx 7（天）$$

铝合金窗扇安装 72 个工日,施工班组人数为 6 人,一班制施工,则流水节拍为:

$$t_{铝窗} = \frac{72}{4 \times 6 \times 1} = 3（天）$$

胶合板门安装 68 个工日,施工班组人数为 6 人,一班制施工,则流水节拍为:

$$t_{门} = \frac{68}{4 \times 6 \times 1} \approx 3（天）$$

内墙涂料 430 个工日,施工班组人数为 36 人,一班制施工,则流水节拍为:

$$t_{内墙涂料}=\frac{430}{4\times36\times1}\approx3（天）$$

油漆 63 个工日，施工班组人数为 5 人，一班制施工，则流水节拍为：

$$t_{油漆}=\frac{63}{4\times6\times1}\approx3（天）$$

外墙面砖自上而下不分层不分段施工（不参加主体流水施工），劳动量为 720 个工日，施工班组人数为 36 人，一班制施工，则其流水节拍为：

$$t_{外墙}=\frac{720}{36\times1}=20（天）$$

根据上述计算的流水节拍，并合理考虑各分部工程之间合理的流水步距绘出横道流水施工进度表，如书末附图 1 所示。

【工程案例 3-10】

××小区 1# 住宅楼的建筑结构设计概况如表 3-9 所示，施工时编制的施工总进度计划如书末附图 2 所示。

表 3-9　建筑结构设计概况表

序号	项目	内　　容					
1	建筑层数	地上	18 层	地下	2 层	总建筑面积	9 890 m²
2	建筑层高	地下部分层高/m		地下二层			3.00
				地下一层			3.40
		地上部分层高/m		1～18 层			2.70
				机房层			5.00
				水箱间层			3.00
3	建筑高度	绝对标高/m		±0.000=35.90		室内外高差/m	0.90
		基底标高/m		−8.010		基坑深度/m	7.110
		檐口标高/m		49.20		建筑总高/m	50.10
4	防火抗震	建筑等级二级，耐火等级为二级，抗震设防烈度 8 度					
5	墙体材料	钢筋混凝土剪力墙，非承重墙为 200 厚陶粒空心砌块，100 厚陶粒空心条板					
	墙面保温	50 厚增强水泥聚苯复合保温板、10 厚空气层					
6	外装修	外墙装修	涂料				
		门窗工程	塑钢窗				
		屋面工程	不上人平屋面				
		出入口	花岗岩台阶				

(续表)

序号	项目		内　容
7	内装修	顶棚	大白浆、耐擦洗涂料、纸面石膏板吊顶
		地面工程	水泥砂浆、细石混凝土、地砖、花岗岩、抗静电活动地板
		内墙	大白浆、耐擦洗涂料、釉面砖、花岗岩
		门窗工程	防火门、三防户门、钢框木门、电控防盗防火门、推拉木门、人防专用门窗等
8	垂直交通	楼梯	现浇钢筋混凝土
		电梯	4 部
9	防水工程	地下防水等级	地下防水等级为二级
		屋面	SBS 防水。3 mm＋3 mm 两层
		厕浴间	聚氨酯涂膜防水层
		屋面防水等级	屋面防水等级为二级
10	结构形式	基础结构形式	住宅部分为筏板基础、地下车库为独立柱基加防水底板
		主体结构形式	住宅楼为全现浇剪力墙,地下车库全现浇板柱结构
		楼盖结构形式	普通钢筋混凝土
11	地下室外防水	结构自防水	S8 级防水混凝土
		材料防水	SBS 改性沥青防水卷材 3 mm＋3 mm
		构造防水	止水钢片、遇水膨胀橡胶条

自测与案例

一、单项选择题

1. 关于横道图进度计划中有关时间表示的说法,正确的是(　　)。(2022 年二建)

   A. 最小的时间单位是天　　　　　　B. 横道图不能表示出停工时间

   C. 时间单位可以是工作日　　　　　D. 横道可表示工作最迟开始时间

2. 关于横道图进度计划的说法,正确的是(　　)。(2018 年二建)

   A. 横道图的一行只能表达一项工作

   B. 工作的简要说明必须放在表头内

   C. 横道图不能表达工作间的逻辑关系

   D. 横道图的工作可按项目对象排序

3. 关于横道图进度计划的说法,正确的是(　　)。(2016 年二建)

   A. 各项工作必须按照时间先后进行排序

   B. 不能将工作简要说明直接放在横道上

   C. 可用于计算资源需要量

D. 尤其适用于较大的进度计划系统

4. 某建设工程(共二层)施工横道图进度计划如图 3-19 所示,则关于该工程施工组织的说法,正确的是( )。(2019 年二建)

施工过程名称	施工进度/(天)									
	3	6	9	12	15	18	21	24	27	30
支模板	Ⅰ-1	Ⅰ-2	Ⅰ-3	Ⅰ-4	Ⅱ-1	Ⅱ-2	Ⅱ-3	Ⅱ-4		
绑钢筋		Ⅰ-1	Ⅰ-2	Ⅰ-3	Ⅰ-4	Ⅱ-1	Ⅱ-2	Ⅱ-3	Ⅱ-4	
浇混凝土			Ⅰ-1	Ⅰ-2	Ⅰ-3	Ⅰ-4	Ⅱ-1	Ⅱ-2	Ⅱ-3	Ⅱ-4

注:Ⅰ、Ⅱ表示楼层;1、2、3、4表示施工段

图 3-19 施工进度计划图

A. 各层内施工过程间不存在技术间歇和组织间歇

B. 有施工过程由于施工楼层的影响,均可能造成施工不连续

C. 由于存在两个施工楼层,每一施工过程均可安排 2 个施工队伍

D. 在施工高峰期(第 9 日~第 24 日期间),所有施工段上均有工人在施工

5. 某工程需挖土 4 800 m^3,分成四段组织施工,拟选择两台挖土机挖土,每台挖土机的产量定额为 50 m^3/台班,拟采用两个队组倒班作业,则该工程土方开挖的流水节拍为( )天。

    A. 24   B. 15   C. 12   D. 6

6. 下列属于空间参数的是( )。

    A. 搭接时间   B. 施工过程   C. 施工段   D. 流水强度

7. 某二层现浇钢筋混凝土建筑工程的施工,其主体工程由支模板、绑钢筋和浇混凝土 3 个施工过程组成,每个施工过程在施工段上的延续时间均为 5 天,划分为 3 个施工段,则总工期为( )天。

    A. 35   B. 40   C. 45   D. 50

8. 某工程由 A、B、C 三个施工过程组成,划分为三个施工段,各施工过程在每段的流水节拍分别为 6 天、6 天、12 天,组织异步距异节拍的流水施工,该项目工期为( )天。

    A. 36   B. 24   C. 30   D. 48

9. 某工程由支模板、绑钢筋、浇筑混凝土 3 个分项工程组成,它在平面上划分为 6 个施工段,该 3 个分项工程在各个施工段上流水节拍依次为 6 天、4 天和 2 天,则其工期最短的流水施工方案为( )天。

    A. 18   B. 20   C. 22   D. 24

10. 无节奏流水施工的主要特点是( )。

    A. 施工过程和施工段数不相等

    B. 施工段上可能有间歇时间

    C. 专业工作队数不等于施工过程数

  D. 每个施工过程在各个施工段上的工程量相等

二、多项选择题

1. 流水步距的大小取决于(　　)。
  A. 相邻两个施工过程在各个施工段上的流水节拍
  B. 流水施工的组织方式
  C. 参加流水的施工过程数
  D. 流水施工的工期
  E. 各个施工过程的流水强度

2. 关于横道图进度计划的说法,正确的有(　　)。(2019 年一建)
  A. 能直接显示工作的开始和完成时间
  B. 计划调整工作量大
  C. 便于进行资源优化和调整
  D. 可将工作简要说明直接放在横道上
  E. 可进行时间参数的计算

3. 组织流水施工时,划分施工段的原则是(　　)。
  A. 能充分发挥主导施工机械的生产效率
  B. 根据各专业队的人数随时确定施工段的段界
  C. 施工段的段界尽可能与结构界限相吻合
  D. 划分施工段只适用于道路工程
  E. 施工段的数目应满足合理组织流水施工的要求

4. 等节奏(无技术组织间歇及搭接施工)流水施工的特点是(　　)。
  A. 同一施工过程在各施工段上的流水节拍都相等
  B. 不同施工过程之间的流水节拍互为倍数
  C. 专业工作队数等于施工过程数
  D. 流水步距彼此相等
  E. 专业工作队连续均衡作业

5. 无节奏流水施工时的特点包括(　　)。
  A. 各施工过程在各施工段的流水节拍不尽相等
  B. 相邻专业工作队的流水步距不尽相等
  C. 各施工过程在各施工段的流水节拍全相等
  D. 有些施工段上可能有空闲时间
  E. 专业工作队数等于施工过程数

三、案例题

1. 某新建住宅楼,框剪结构,地下 2 层,地上 18 层,建筑面积 2.5 万平方米。甲公司总承包施工。新冠疫情后,项目部按照住建部《房屋市政工程复工复产指南)(建办质〔2020〕8 号)和当地政府要求组织复工。成立以项目经理为组长的疫情防控领导小组并制定《项目疫情防控措施》明确"施工现场实行封闭式管理,设置包括废弃口罩类等分类收集装置,安排专人负责卫生保洁工作……",确保疫情防控工作有效、合规。

复工前,项目部盘点工作内容,结合该住宅楼3个单元相同的特点,依据原有施工进度计划,按照分析检查结果,确定调整对象等调整步骤,调整施工进度。同时,针对某分部工程制定流水节拍(如表3-10),就施工过程Ⅰ～Ⅳ组织4个施工班组流水施工,其中施工过程Ⅲ因工艺要求需待施工过程Ⅱ完成后2天方可进行。(2020年二建节选)

表3-10　某分部工程节拍表

施工过程编号	施工过程	流水节拍(天)
①	Ⅰ	2
②	Ⅱ	6
③	Ⅲ	4
④	Ⅴ	

问题:(1)除废弃口罩类外,现场设置的收集装置还有哪些分类?

(2)求各施工过程之间的流水节拍及工期,并画出该分部工程施工进度横道图。

(3)调整施工进度还包括哪些步骤?

2. 某施工项目由Ⅰ、Ⅱ、Ⅲ、Ⅳ四个施工过程组成,它在平面上划分为6个施工段。各施工过程在各个施工段上的持续时间依次为:6天、4天、6天和2天,各施工过程完成后,至少应有组织间歇时间1天才可以进行下一道工序。

问题:(1)若按照异步距异节拍组织流水施工,求各施工过程的流水节拍和总工期,并绘制横道图。

(2)若按照成倍节拍组织流水施工,求总共需要组建几个施工班组,各施工过程之间的流水步距及总工期,并编制横道图。

3. 某现浇钢筋混凝土工程由支模、绑钢筋、浇筑混凝土、拆模和回填土五个分项工程组成,它在平面上划分为6个施工段。各分项工程在各个施工段上的施工持续时间,见表3-11。在混凝土浇筑后至拆模板必须有养护时间2天。

表3-11　施工持续时间表

分项工程名称	持续时间/天					
	①	②	③	④	⑤	⑥
支模板	2	3	2	3	2	3
绑扎钢筋	3	3	4	4	3	3
浇筑混凝土	2	1	2	2	1	2
拆模板	1	2	1	1	2	1
回填土	2	3	2	2	3	2

问题:(1)根据流水节拍特点,本工程应该属于哪种类型的流水施工?

(2)求各施工过程之间的流水步距及总工期,并绘制横道图。

参考答案

项目 4　网络计划技术

【引言】

网络计划技术是目前最先进的计划管理方法,主要用于进度计划的编制和实施控制,有利于计划的优化调整和计算机的应用。

【学习目标】

1. 了解网络计划的基本原理和特点;
2. 掌握双代号网络图的绘制规则及方法;
3. 能够正确计算双代号网络图中各工作及节点的时间参数;
4. 能够根据工程信息绘制网络计划;
5. 培养爱岗敬业、精益求精、耐心专注、科学创新的"工匠精神"。

项目任务单

(2021 年全国数字建筑创新应用大赛——数字建筑装配式综合应用赛项)

任务背景

某施工企业承建市高新技术产业园办公楼工程项目,抗震设防烈度为 8 度,建筑面积为 45 378 m²。现已知该办公楼包含地下 2 层,地上 4 层(其中地下为现浇钢筋混凝土剪力墙结构,地上为装配式混凝土剪力墙结构),根据消防设计进行防火分区的划分,每层分为两个防火分区。

现根据施工组织安排划分施工段进行流水施工,按每个防火分区分为一个施工段(防火一区和防火二区),且所有装配式构件要提前进行深化设计和加工,以满足现场施工进度要求。

根据合同要求现对该单位工程施工进度有如下规定:

(1) 该单位工程合同工期为 137 天(包含春节假期);开工时间为 2021 - 11 - 2,交付时间为 2022 - 03 - 18

(2) 合同要求:

2022 - 01 - 04 之前装配式混凝土构件必须生产完毕;

2021 - 12 - 24 之前必须出正负零;

2022 - 1 - 20 之前必须主体结构封顶;

（3）已知 2022 年春节放假时间为 2022-1-25 至 2022-2-6，为期 13 天，春节放假期间，现场全面停工（不考虑冬期施工）；

本工程为施工总承包项目，合同内容包含：图纸确认与深化、构件生产、地基基础、主体结构、装饰装修、机电工程等，不在范围内的计划可以不考虑（例如市政园林施工、地下室装饰等）

注：装配式混凝土剪力墙结构施工部分需注意工序之间的逻辑关系

以下为此项目初步排出的一版施工进度计划（工序、逻辑关系均准确），如下表（表4-1）所示。

表 4-1 某工程各工序之间逻辑关系表

施工进度计划					
分部工程	编号		任务项	工期（天）	前置工作
图纸深化与构件生产	1		施工图纸确认	3	无
	2		装配式混凝土构件图纸深化1	5	1
	3		装配式混凝土构件图纸深化2	20	2
	4		1层装配式混凝土构件生产	15	2
	5		2层装配式混凝土构件生产	15	4
	6		3层装配式混凝土构件生产	15	3,5
	7		4层装配式混凝土构件生产	11	6
	8		装配式混凝土构件生产完毕	0	7
地基基础工程			9	基坑开挖及验槽	30	1
	防火一区	10	负二层钢筋绑扎	4	9
		11	负二层模板支设	3	10
		12	负二层混凝土浇筑	1	11
		13	负一层钢筋绑扎	4	12
		14	负一层模板支设	3	13
		15	负一层混凝土浇筑	1	14
	防火二区	16	负二层钢筋绑扎	4	10
		17	负二层模板支设	3	16
		18	负二层混凝土浇筑	1	17
		19	负一层钢筋绑扎	4	18
		20	负一层模板支设	3	19
		21	负一层混凝土浇筑	1	20
		22	主体结构出正负零	0	21

施工进度计划				
分部工程	编号	任务项	工期(天)	前置工作
主体结构工程	23	1 层装配式混凝土构件安装	3	4,15,21
	24	1 层现场钢筋绑扎与模板支护	2	23
	25	1 层现浇混凝土浇筑	1	24
	26	2 层装配式混凝土构件安装	3	5,25
	27	2 层现场钢筋绑扎与模板支护	2	26
	28	2 层现浇混凝土浇筑	1	27
	29	3 层装配式混凝土构件安装	3	6,28
	30	3 层现场钢筋绑扎与模板支护	2	29
	31	3 层现浇混凝土浇筑	1	30
	32	4 层装配式混凝土构件安装	3	7,31
	33	4 层现场钢筋绑扎与模板支护	2	32
	34	4 层现浇混凝土浇筑	1	33
	35	1 层装配式混凝土构件安装	3	23
	36	1 层现场钢筋绑扎与模板支护	2	35
	37	1 层现浇混凝土浇筑	1	36
	38	2 层装配式混凝土构件安装	3	26,37
	39	2 层现场钢筋绑扎与模板支护	2	38
	40	2 层现浇混凝土浇筑	1	39
	41	3 层装配式混凝土构件安装	3	29,40
	42	3 层现场钢筋绑扎与模板支护	2	41
	43	3 层现浇混凝土浇筑	1	42
	44	4 层装配式混凝土构件安装	3	32,43
	45	4 层现场钢筋绑扎与模板支护	2	44
	46	4 层现浇混凝土浇筑	1	45
	47	主体结构封顶	0	46
装饰装修工程	48	地下室装修	15	37
	49	1-2 层装修	10	48
	50	3-4 层装修	10	49
	51	外墙保温及涂料施工	25	34,46

防火一区（编号 23—34）
防火二区（编号 35—47）

(续表)

施工进度计划				
分部工程	编号	任务项	工期(天)	前置工作
机电安装工程	52	电气桥架安装及电缆敷设	35	40
	53	给排水管道及设备安装	30	40
	54	通风空调管道及设备安装	40	43
	55	机电系统整体调试	5	52,53,54
工程验收	56	单位工程验收	5	50,51,55

任务内容

按上述提供的项目基本信息及上表提供内容用进度计划软件绘制一份合理且符合要求的施工进度计划。

成果要求

(1) 计划正确:总工期、关键线路、逻辑关系表达准确;

(2) 计划完整:任务不缺项、漏项(仅根据题目已知任务及信息完善计划即可,无需发散);工作关系健全(逻辑关系建立在末级工作上);根据题目中提供的影响施工因素考虑在内;

(3) 计划美观:网络图结构清晰,展现美观,编制的计划拆分为三级(例如:一级为单体,二级为分部工程,三级为防火分区或具体工作);在网络图中设置分区的要求:仅限父工作设为分区,层级下无子工作的不必设为分区;

(4) 根据题目已知信息(重要里程碑节点)做预警提示,里程碑插入的时间点要求合理(如"主体结构出正负零"里程碑应作为"负一层混凝土浇筑"的紧后工作)。

任务 4.1 网络计划基础知识

20世纪50年代中期,为了适应生产发展的需要和科技进步的要求,国外出现了建立在网络模型的基础上,主要用来编制计划(工作计划或施工进度计划)和对计划的实施进行控制、监督的技术,称为网络计划技术,也称之为"统筹法"。20世纪60年代中期,我国著名数学家华罗庚教授首先将网络计划技术引进国内。

在建筑工程施工中,网络计划技术的主要用途是用来编制建筑企业的生产计划和工程施工的进度计划,并用来对计划本身进行优化处理,对计划的实施进行监督、控制和调整,达到缩短工期、提高工效、降低成本、增加企业经济

微课

网络计划
基础知识

JGJ/T 121—2015

《工程网络计划
技术规程》

效益的目的。

4.1.1　基本概念

1. 网络图

网络图是指由箭线和节点组成的,用来表示工作流程的有向、有序的网状图形。

2. 网络计划

网络计划是指用网络图表达任务构成、工作顺序并加注工作时间参数的进度计划。因此,提出一项具体工程任务的网络计划安排方案,就必须首先要求绘制网络图。

3. 网络计划技术

利用网络图的形式表达各项工作之间的相互制约和相互依赖关系,并分析其内在规律,从而寻求最优方案的方法称为网络计划技术。

4.1.2　网络计划的基本原理和特点

1. 网络计划的基本原理

(1) 把一项工程的全部建造过程分解成若干项工作,按照各项工作开展的先后顺序和相互之间的逻辑关系用网络图的形式表达出来。

(2) 通过网络图各项时间参数的计算,找出计划中的关键工作、关键线路和计算工期。

(3) 通过网络计划优化,不断改进网络计划的初始安排,找到最优的方案。

(4) 在计划的实施过程中,通过检查、调整,对其进行有效的控制和监督,以最小的资源消耗,获得最大的经济效益。

2. 网络计划的特点

(1) 优点

① 把整个网络计划中的各项工作组成一个有机整体,能够全面、明确地反映各项工作开展的先后顺序,同时能反映各项工作之间相互制约和相互依赖的关系。

② 能够通过时间参数的计算,确定各项工作的开始时间和结束时间等,找出影响工程进度的关键,可以明确各项工作的机动时间,便于管理人员抓住主要矛盾,更好地支配人、财、物等资源。

③ 在计划执行过程中进行有效的监测和控制,以便合理使用资源,优质、高效、低耗地完成预定的工作。

④ 通过网络计划的优化,可在若干个方案中找到最优方案。

⑤ 网络计划的编制、计算、调整、优化都可以通过计算机协助完成。

(2) 缺点

① 表达计划不直观、不形象,从图上很难看出流水作业的情况。

② 很难依据普通网络计划(非时标网络计划)计算资源的日用量,但时标网络计划可以克服这一缺点。

③ 编制较难,绘制较麻烦。

3. 网络计划的种类和编制流程

网络图形式多样，所以网络计划技术有许多种类。根据绘图符号表示的含义不同，网络计划可以分为双代号网络计划和单代号网络计划；按工作持续时间是否受时间标尺的制约，网络计划可分为时标网络计划和非时标网络计划；按是否在网络图中表示不同工作（工程活动）之间的各种搭接关系，网络计划可分为搭接网络计划和非搭接网络计划。

建设工程施工项目网络计划编制的流程：调查研究确定施工顺序及施工工作组成；理顺施工工作的先后关系并用网络图表示；计算或计划施工工作所需持续时间；制定网络计划；不断优化、控制、调整。

网络计划技术不仅是一种科学的管理方法，同时也是一种科学的动态控制方法。

思政案例

推广"双法" 甘当"人梯"

"统筹法"，又称网络计划法。它是以网络图反映、表达计划安排，据此选择最优工作方案，组织协调和控制生产（项目）的进度（时间）和费用（成本），使其达到预定目标，获得更佳经济效益的一种优化决策方法，由我国著名的国际数学大师，"中国解析数论学派"创始人，被誉为"中国现代数学之父"的华罗庚在我国推广使用。

华罗庚先生一生硕果累累，时刻心系国家，为国效力。在从美国归国途中，华罗庚发表了著名的《致中国全体留美学生的公开信》。信中，他饱含深情地写道："朋友们！'梁园虽好，非久居之乡'，归去来兮！"；"为了抉择真理，我们应当回去；为了国家和民族，我们应当回去；为了为人民服务，我们也应当回去；就是为了个人出路，也应当早日回去，建立我们工作的基础，为我们伟大祖国的建设和发展而奋斗！"。

华罗庚先生的学术成就令人敬佩，人格魅力令人景仰，其爱国精神为世代楷模。

▶ 任务4.2　双代号网络的组成及其绘制 ◀

4.2.1　双代号网络图三要素

微课

双代号网络图
的构成要素

用箭线及其两端节点的编号表示工作的网络图称为双代号网络图。即用两个节点一根箭线代表一项工作，工作名称写在箭线上面，工作持续时间写在箭线下面，在箭线前后的衔接处画上节点编上号码，并以节点编号 $i-j$ 代表一项工作，如图 4-1 所示。

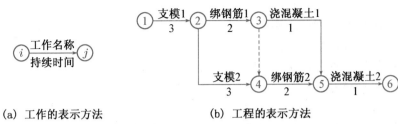

（a）工作的表示方法　　　　（b）工程的表示方法

图 4-1　双代号网络图

双代号网络图是由箭线、节点和线路组成。

1. 箭线（工作）

（1）网络图中一端带箭头的直线即为箭线。在双代号网络图中，它与其两端的节点表示一项工作。箭线表达的内容有以下几个方面：

① 表示一项工作或表示一个施工过程。工作可大可小，既可以是一个简单的施工过程，如挖土、垫层等分项工程或者基础工程、主体工程等分部工程；也可以是一项复杂的工程任务，如教学楼土建工程等单位工程，如何确定一项工作的范围取决于所绘制的网络计划的作用。

② 表示一项工作所消耗的时间和资源，分别用数字标注在箭线的下方和上方。一般而言，每项工作的完成都要消耗一定的时间和资源，如绑扎钢筋、支模板等；也存在只消耗时间而不消耗资源的工作，如混凝土养护等技术间歇，若单独考虑时，也应作为一项工作对待。

③ 箭线的长短，在无时间坐标的网络图中，长度不代表时间的长短，而在有时间坐标的网络图中，其箭线的长度必须根据完成该项工作所需时间长短按比例绘制。

④ 箭线的方向表示工作进行的方向和前进的路线，箭尾表示工作的开始，箭头表示工作的结束。

⑤ 箭线应画成水平直线，垂直直线或折线、斜线，直线的投影方向应自左向右。

> **提示：**双代号网络计划中，还有一种工作叫做虚工作，用虚箭线表示，只表示前后相邻工作之间的逻辑关系，既不占用时间，也不耗用资源，其表达形式可垂直向上或向下，也可水平向右，如图 4-1 中工作③→④。

（2）按照网络图中工作之间的相互关系，将工作分为以下几种类型。

① 紧前工作：紧接于某工作箭尾端的各工作是该工作的紧前工作。双代号网络图中，本工作和紧前工作之间可能有虚工作。如图 4-1 所示，支模 1 是支模 2 的紧前工作；绑钢筋 1 和绑钢筋 2 之间虽有虚工作，但绑钢筋 1 仍然是绑钢筋 2 的紧前工作。

② 紧后工作：紧接于某工作箭头的各工作是该工作的紧后工作。双代号网络图中，本工作和紧后工作之间可能有虚工作。如图 4-1 所示，支模 2 是支模 1 的紧后工作；绑钢筋 2 和浇混凝土 1 是绑钢筋 1 的紧后工作。

③ 平行工作：同一节点出发或者指向同一节点的工作是平行工作。如图 4-1 所示，支模 2 和绑钢筋 1 是平行工作。

（3）内向箭线和外向箭线

① 内向箭线，也叫内向工作，指向某个节点的箭线，如图4-2(a)所示。

② 外向箭线，也叫外向工作，从某节点引出的箭线，如图4-2(b)所示。

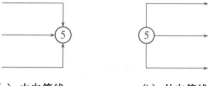

(a) 内向箭线　　(b) 外向箭线

图4-2　内向箭线和外向箭线

2. 节点

（1）网络图中箭线端部的圆圈或其他形状的封闭图形就是节点。节点表达的内容有以下几个方面：

① 节点表示前面工作结束和后面工作开始的瞬间，所以节点不需要消耗时间和资源；

② 箭线的箭尾节点表示该工作的开始，箭线的箭头节点表示该工作的结束；

③ 根据节点在网络图中的位置不同可以分为起点节点、终点节点和中间节点。起点节点是网络图的第一个节点，表示一项任务的开始。终点节点是网络的最后一个节点，表示一项任务的结束。除起点节点和终点节点以外的节点称为中间节点，中间节点都有双重含义，既是前面工作的结束节点，也是后面工作的开始节点，如图4-3所示。

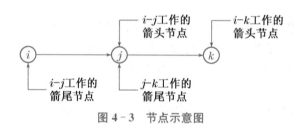

图4-3　节点示意图

（2）节点编号

网络图中的每个节点都有自己的编号，以便赋予每项工作以代号，便于计算网络图的时间参数和检查网络图是否正确。

① 节点编号必须满足两条基本规则：其一，箭头节点编号大于箭尾节点编号；其二，在一个网络图中，所有节点不能出现重复编号，可以连号也可以跳号，以便适应网络计划调整中增加工作的需要，编号留有余地。

② 节点编号的方法有两种：一种是水平编号法，即从起点节点开始由上到下逐行编号，每行则自左到右按顺序编号，如图4-4(a)所示；另一种是垂直编号法，即从起点节点开始自左到右逐列编号，每列则根据编号规则的要求进行编号，如图4-4(b)所示。

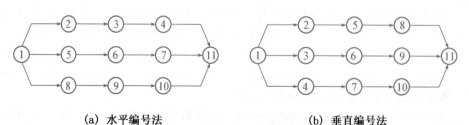

(a)　水平编号法　　　　　　　　(b)　垂直编号法

图4-4　节点编号示意图

3. 线路

（1）线路

网络图中从起点节点开始,沿箭头方向顺序通过一系列箭线与节点,最后达到终点节点的通路称为线路。一个网络图中,从起点节点到终点节点,一般都存在着许多条线路,每条线路都包含若干项工作,这些工作的持续时间之和就是该线路的长度,也就是完成这条线路上所有工作的计划工期。以图 4－5 为例,列表计算如下(表 4－2)。

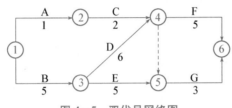

图 4－5　双代号网络图

表 4－2　网络图线路时间计算表

序号	线　　　路	线长
1	①—1→②—2→④—5→⑥	8
2	①—1→②—2→④—0→⑤—3→⑥	6
3	①—5→③—6→④—5→⑥	16
4	①—5→③—6→④—0→⑤—3→⑥	14
5	①—5→③—5→⑤—3→⑥	13

（2）关键线路和关键工作

在一个计划的所有线路中,持续时间之和最长的线路称为关键线路。如线路①→③→④→⑥的持续时间之和最长,即为关键线路,其余线路称为非关键线路。位于关键线路上的工作称为关键工作。关键工作完成快慢直接影响整个计划工期的实现。关键线路一般用粗线(或者双箭线、红线)来表示,以突出其在网络计划中的重要位置。

在网络图中关键线路有时不止一条,可能同时存在几条关键线路。但从管理的角度出发,为了实行重点管理,一般不希望出现太多的关键线路。

提示:关键线路也不是一成不变的,在一定的条件下,关键线路和非关键线路会相互转化。例如,当采取技术组织措施,缩短关键工作的持续时间,或者非关键工作持续时间延长时,就有可能使关键线路发生转移。网络计划中,关键工作的比重往往不宜过大,网络计划愈复杂工作节点就愈多,则关键工作的比重应该越小,这样有利于抓住主要矛盾。

典型考题 4-2

关于网络计划线路的说法,正确的是( )。(2020年二建)

A. 线路可依次用该线路上的节点代号来表示

B. 线路是由多个箭线组成的通路

C. 线路中箭线的长度之和就是该线路的长度

D. 关键线路只有一条,非关键线路可以有多条

正确答案:A。

4.2.2 双代号网络图的绘制

微课

1. 双代号网络图逻辑关系的表达方法

工作之间相互制约或依赖的关系称为逻辑关系。工作之间的逻辑关系包括工艺关系和组织关系。

双代号网络图逻辑关系的正确表达

(1) 工艺关系

工艺关系是指生产工艺上客观存在的先后顺序关系,或者是非生产性工作之间由工作程序决定的先后顺序关系。例如,建筑工程施工时,先做基础,后做主体;先做结构,后做装修。工艺关系是不能随意改变的,当一个工程的施工方法确定之后,工艺关系也就随之被确定下来。如图4-1所示,支模1→绑钢筋1→混凝土1为工艺关系。

(2) 组织关系

组织关系是指在不违反工艺关系的前提下,人为安排工作的先后顺序关系。例如,建筑群中各个建筑物的开工顺序的先后;施工对象的分段流水作业等。组织顺序可以根据具体情况,按安全、经济、高效的原则统筹安排。如图4-1所示,支模1→支模2;混凝土1→混凝土2等为组织关系。

在网络图中,各工作之间在逻辑上的关系是变化多端的,表4-3所列的是网络图中常见的一些逻辑关系及其表示方法。

表 4-3 网络图中各工作逻辑关系表示方法

序号	工作之间逻辑关系	网络图上表示方法	说明
1	A、B 两项工作,依次进行施工		B 依赖 A,A 约束 B

序号	工作之间逻辑关系	网络图上表示方法	说明
2	A、B、C 三项工作,同时开始施工		A、B、C 三项工作为平行施工方式
3	A、B、C 三项工作,同时结束施工		A、B、C 三项工作为平行施工方式
4	A、B、C 三项工作,只有 A 完成之后,B、C 才能开始		A 工作制约 B、C 工作的开始;B、C 工作为平行施工方式
5	A、B、C 三项工作,C 工作只能在 A、B 完成之后开始		C 工作依赖于 A、B 工作;A、B 工作为平行施工方式
6	A、B、C、D 四项工作,当 A、B 完成之后,C、D 才能开始		通过中间节点把四项工作的逻辑关系表达出来
7	A、B、C、D 四项工作;A 完成以后,C 才能开始,A、B 完成之后,D 才能开始		A 制约 C、D 的开始,B 只制约 D 的开始;A、D 之间引入了虚工作
8	A、B、C、D、E 五项工作;A、B 完成之后,D 才能开始;B、C 完成之后,E 才能开始		D 依赖 A、B 的完成。E 依赖 B、C 的完成;双代号表示法以虚工作表达 A、B、C 之间上述逻辑关系

（续表）

序号	工作之间逻辑关系	网络图上表示方法	说明
9	A、B、C、D、E 五项工作；A、B、C 完成之后，D 才能开始；B、C 完成之后，E 才能开始	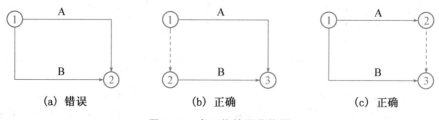	A、B、C 制约 D 的开始；B、C 制约 E 的开始；双代号表示法以虚工作表达上述逻辑关系
10	A、B 两项工作；按三个施工段进行流水施工		按工程建立两个专业工作队；分别在三个施工段上进行流水作业；双代号表示法以虚工作表达工程间的关系

2. 虚工作在网络图中的应用

双代号网络计划中，只表示前后相邻工作之间的逻辑关系，既不占用时间，也不耗用资源的虚拟的工作称为虚工作。虚工作用虚箭线表示，其表达形式可垂直方向向上或向下，也可水平方向向右，如图 4-6 所示。虚工作起着联系、区分、断路三个作用。

（1）联系作用

虚工作不仅能表达工作间的逻辑连接关系，而且能表达不同幢号的房屋之间的相互联系。例如，工作 A、B、C、D 之间的逻辑关系为：工作 A 完成后可同时进行 B、D 两项工作，工作 C 完成后进行工作 D。不难看出，A 完成后其紧后工作为 B，C 完成后其紧后工作为 D，很容易表达，但 D 又是 A 的紧后工作，为把 A 和 D 联系起来，必须引入虚工作，逻辑关系才能正确表达，如图 4-6 所示。

图 4-6　虚工作的应用

（2）区分作用

双代号网络计划是用两个节点表示一项工作。如果两项工作用同一代号，如图 4-7 中工作 1-2，则不能明确表示出该代号是指 A 工作还是 B 工作。因此，必须添加虚工作。如图 4-7 所示。

（a）错误　　　　　（b）正确　　　　　（c）正确

图 4-7　虚工作的区分作用

（3）断路作用

绘制双代号网络图时，最容易产生的错误是把本来没有逻辑关系的工作联系起来了，使网络图发生逻辑上的错误。这时就必须使用虚箭线在图上加以处理,以切断不应有的工作联系。产生错误的地方总是在同时有多条内向和外向箭线的节点处,画图时应特别注意,只有一条内向或外向箭线之处是不易出错的。

【工程案例 4 - 1】

　　某工程由支模板、绑钢筋、浇混凝土等三个分项工程组成,它在平面上划分为Ⅰ、Ⅱ、Ⅲ三个施工阶段,已知其双代号网络图如图 4 - 8(a)所示,试判断该网络图的正确性。

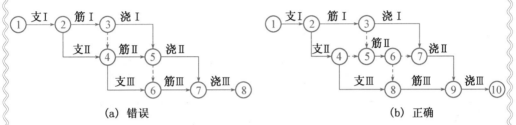

图 4 - 8　双代号网络图

　　【案例解析】　判断网络图的正确与否,应从网络图是否符合工艺逻辑关系要求,是否符合施工组织程序要求,是否满足空间逻辑关系要求三个方面分析。由图 4 - 8(a)可以看出,该网络图符合前两个方面要求,但不满足空间逻辑关系要求,因为第Ⅲ施工段的支模板不应受到第Ⅰ施工段绑钢筋的制约,第Ⅲ施工段绑钢筋不应受到第Ⅰ施工段浇混凝土的制约,这说明空间逻辑关系表达有误。

　　在这种情况下,就应采用虚工作在线路上隔断无逻辑关系的各项工作,这种方法就是"断路法"。上述情况如要避免,必须运用断路法,增加虚箭线来加以分隔,使支模Ⅲ仅为支模Ⅱ的紧后工作,而与绑钢筋Ⅰ断路;使绑钢筋Ⅲ仅为绑钢筋Ⅱ和支Ⅲ的紧后工作,而与浇筑混凝土Ⅰ断路。正确的网络图应如图 4 - 8(b)所示。这种断路法在组织分段流水作业的网络图中使用很多,十分重要。

3. 双代号网络图绘制的基本规则

(1) 双代号网络图必须正确表达已定的逻辑关系。

(2) 双代号网络图中,严禁出现循环回路。所谓循环回路是指从一个节点出发,顺箭线方向又回到原出发点的循环线路。如图 4 - 9 所示,就出现了循环回路 2→3→4→5→6→7→2。它表示的逻辑关系是错误的,在工艺关系上是矛盾的。

微课

双代号网络图绘制的基本原则

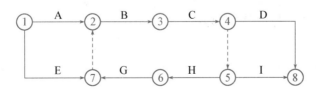

图 4 - 9　有循环回路的错误网络图

（3）双代号网络图中，在节点之间严禁出现带双向箭头或无箭头的连线，如图 4-10 所示。

（a）双向箭头的连线　　　　（b）无箭头的连线

图 4-10　错误的箭线画法

（4）双代号网络图中，严禁出现没有箭头节点或没有箭尾节点的箭线，如图 4-11 所示。同时严禁在箭线上引入或引出箭线，如图 4-12 所示。

（a）没有箭尾节点的箭线　　　　（b）没有箭头节点的箭线

图 4-11　没有箭头节点或箭尾节点的错误画法

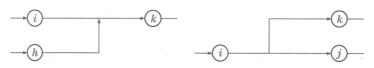

图 4-12　在箭线上引进、引出的错误画法

（5）同一个网络图中，同一项工作不能出现两次。如图 4-13(a)中活动 c 出现了两次是不允许的，应引进虚工作表达成图 4-13(b)所示。

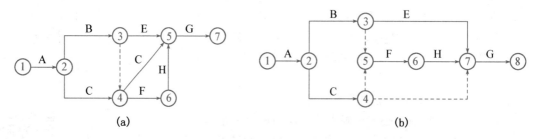

图 4-13　同一项工作不能出现两次

（6）当网络图的起点节点有多条外向箭线或终点节点有多条内向箭线时，为使图形简洁，在不违背"一项工作应只有唯一的一条箭线和相应的一对节点编号"的规定的前提下，对起点节点和终点节点可用母线法绘制，如图 4-14 所示。

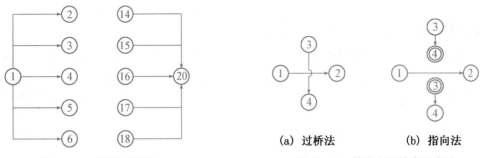

图 4-14　母线法绘图

图 4-15　箭线交叉的表示方法

（7）绘制网络图时,尽可能在构图时避免交叉。当交叉不可避免、且交叉少时,采用过桥法,或指向法如图 4-15 所示。

（8）双代号网络图中只允许有一个起点节点(该节点编号最小且没有内向箭线);不是分期完成任务的网络图中,只允许有一个终点节点(该节点编号最大且没有外向工作);而其他所有节点均是中间节点(既有内向箭线又有外向箭线)。如图 4-16(a)所示,网络图中有两个起点节点①和⑤,有两个终点节点④和⑩画法错误。正确画法如图 4-16(b)所示。

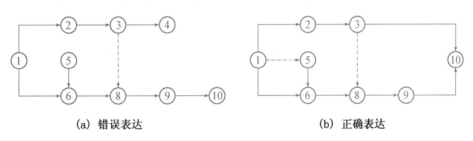

（a）错误表达　　　　　　　　　　（b）正确表达

图 4-16　起点节点和终点节点表达

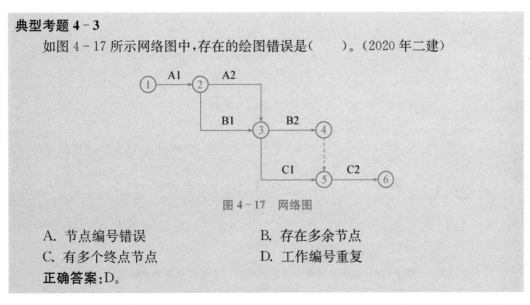

典型考题 4-3

如图 4-17 所示网络图中,存在的绘图错误是(　　　)。（2020 年二建）

图 4-17　网络图

A. 节点编号错误　　　　　　　　B. 存在多余节点

C. 有多个终点节点　　　　　　　D. 工作编号重复

正确答案:D。

4. 双代号网络图绘制方法

【工程案例4-2】

根据工程项目所采用的施工方法、施工工艺及施工组织的方法,进行逻辑关系的分析,绘制双代号网络图。如表4-4为某钢筋混凝土工程划分为三个施工段时的工作明细表。

微课

顺推法绘制双代号网络图

表4-4 某钢筋混凝土工程划分为三个施工段时的工作明细表

工作名称	工作代号	紧前工作	工作时间	工作名称	工作代号	紧前工作	工作时间
支模1	A	—	3	浇筑混凝土2	F	C、E	1
绑钢筋1	B	A	2	支模3	G	D	3
浇筑混凝土1	C	B	1	绑钢筋3	H	G、E	2
支模2	D	A	3	浇筑混凝土3	I	F、H	1
绑钢筋2	E	B、D	3				

【案例解析】 采用顺推法绘草图:即以原始节点开始,首先确定由原始节点引出的工作,然后根据工作之间的逻辑关系,确定每项工作的紧后工作。以表4-4为例说明。

(1)当某项工作只存在一项紧前工作时,该工作可以直接从其紧前工作的结束节点连出,如图4-18(a)所示。

(2)当某项工作存在多于一项以上紧前工作时,可从其紧前工作的结束节点分别画虚工作并汇交到一个新节点,然后从这一新节点把该项工作引出,如图4-18(b)所示。

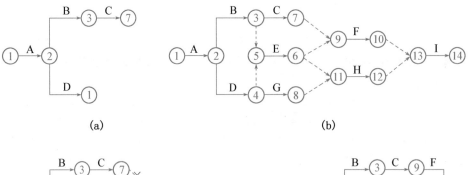

(a)　　　　　　　　　　　　　　(b)

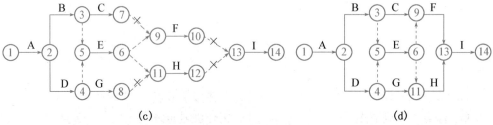

(c)　　　　　　　　　　　　　　(d)

图4-18 某钢筋混凝土工程划分为三个施工段时的网络图

（3）在连接某工作时，若该工作的紧前工作没有全部给出，则该项工作不应画出。

（4）去掉多余虚箭线，并对网络图进行整理，如图 4-18(c) 所示。

（5）检查、编号，如图 4-18(d) 所示。

典型考题 4-4

某工程网络计划工作逻辑关系如表 4-5 所示，则工作 A 的紧后工作有（　　）。（2019 年二建）

表 4-5　工作明细表

工作	A	B	C	D	E	G	H
紧前工作	—	A	A,B	A,C	C,D	A,E	E,C

A. 工作 B　　　B. 工作 C　　　C. 工作 D　　　D. 工作 E　　　E. 工作 G

正确答案：ABCE。

任务 4.3　双代号网络图时间参数的计算

根据工程对象各项工作的逻辑关系和绘图规则绘制网络图是一种定性的过程，只有进行时间参数的计算这样一个定量的过程，才使网络计划具有实际应用价值。计算网络计划时间参数的目的主要有三个：第一，确定关键线路和关键工作，便于施工中抓住重点，向关键线路要时间；第二，明确非关键工作及其在施工中时间上有多大的机动性，便于挖掘潜力，统筹全局，部署资源；第三，确定总工期，做到工程进度心中有数。

微课

时间参数的含义

时间参数可以分为工作时间参数、节点时间参数，各参数的表示符号及其含义见表 4-6 所示。

表 4-6　网络计划时间参数的含义及符号

序号	参数名称		定义	表示方法	
				双	单
1	工作持续时间		工作持续时间是指工作 $i-j$ 从开始到完成的时间	D_{i-j}	D_i
2	工期	计算工期	指根据时间参数计算所得到的工期	T_c	
3		要求工期	指任务委托人提出的指令性工期	T_r	
4		计划工期	指根据要求工期和计算工期所确定的作为实施目标的工期	T_P	
5	最早开始时间		指所有紧前工作全部完成后，本工作有可能开始的最早时刻	ES_{i-j}	ES_i
6	最早完成时间		指所有紧前工作全部完成后，本工作有可能完成的最早时刻	EF_{i-j}	EF_i

（续表）

序号	参数名称	定义	表示方法	
			双	单
7	最迟完成时间	指在不影响整个任务按期完成的前提下,工作必须完成的最迟时刻	LF_{i-j}	LF_i
8	最迟开始时间	指在不影响整个任务按期完成的前提下,工作必须开始的最迟时刻	LS_{i-j}	LS_i
9	总时差	指在不影响总工期的前提下,本工作可以利用的机动时间	TF_{i-j}	TF_i
10	自由时差	指在不影响其紧后工作最早开始时间的前提下,本工作可以利用的机动时间	FF_{i-j}	FF_i
11	节点的最早时间	在双代号网络计划中,以该节点为开始节点的各项工作的最早开始时间	ET_i	ET_i
12	节点的最迟时间	在双代号网络计划中,以该节点为完成节点的各项工作的最迟完成时间	LT_j	LT_j
13	时间间隔	指本工作的最早完成时间与其紧后工作最早开始时间之间可能存在时间		LAG_{i-j}

双代号网络计划时间参数的计算方法通常有工作计算法、节点计算法、图上计算法和表上计算法四种主要介绍前三种。

4.3.1 工作计算法

按工作计算法计算时间参数应在确定了各项工作的持续时间之后进行。虚工作也必须视同工作进行计算,其持续时间为零。时间参数的计算结果应标注在箭线之上,如图4-19所示。

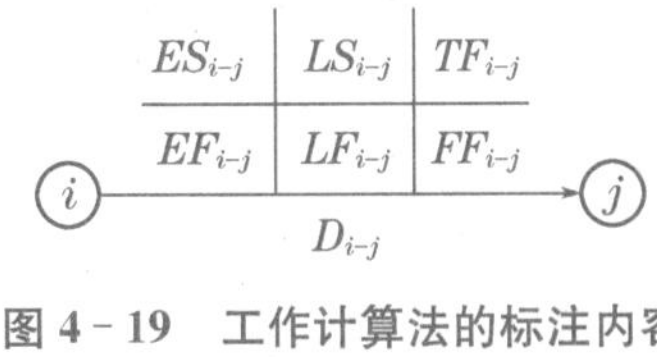

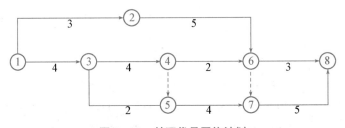

图4-19 工作计算法的标注内容

下面以某双代号网络计划(图4-20)为例,说明其计算步骤。其结果如图4-21所示。

图4-20 某双代号网络计划

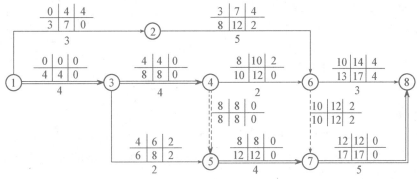

图 4 - 21　工作计算法计算时间参数

微课

工作最早时间的计算

1. 计算各工作的最早开始时间和最早完成时间

这类时间参数的实质是提出了紧后工作与紧前工作的关系,即紧后工作若提前开始,也不能提前到其紧前工作未完成之前。就整个网络图而言,受到起点节点的控制。因此,其计算程序为:自起点节点开始,顺着箭线方向,用累加的方法计算到终点节点。

各项工作的最早完成时间等于其最早开始时间加上工作持续时间,即

$$EF_{i-j}=ES_{i-j}+D_{i-j} \tag{4-1}$$

计算工作最早时间参数时,一般有以下三种情况:

(1) 当工作以起点节点为开始节点时,其最早开始时间为零(或规定时间),即:

$$ES_{i-j}=0 \tag{4-2}$$

(2) 当工作只有一项紧前工作时,该工作的最早开始时间应为其紧前工作的最早完成时间,即:

$$ES_{i-j}=EF_{h-i}=ES_{h-i}+D_{h-i} \tag{4-3}$$

(3) 当工作有多个紧前工作时,该工作的最早开始时间应为其所有紧前工作最早完成时间最大值,即:

$$ES_{i-j}=\max EF_{h-i}=\max\{ES_{h-i}+D_{h-i}\} \tag{4-4}$$

本例中,各工作的最早开始时间和最早完成时间计算如下:

工作的最早开始时间:

$ES_{1-2}=ES_{1-3}=0$　　　　　　　　$ES_{2-6}=ES_{1-2}+D_{1-2}=0+3=3$

$ES_{3-4}=ES_{3-5}=ES_{1-3}+D_{1-3}=0+4=4$　　$ES_{4-5}=ES_{4-6}=ES_{3-4}+D_{3-4}=4+4=8$

$$ES_{5-7}=\max\begin{cases}ES_{3-5}+D_{3-5}=4+2=6\\ES_{4-5}+D_{4-5}=8+0=8\end{cases}=8$$

$$ES_{6-7}=ES_{6-8}=\max\begin{cases}ES_{2-6}+D_{2-6}=3+5=8\\ES_{4-6}+D_{4-6}=8+2=10\end{cases}=10$$

$$ES_{7-8}=\max\begin{cases}ES_{5-7}+D_{5-7}=8+4=12\\ES_{6-7}+D_{6-7}=10+0=10\end{cases}=12$$

工作的最早完成时间:

$EF_{1-2}=ES_{1-2}+D_{1-2}=0+3=3$　　　　$EF_{1-3}=ES_{1-3}+D_{1-3}=0+4=4$

同理，$EF_{2-6}=8$、$EF_{3-4}=8$、$EF_{3-5}=6$、$EF_{4-5}=8$、$EF_{4-6}=10$、$EF_{5-7}=12$、$EF_{6-7}=10$、$EF_{6-8}=13$、$EF_{7-8}=17$

提示:同一节点的所有外向工作最早开始时间相同。

典型考题 4-5

某网络计划中，工作 Q 有两项紧前工作 M、N，M、N 工作的持续时间分别为 4 天、5 天，M、N 工作的最早开始时间分别为第 9 天、第 11 天，则工作 Q 的最早开始时间是第（　　）天。（2016 年二建）

　　A. 9　　　　　　　　B. 13　　　　　　　　C. 15　　　　　　　　D. 16

正确答案:D。

2. 确定网络计划工期

当网络计划规定了要求工期(T_r)时，网络计划的计划工期(T_p)应小于或等于要求工期，即

$$T_p \leqslant T_r \tag{4-5}$$

当网络计划未规定要求工期时，网络计划的计划工期应等于计算工期(T_c)，即以网络计划的终点节点为完成节点的各个工作的最早完成时间的最大值，如网络计划的终点节点的编号为 n，则计算工期为:

$$T_p = T_c = \max\{EF_{i-n}\} \tag{4-6}$$

本例中，网络计划的计算工期为:

$$T_c = \max\{EF_{6-8}, EF_{7-8}\} = \max\{13, 17\} = 17$$

3. 计算各工作的最迟完成时间和最迟开始时间

这类时间参数的实质是提出紧前工作与紧后工作的关系，即紧前工作要推迟开始，不能影响其紧后工作的按期完成。就整个网络图而言，受到终点节点（即计算工期）的控制。因此，其计算程序为:自终点节点开始，逆着箭线方向，用累减的方法计算到起点节点。

各工作的最迟开始时间等于其最迟完成时间减去工作持续时间，即

$$LS_{i-j} = LF_{i-j} - D_{i-j} \tag{4-7}$$

计算工作最迟完成时间参数时，一般有以下三种情况:

（1）当工作的终点节点为完成节点时，其最迟完成时间为网络计划的计划工期，即

$$LF_{i-n} = T_p \tag{4-8}$$

（2）当工作只有一项紧后工作时，该工作的最迟完成时间应为其紧后工作的最迟开始时间，即:

$$LF_{i-j} = LS_{j-k} = LF_{j-k} - D_{j-k} \tag{4-9}$$

（3）当工作有多项紧后工作时，该工作的最迟完成时间应为其多项紧后工作最迟开始时间的最小值，即:

$$LF_{i-j} = \min\{LS_{j-k}\} = \min\{LF_{j-k} - D_{j-k}\} \tag{4-10}$$

微课

工作最迟时间
的计算

本例中,各工作的最迟完成时间和最迟开始时间计算如下:

工作的最迟完成时间:

$$LF_{7-8}=LF_{6-8}=T_p=17 \qquad LF_{6-7}=LF_{5-7}=LF_{7-8}-D_{7-8}=17-5=12$$

$$LF_{4-6}=LF_{2-6}=\min\left\{\begin{matrix}LF_{6-7}-D_{6-7}=12-0=12\\LF_{6-8}-D_{6-7}=17-3=14\end{matrix}\right\}=12$$

$$LF_{4-5}=LF_{3-5}=LF_{5-7}-D_{5-7}=12-4=8$$

$$LF_{3-4}=\min\left\{\begin{matrix}LF_{4-6}-D_{4-6}=12-2=10\\LF_{4-5}-D_{4-5}=8-0=8\end{matrix}\right\}=8$$

$$LF_{1-3}=\min\left\{\begin{matrix}LF_{3-4}-D_{3-4}=8-4=4\\LF_{3-5}-D_{3-5}=8-2=6\end{matrix}\right\}=4$$

$$LF_{1-2}=LF_{2-6}-D_{2-6}=12-5=7$$

工作的最迟时间:

$$LS_{1-2}=LF_{1-2}-D_{1-2}=7-4=3 \qquad LS_{1-3}=LF_{1-3}-D_{1-3}=4-4=0$$

同理,$LS_{2-6}=7$、$LS_{3-4}=4$、$LS_{3-5}=6$、$LS_{4-5}=8$、$LS_{4-6}=10$、$LS_{5-7}=8$、$LS_{6-7}=12$、$LS_{6-8}=14$、$LS_{7-8}=12$。

> 提示:同一节点的所有内向工作最迟完成时间相同。

典型考题 4-6

关于双代号网络计划的工作最迟开始时间的说法,正确的是(   )。(2018 年二建)

A. 最迟开始时间等于各紧后工作最迟开始时间的最小值减去持续时间

B. 最迟开始时间等于各紧后工作最迟开始时间的最大值

C. 最迟开始时间等于各紧后工作最迟开始时间的最小值

D. 最迟开始时间等于各紧后工作最迟开始时间的最大值减去持续时间

正确答案: A。

4. 计算各工作的总时差

微课

如图 4-22 所示,在不影响总工期的前提下,一项工作可以利用的时间范围是从该工作最早开始时间到最迟完成时间,即工作从最早开始时间或最迟开始时间开始,均不会影响总工期。而工作实际需要的持续时间是 D_{i-j},扣去 D_{i-j} 后,余下的一段时间就是工作可以利用的机动时间,即为总时差。所以总时差等于最迟开始时间减去最早开始时间,或最迟完成时间减去最早完成时间,即:

总时差和
自由时差

$$TF_{i-j}=LS_{i-j}-ES_{i-j} \tag{4-11}$$

或

$$TF_{i-j}=LF_{i-j}-EF_{i-j} \tag{4-12}$$

本例中,各工作的总时差计算如下:

$$TF_{1-2}=LS_{1-2}-ES_{1-2}=4-0=4 \qquad TF_{1-3}=LS_{1-3}-ES_{1-3}=0-0=0$$

$$TF_{2-6}=LS_{2-6}-ES_{2-6}=7-3=4 \qquad TF_{3-4}=LS_{3-4}-ES_{3-4}=4-4=0$$

$$TF_{3-5}=LS_{3-5}-ES_{3-5}=6-4=2 \qquad TF_{4-5}=LS_{4-5}-ES_{4-5}=8-8=0$$

$$TF_{4-6}=LS_{4-6}-ES_{4-6}=10-8=2 \qquad TF_{5-7}=LS_{5-7}-ES_{5-7}=8-8=0$$

$$TF_{6-7}=LS_{6-7}-ES_{6-7}=12-10=2 \qquad TF_{6-8}=LS_{6-8}-ES_{6-8}=14-10=4$$

$$TF_{7-8}=LS_{7-8}-ES_{7-8}=12-12=0$$

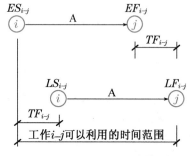

图 4-22　总时差的计算简图

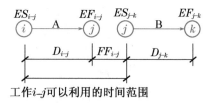

图 4-23　自由时差的计算简图

提示：(1) 总时最小的工作是关键工作。当网络计划的计划工期等于计算工期时，总时差为零的工作就是关键工作；

(2) 总时差的使用具有双重性，它既可以被该工作使用，但又属于某非关键线路所共有。当某项工作使用了全部或部分总时差时，则将引起通过该工作的线路上所有工作总时差重新分配。

5. 计算各工作的自由时差

如图 4-23 所示，在不影响其紧后工作最早开始时间的前提下，一项工作可以利用的时间范围是从该工作最早开始时间至其紧后工作最早开始时间。而工作实际需要的持续时间是 D_{i-j}，那么扣去 D_{i-j} 后，尚有的一段时间就是自由时差。其计算如下：

当工作有紧后工作时，该工作的自由时差等于所有紧后工作的最早开始时间的最小值减本工作最早完成时间，即：

$$FF_{i-j}=\min\{ES_{j-k}\}-EF_{i-j} \qquad (4-13)$$

或 $\qquad FF_{i-j}=\min\{ES_{j-k}\}-ES_{i-j}-D_{i-j} \qquad (4-14)$

当以终点节点 $j=n$（n 为终点结点）为箭头节点的工作，其自由时差应按网络计划的计划工期 T_p 确定，即：

$$FF_{i-n}=T_p-EF_{i-n} \qquad (4-15)$$

或

$$FF_{i-n}=T_p-ES_{i-n}-D_{i-n} \qquad (4-16)$$

本例中，各工作的自由时差计算如下：

$$FF_{1-2}=ES_{2-6}-EF_{1-2}=3-3=0 \qquad FF_{1-3}=ES_{3-4}-EF_{1-3}=4-4=0$$

$$FF_{2-6}=ES_{6-8}-EF_{2-6}=10-8=2 \qquad FF_{3-4}=ES_{4-6}-EF_{3-4}=8-8=0$$

$$FF_{3-5}=ES_{5-7}-EF_{3-5}=8-6=2 \qquad FF_{4-5}=ES_{5-7}-EF_{4-5}=8-8=0$$

$$FF_{4-6}=ES_{6-8}-EF_{4-6}=10-10=0 \qquad FF_{5-7}=ES_{7-8}-EF_{5-7}=12-12=0$$

$$FF_{6-7}=ES_{7-8}-EF_{6-7}=12-10=2 \qquad FF_{6-8}=T_p-EF_{6-8}=17-13=4$$

$$FF_{7-8}=T_{p}-EF_{7-8}=17-17=0$$

> 提示：(1) 自由时差为本工作所具有的机动时间,利用自由时差,不会影响其紧后工作的最早开始时间。
>
> (2) 自由时差必小于或等于其总时差。
>
> (3) 当 $T_{P}=T_{C}$ 时,以关键线路上的节点作为结束点的工作,其 $TF_{i-j}=FF_{i-j}$。

典型考题 4 - 7

网络计划中,某项工作的持续时间是 4 天,最早第 2 天开始。两项紧后工作分别最早在第 8 天和第 12 天开始,该项工作的自由时差是( )天。(2020 年二建)

A. 4　　　　　B. 2　　　　　C. 6　　　　　D. 8

正确答案:B。

4.3.2　节点计算法

微课

节点法计算
时间参数

网络计划中节点的时间参数有两个,即节点最早时间和节点最迟时间。

节点最早时间是指以该节点为开始节点的各项工作的最早开始时间,称为节点最早时间。节点 i 的最早时间用 ET_{i} 表示。计算程序为:自起点节点开始,顺着箭线方向,用累加的方法计算到终点节点。

节点最迟时间是指以该节点为完成节点的各项工作的最迟完成时间,称为节点的最迟时间,节点 i 的最迟时间用 LT_{i} 表示。其计算程序为:自终点节点开始,逆着箭线方向,用累减的方法计算到起点节点。

按节点计算法计算时间参数,其计算结果应标注在节点之上,如图 4 - 24 所示。

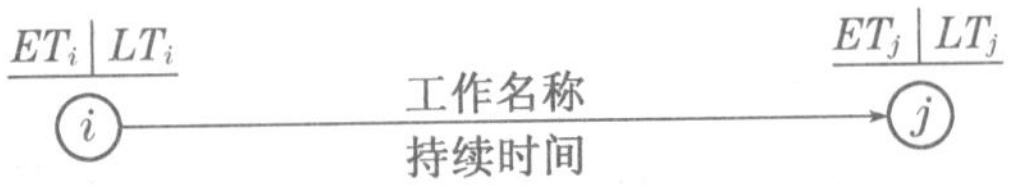

$$ET_{i}\mid LT_{i} \qquad\qquad\qquad ET_{j}\mid LT_{j}$$

$$(i) \xrightarrow[\text{持续时间}]{\text{工作名称}} (j)$$

图 4 - 24　按节点计算法的标注内容

下面仍以图 4 - 20 为例,说明其计算步骤:

1. 计算各节点最早时间

节点的最早时间是以该节点为开始节点的工作的最早开始时间,其计算有三种情况:

(1) 起点节点 i 若未规定最早时间,其值应等于零,即:

$$ET_{i}=0(i=1) \tag{4-17}$$

(2) 当节点 j 只有一条内向箭线时,最早时间应为:

$$ET_{j}=ET_{i}+D_{i-j} \tag{4-18}$$

(3) 当节点 j 有多条内向箭线时,其最早时间应为:

$$ET_{j}=\max\{ET_{i}+D_{i-j}\} \tag{4-19}$$

终点节点 n 的最早时间即为网络计划的计算工期,即:

$$ET_{n}=T_{c} \tag{4-20}$$

如图 4-20 所示的网络计划中,各节点最早时间计算如下:

$ET_1=0$ 　　　　　　　　　$ET_2=ET_1+D_{1-2}=0+3=3$

$ET_3=ET_1+D_{1-3}=0+4=4$ 　　　$ET_4=ET_3+D_{3-4}=4+4=8$

$ET_5=\max\{ET_3+D_{3-5},ET_4+D_{4-5}\}=\max\{4+2,8+0\}=8$

其余节点的最早时间如图 4-25 所示。

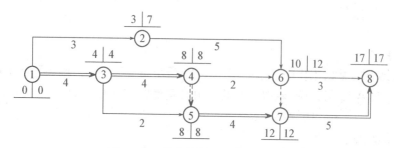

图 4-25　节点计算法计算时间参数

2. 计算各节点最迟时间

节点最迟时间是以该节点为完成节点的工作的最迟完成时间,其计算有两种情况:

(1) 终点节点的最迟时间应等于网络计划的计划工期,即:

$$LT_n=T_p \tag{4-21}$$

若是分期完成的节点,则最迟时间等于该节点规定的分期完成的时间。

(2) 当节点 i 只有一个外向箭线时,最迟时间为:

$$LT_i=LT_j-D_{i-j} \tag{4-22}$$

(3) 当节点 i 有多条外向箭线时,其最迟时间为:

$$LT_i=\min\{LT_j-D_{i-j}\} \tag{4-23}$$

本例中,各节点的最迟时间计算如下:

$LT_8=T_p=17$ 　　　　$LT_7=LT_8-D_{7-8}=17-5=12$

$LT_6=\min\{LT_7-D_{6-7},LT_8-D_{6-8}\}=\min\{12-0,17-3\}=12$

其余节点的最迟时间如图 4-25 所示。

3. 根据节点时间参数计算工作时间参数

(1) 工作最早开始时间等于该工作的开始节点的最早时间。

$$ES_{i-j}=ET_i \tag{4-24}$$

(2) 工作的最早完成时间等于该工作的开始节点的最早时间加上持续时间。

$$EF_{i-j}=ET_i+D_{i-j} \tag{4-25}$$

(3) 工作最迟完成时间等于该工作的完成节点的最迟时间。

$$LF_{i-j}=LT_j \tag{4-26}$$

(4) 工作最迟开始时间等于该工作的完成节点的最迟时间减去持续时间。

$$LS_{i-j}=LT_j-D_{i-j} \tag{4-27}$$

(5) 工作总时差等于该工作的完成节点最迟时间减去该工作开始节点的最早时间再减去持续时间。

$$TF_{i-j}=LT_j-ET_i-D_{i-j} \tag{4-28}$$

（6）工作自由时差等于该工作的完成节点最早时间减去该工作开始节点的最早时间再减去持续时间。

$$FF_{i-j}=ET_j-ET_i-D_{i-j} \tag{4-29}$$

本例的计算结果如图 4-21 所示,过程略。

4. 节点标号法确定关键线路

当需要快速求出工期和找出关键线路时,也可采用节点标号法。它是将每个节点以后工作的最早开始时间的数值及该数值来源于前面节点的编号写在节点处,最后可得到工期,并可循节点号找出关键线路。其步骤如下:

（1）设网络计划起点节点的标号值为零,即 $b_1=0$。

（2）顺箭线方向逐个计算节点的标号值。每个节点的标号值,等于以该节点为完成节点的各工作的开始节点标号值与相应工作持续时间之和的最大值,即

$$b_j=\max\{b_j+D_{i-j}\} \tag{4-30}$$

将标号值的来源点及得出的标号值标注在节点上方。

（3）节点标号完成后,终点节点的标号即为计算工期。

（4）从网路计划终点节点开始,逆箭线方向按源节点寻求出关键线路。

【工程案例 4-3】

某已知网络计划如图 4-26 所示,试用节点标号法求出工期并找出关键线路。

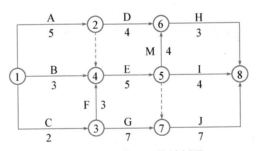

图 4-26　双代号网络计划图

【解】（1）设起点节点标号值 $b_1=0$。

（2）对其他节点依次进行标号。各节点的标号值计算如下,并将源节点号和标号值标注在图 4-27 中。

各节点标号数据计算如下:

$$b_2=b_1+D_{1-2}=0+5=5$$

$$b_3=b_1+D_{1-3}=0+2=2$$

$$b_4=\max[(b_1+D_{1-4}),(b_2+D_{2-4}),(b_3+D_{3-4})]$$

$$=\max[(0+3),(5+0),(2+3)]=5$$

$$b_5=b_4+D_{4-5}=5+5=10$$

$$b_6 = \max[(b_2 + D_{2-6}), (b_5 + D_{5-6})] = \max[(5+4), (10+4)] = 14$$

$$b_7 = \max[(b_5 + D_{5-7}), (b_3 + D_{3-7})] = \max[(10+0), (2+7)] = 10$$

$$b_8 = \max[(b_5 + D_{5-8}), (b_6 + D_{6-8}), (b_7 + D_{7-8})]$$
$$= \max[(10+4), (14+3), (10+7)] = 17$$

（3）由此可确定该网路计划的工期为 17 天。

（4）根据源节点逆箭线寻出关键线路求。关键线路如图 4-27 中粗线所示，共 4 条，分别为①→②→④→⑤→⑥→⑧，①→③→④→⑤→⑥→⑧，①→②→④→⑤→⑦→⑧，①→③→④→⑤→⑦→⑧。

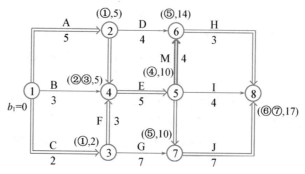

图 4-27　双代号网络图时间参数计算及关键线路

典型考题 4-8

某建设工程网络计划如图 4-28（时间单位：月），该网络计划的关键线路是（　　　）。（2020 二建）

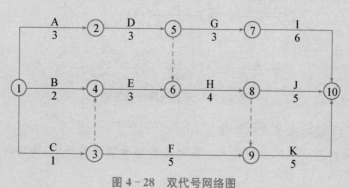

图 4-28　双代号网络图

A. ①→②→⑤→⑦→⑩　　　　　　B. ①→④→⑥→⑧→⑩

C. ①→②→⑤→⑥→⑧→⑩　　　　D. ①→②→⑤→⑥→⑧→⑨→⑩

E. ①→④→⑥→⑧→⑩

正确答案：ACD。

4.3.3 图上计算法

图上计算法是根据工作计算法或节点计算法的时间参数计算公式,在图上直接计算的一种较直观、简便的方法。

1. 计算工作的最早开始时间和最早完成时间

以起点节点为开始节点的工作,其最早开始时间一般记为 0,如图 4－29 所示的工作 1—2 和工作 1—3。

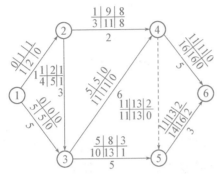

图 4－29 图上计算法

其余工作的最早开始时间可采用"沿线累加,逢圈取大"的计算方法求得。即从网络图的起点节点开始,沿每一条线路将各工作的作业时间累加起来,在每一个圆圈(节点)处,取到达该圆圈的各条线路累计时间的最大值,就是以该节点为开始节点的各工作的最早开始时间。

工作的最早完成时间等于该工作最早开始时间与本工作持续时间之和,结果如图 4－29 所示。

2. 计算工作的最迟完成时间和最迟开始时间

以终点节点为完成节点的工作,其最迟完成时间就等于计划工期,如图 4－29 所示的工作 4—6 和工作 5—6。

其余工作的最迟完成时间可采用"逆线累减,逢圈取小"的计算方法求得。即从网络图的终点节点逆着每条线路将计划工期依次减去各工作的持续时间,在每一个圆圈处取后续线路累减时间的最小值,就是以该节点为完成节点的各工作的最迟完成时间。

工作的最迟开始时间等于该工作最迟完成时间与本工作持续时间之差,如图 4－29 所示。

3. 计算工作的总时差

工作的总时差可采用"迟早相减,所得之差"的计算方法求得。即工作的总时差等于该工作的最迟开始时间减去工作的最早开始时间,或者等于该工作的最迟完成时间减去工作的最早完成时间,如图 4－29 所示。

4. 计算工作的自由时差

工作的自由时差等于紧后工作的最早开始时间减去本工作的最早完成时间。可在图上相应位置直接相减得到,如图 4－29 所示。

5. 计算节点最早时间

起点节点的最早时间一般记为 0,如图 4 - 30 所示的①节点。

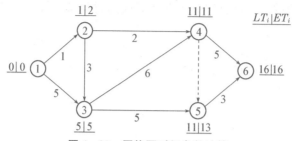

图 4 - 30　网络图时间参数计算

其余节点的最早时间也可采用"沿线累加,逢圈取大"的计算方法求得。将计算结果标注在相应节点图例对应的位置上,如图 4 - 30 所示。

6. 计算节点最迟时间

终点节点的最迟时间等于计划工期。当网络计划有规定工期时,其最迟时间就等于规定工期;当没有规定工期时,其最迟时间就等于终点节点的最早时间,其余节点的最迟时间也可采用"逆线累减,逢圈取小"的计算方法求得。将计算结果标注在相应节点图例对应的位置上,见图 4 - 30。

> **提示:**通过时间参数计算也可以判断关键线路,当计划工期等于计算工期时,总时差为零的线路就是关键线路;当计划工期与计算工期不同时,总时差等于计划工期和计算工期之差最小的线路就是关键线路。

拓展知识

节点标号法

任务 4.4　双代号时标网络计划

微课

时标网络计划简介

双代号时标网络计划是以时间坐标为尺度编制的网络计划,综合应用横道图的时间坐标和网络计划原理,在横道图基础上引入网络计划中各工作之间逻辑关系的表达方法。采用时标网络计划,既解决了横道计划中各项工作不明确,时间指标无法计算的缺点,又解决了双代号网络计划时间不直观,不能明确看出各工作开始和完成的时间,以及无法统计资源的需要量等问题。它的特点是:

(1) 在双代号时标网络图中,箭线的水平投影长度表示工作的持续时间;

(2) 可直接显示各工作的时间参数和关键线路,不必计算;

(3) 在双代号时标网络图中,不会产生闭合回路;

(4) 可直接在时标计划表的下方,绘制劳动力、材料、机具等资源需要量动态曲线,来进行控制和分析。

4.4.1　时标网络计划绘制的基本要求

(1) 双代号时标网络计划必须以水平时间坐标为尺度表示工作时间。时标的时间单位应根据需要在编制网络计划之前确定,可为时、天、周、月或季。时间可标注在计划表顶部,也可标注在底部,必要时还可同时标注,时间的长度必须注明。表 4-7 是时标计划表的表达形式。

表 4-7　时标计划表

计算坐标体系	0	1	2	3	4	5					0
工作日坐标体系	1	2	3	4	5	6					n
日历坐标体系											
时标网络计划											

注:时标计划表中部的刻度线宜为细线。为使图面清晰,此线也可不画或少画。

(2)时标网络计划应以实箭线表示工作,以虚箭线表示虚工作,以波形线表示工作的自由时差。

(3)时标网络计划中所有符号在时间坐标上的水平投影位置,都必须与其时间参数相对应。节点中心必须对准相应的时标位置。虚工作必须以垂直方向的虚箭线表示。

(4)时标网络计划宜按最早时间编制,不宜按最迟时间编制。

(5)时标网络计划编制前,必须先绘制无时标网络计划草图。

4.4.2　时标网络计划的绘制方法

时标网络计划一般按工作的最早开始时间绘制。其绘制方法有间接绘制法和直接绘制法。

1. 间接绘制法

间接绘制法是先计算网络计划的时间参数,再根据时间参数在时间坐标上进行绘制的方法。其绘制步骤和方法如下:

(1)绘制出无时标网络计划。

(2)计算各节点的最早时间。

(3)根据节点最早时间在时标计划表上确定节点的位置。

(4)按要求连线,某些工作箭线长度不足以达到该工作的完成节点时,用波形线补足。

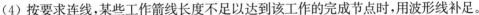

微课

间接法绘制时标网络计划

2. 直接绘制法

直接绘制法是不计算网络计划时间参数,直接在时间坐标上进行绘制的方法。其绘制步骤和方法可归纳为如下绘图口诀:"时间长短坐标限,曲直斜平应相连;箭线到齐画节点,画完节点补波线;零线尽量画垂直,否则安排有缺陷。"

(1)时间长短坐标限:箭线的长度代表着具体的施工时间,受到时间坐标的制约。

(2)曲直斜平应相连:箭线的表达方式可以是直线、折线、斜线等,但布图应合理,直观清晰。

微课

直接法绘制时标网络计划

（3）箭线到齐画节点：工作的开始节点必须在该工作的全部紧前工作都画出后，定位在这些紧前工作最晚完成的时间刻度上。

（4）画完节点补波线：某些工作的箭线长度不足以达到其完成节点时，用波形线补足。

（5）零线尽量画垂直：虚工作持续时间为零，应尽可能让其为垂直线。

（6）否则安排有缺陷：若出现虚工作占据时间的情况，其原因是工作面停歇或施工作业队组工作不连续。

【工程案例 4-4】

无时标网络计划见图 4-31，请用直接绘制法绘制该时标网络计划。

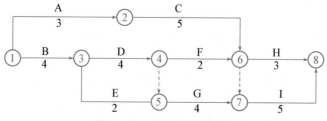

图 4-31 无时标网络计划

【解】（1）将起点节点定位在时间坐标的起始刻度线上。

（2）按工作的持续时间绘制起点节点的外向箭线。

本例中，将节点①定位在时间坐标的起始刻度线"0"的位置上，从节点①分别绘出工作 A 和 B，如图 4-32 所示。

图 4-32 直接绘制法第一步

（3）除起点节点外，其他节点必须在其所有内向箭线绘出后，定位在这些箭线中最迟的箭线末端。其他内向箭线的长度不足以到达该节点时，须用波形线补足，箭头画在波形线与该节点的连接处。

（4）用上述方法从左至右依次确定其他各个节点的位置，直至绘出终点节点。

本例中由于节点②只有一条内向箭线，所以节点②直接定位在箭线 A 的末端；同理，节点③直接定位在箭线 B 的末端，如图 4-33 所示。

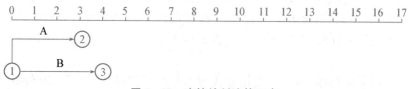

图 4-33 直接绘制法第二步

绘制 D 工作,并将节点④定位在箭线 D 的末端;节点⑤的位置需要在绘出虚工作④→⑤和工作 E 之后,定位在工作 E 和虚工作④→⑤中最迟的箭线末端,即时刻"8"的位置上。此时,箭线 E 的长度不足以到达节点⑤,用波形线补足,如图 4-34 所示。

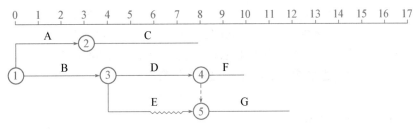

图 4-34　直接绘制法第三步

用同样的方法依次确定节点⑥、⑦、⑧的位置,完成时标网络图的绘制,如图 4-35 和图 4-36 所示。

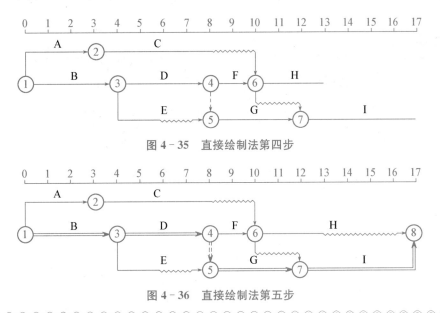

图 4-35　直接绘制法第四步

图 4-36　直接绘制法第五步

4.4.3　关键线路和时间参数的确定

1. 关键线路

在双代号时标网络图中,自终点节点逆箭线方向朝起点节点观察,自始至终未出现波形线的线路为关键线路,如图 4-36 中的双线所示。

2. 工期

双代号时标网络计划的计划工期,应为计算坐标体系中终点节点与起点节点所在位置的时标值之差。

3. 时间参数的确定

（1）最早时间参数：按最早时间绘制的双代号时标网络计划，箭尾节点中心所对应的时标值为工作的最早开始时间；当箭线不存在波形线时，箭头节点中心所对应的时标值为工作的最早完成时间；当箭线存在波形线时，箭线实线部分的右端点所对应的时标值为工作的最早完成时间。

（2）自由时差：工作箭线中波形线部分在坐标轴的水平投影长度。

（3）总时差：工作总时差的计算应自右向左进行，并符合下列规定：

以终点节点（$j=n$）为箭头节点的工作，总时差应按下式：

$$TF_{i-j}=T_P-EF_{i-n} \tag{4-31}$$

其他工作的总时差应按下式计算：

$$TF_{i-j}=\min\{TF_{j-k}+FF_{i-j}\} \tag{4-32}$$

（4）最迟时间参数：最迟开始时间和最迟完成时间应按下式计算：

$$LS_{i-j}=ES_{i-j}+TF_{i-j} \tag{4-33}$$

$$LF_{i-j}=EF_{i-j}+TF_{i-j} \tag{4-34}$$

典型考题 4-9

某项目分部工程双代号时标网络计划如下图。关于该网络计划的说法，正确的是有（　　）。（2017 年二建）

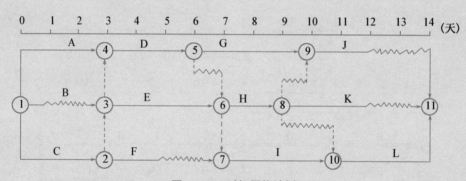

图 4-37　时标网络计划

A. 工作 C、E、I、L 组成关键线路　　B. 工作 H 的总时差为 2 天

C. 工作 A、C、H、L 是关键工作　　D. 工作 D 的总时差为 1 天

E. 工作 G 的总时差与自由时差相等

正确答案：ABD。

▶ 任务 4.5　单代号网络图 ◀

4.5.1　单代号网络图的构成要素

以节点及其编号表示工作，以箭线表示工作之间的逻辑关系的网络图称为单代号网络图。即每一个节点表示一项工作，节点所表示的工作名称、持续时间和工作代号等标注在节点内，如图 4 - 38 所示。

单代号网络计划的构成要素也是箭线、节点和线路。

1. 箭线

单代号网络图中，箭线表示紧邻工作之间的逻辑关系。箭线应画成水平直线、折线或斜线。箭线水平投影的方向宜自左向右，表达工作的进行方向。

单代号网络图中不设虚箭线。箭线既不消耗资源，也不消耗时间，只表示各项工作间的逻辑关系。相对于箭尾和箭头来说，箭尾节点称为紧前工作，箭头节点称为紧后工作。

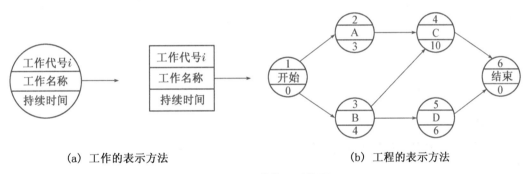

(a) 工作的表示方法　　　　　　　　　　(b) 工程的表示方法

图 4 - 38　单代号网络图

2. 节点

单代号网络图中每一个节点表示一项工作，宜用圆圈或矩形表示。节点所表示的工作名称、持续时间和工作代号等应标注在节点内，如图 4 - 38 所示。

3. 线路

单代号网络图中，从起点节点到终点节点的通路。

4.5.2　单代号网络图的绘制规则及时间参数的计算

单代号网络图的绘图规则与双代号网络图的绘图规则基本相同，主要区别在于：当网络图有多项开始工作时，应增加一项虚拟的工作(开始)，持续时间为零，作为该网络图的起点节点；当网络图中有多项结束工作时，应增设一项虚拟的工作(结束)，作为该网络图的终点节点如图 4 - 38(b)所示。

1. 单代号网络图时间参数的含义

时间参数的含义同双代号网络图。各符号的含义如下：

设有线路 $h \to i \to j$ 则：D_i 为工作 i 的持续时间；D_h 为工作 i 的紧前工作 h 的持续时间；D_j 为工作 i 的紧后工作 j 的持续时间；ES_i 为工作 i 的最早开始时间；EF_i 为工作 i 的最早完成时间；LF_i 为在总工期已经确定的情况下，工作 i 的最迟完成时间；LS_i 为在总工期已经确定的情况下，工作 i 的最迟开始时间；TF_i 为工作 i 的总时差；FF_i 为工作 i 的自由时差；LAG_{i-j} 为相邻两项工作 i,j 之间的时间间隔。

2. 时间参数的计算

下面以图 4-39 所示的单代号网络图为例，说明时间参数的计算过程，结果标注在图上。

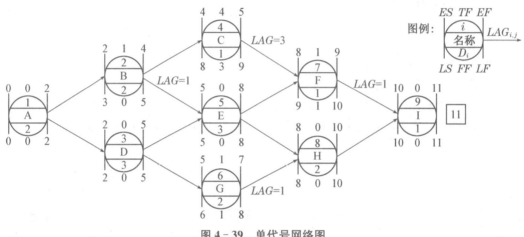

图 4-39　单代号网络图

（1）工作最早时间的计算

工作的最早时间应从网络图的起点节点开始，顺着箭线方向依次计算，且符合下列规定：

① 起点节点的最早开始时间 ES_i 如无规定时，其值等于零，即

$$ES_1 = 0 \tag{4-35}$$

② 其他工作的最早开始时间 ES_i

$$ES_i = \max\{ES_h + D_h\} \tag{4-36}$$

本例中 $ES_1 = 0$，$ES_5 = \max\{ES_2 + D_2, ES_3 + D_3\} = \max\{2+2, 2+3\} = 5$，其余各工作的最早开始时间如图 4-39 所示。

③ 工作 i 的最早完成时间 EF_h 的计算应符合下式规定

$$EF_i = ES_i + D_i \tag{4-37}$$

本例中 $EF_1 = ES_1 + D_1 = 0+1 = 1$，$EF_5 = ES_5 + D_5 = 5+3 = 8$，其余各工作的最早开始完成时间如图 4-39 所示。

（2）网络计划工期的确定

① 计算工期 T_c 的计算应符合下式规定

$$T_c = EF_n \tag{4-38}$$

式中 EF_n 为终点节点 n 的最早完成时间。

本例中 $\qquad T_c = EF_9 = 11$

② 计划工期应按下列情况分别确定

a. 当已规定了要求工期 T_r 时

$$T_p \leqslant T_r \qquad (4-39)$$

b. 当未规定要求工期时

$$T_p = T_c \qquad (4-40)$$

本例中 $T_p = T_c = 11$。

（3）相邻两项工作 i 和 j 之间的时间间隔 LAG_{i-j} 的计算

① 当终点节点为虚拟节点时,其间隔时间应按下式计算

$$LAG_{i-j} = T_P - EF_i \qquad (4-41)$$

② 其他节点之间的间隔时间应按下式计算

$$LAG_{i-j} = ES_j - EF_i \qquad (4-42)$$

（4）工作总时差的计算

① 工作 i 的总时差 TF_i 应从网络图的终点节点开始,逆着箭线方向依次项计算。

② 终点节点所代表的工作 i 的总时差 TF_n 值为零,即

$$TF_n = T_P - EF_n \qquad (4-43)$$

③ 其他工作的总时差 TF_i 的计算应符合下式规定

$$TF_i = \min\{LAG_{i-j} + TF_j\} \qquad (4-44)$$

当已知各项工作的最迟完成时间 LF_i 或最迟开始时间 LS_i 时,工作的总时差 TF_i 计算也应符合下列规定:

$$TF_i = LS_i - ES_i \qquad (4-45)$$

或 $\qquad TF_i = LF_i - EF_i \qquad (4-46)$

本例中,$TF_7 = LAG_{7,9} + TF_7 = 1 + 0 = 1$,其余各工作的总时差如图 4-39 所示。

（5）工作 i 的自由时差 FF_i 的计算

① 终点节点所代表的工作 n 的自由时差 FF_i 应按下式计算

$$FF_n = T_P - EF_n \qquad (4-47)$$

② 其他工作 i 的自由时差 FF_i 应按下式计算

$$FF_i = \min\{LAG_{i,j}\} \qquad (4-48)$$

或 $\qquad FF_i = \min\{ES_j - ES_i - D_i\} \qquad (4-49)$

（6）工作最迟时间的计算

工作的最迟时间的计算,应从网络图的终点节点开始,逆着箭线方向依次逐项计算,且符合下列规定:

① 终点节点所代表的工作 n 的最迟完成时间 LF_n,应按网络计划的计划工期 T_p 确定,即

$$LF_n = T_p \qquad (4-50)$$

② 其他工作 i 的最迟完成时间 LF_i 应为

$$LF_n = \min\{LF_j - D_j\} \qquad (4-51)$$

本例中,$LF_n = T_p = 11$,$LF_4 = LF_7 - D_7 = 10 - 1 = 9$,其余如图 4-39 所示。

③ 工作 i 的最迟开始时间 LS_i 应为

$$LS_i = LF_i - D_i \qquad (4-52)$$

本例中，$LS_4 = LF_4 - D_4 = 9 - 1 = 8$，其余如图 4-39 所示。

3. 关键工作和关键线路的确定

（1）关键工作的确定

工作总时差最小的工作就是关键工作。当计划工期等于计算工期时，总时差为零的工作就是关键工作。图 4-39 中的关键工作为 A、D、E、H、I。当计划工期小于计算工期时，关键工作的总时差为负值，说明应研究更多措施以缩短计算工期；当计划工期大于计算工期时，关键工作的总时差为正值，说明计划已留有余地，进度控制主动了。

（2）关键线路的确定

将相邻两项关键工作之间的间隔时间为零的关键工作连接起来而形成的自起点节点到终点节点的通路就是关键线路。因此，图 4-39 中的关键线路是 1→3→5→8→9。

▶ 任务 4.6　网络计划的具体应用 ◀

4.6.1　分部工程网络计划

按现行《建筑工程施工质量验收统一标准》（GB 50300—2013），建筑工程可划分为以下十个分部工程：地基与基础、主体结构、建筑装饰装修、屋面、建筑给水排水及供暖、通风与空调、建筑电气、智能建筑、建筑节能、电梯。

在编制分部工程网络计划时，要在单位工程对该分部工程限定的进度目标时间范围内，既考虑各施工过程之间的工艺关系，又考虑其组织关系，同时还应注意网络图的构图，并且尽可能组织主导施工过程流水施工。

【工程案例 4-5】

某写字楼工程，地下 1 层，地上 5 层，建筑面积 5 700 m²，建筑物总高度为 24.3 m。主体为现浇钢筋混凝土框架—剪力墙结构，基础采用现浇钢筋混凝土筏板基础，筏板基础厚 600 mm，基底标高为 -3.300 m，基础下做 1.0 m 厚的三七灰土垫层处理地基。根据水文、地质勘查报告，该工程需要基坑降水和支护，通过方案比较，确定采用深井井点降水和土钉墙支护。

该工程主要分为基础工程、主体工程、屋面工程和装饰工程四个分部工程。

1. 基础工程

本工程基础工程施工主要包括深井井点降水、机械挖土、土钉墙支护、三七灰土地基处理、筏板基础垫层、筏板基础绑筋、筏板基础支模、浇筑筏板基础混凝土、地下工程防水、回填土等。分三个施工段组织流水施工，其中井点降水不分段。基础工程网络计划如图 4-40 所示。

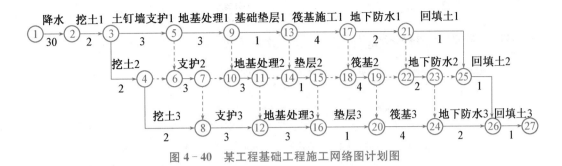

图 4 – 40　某工程基础工程施工网络图计划图

2. 主体结构工程网络计划

本工程主体工程施工主要包括绑扎柱、墙钢筋，支柱、墙模板，浇筑柱、墙混凝土，支梁、板模板，绑扎梁、板钢筋，浇筑梁、板混凝土，地下室及一层分三个施工段组织流水施工，二至五层由于面积缩小分两个施工段组织流水施工。其标准层网络计划如图，如图4 – 41所示。

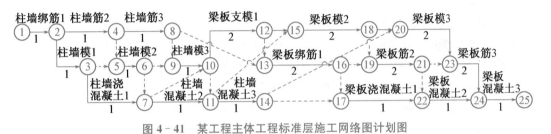

图 4 – 41　某工程主体工程标准层施工网络图计划图

3. 屋面工程网络计划

本工程屋面工程施工主要包括保温层、找平层、防水层、保护层，不划分流水段，组织依次施工。屋面工程网络计划如图 4 – 42 所示。

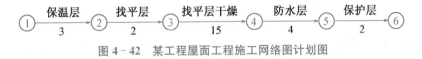

图 4 – 42　某工程屋面工程施工网络图计划图

4. 装饰装修工程的网络计划

本工程装饰工程施工主要包括室外和室内装饰，室内装饰又包括楼地面工程、内墙抹灰、吊顶、门窗工程、涂料工程，每层为一个施工段（包括地下室）。为便于绘图，把二次结构的砌筑工程安排在内装饰工程中。装饰工程网络计划如图 4 – 43 所示。

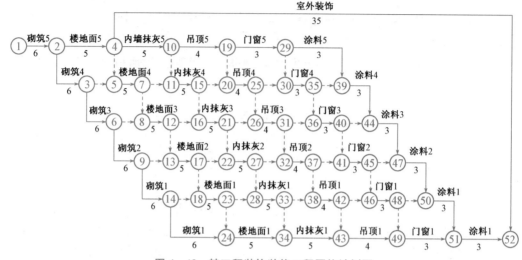

图 4-43　某工程装饰装修工程网络计划图

> 提示：画双代号网络图时，第一行和最后一行不含虚工作，中间行都是一个实工作一个虚工作相间排列。为了便于绘制，绘第一行（即第一个施工过程或第一个施工段）的工作时，其箭线的长度是中间行工作箭线的 2 倍（不含开始工作）；绘中间行时，按"一实一虚"，即一个实工作后紧跟一个虚工作，这样绘出每个施工过程（或施工段），注意图形排列时应根据逻辑关系从左向右错动，再按逻辑关系用竖向虚工作将紧前紧后工作联系起来。
>
> 　　将正确的分部分项工程网络计划图按逻辑关系进行连接，形成单位工程的施工网络计划。连接时需注意不要有多余的节点和虚箭线，也不应出现多起点和多终点节点的情形。

4.6.2　单位工程网络计划

　　在编制单位工程网络计划时，要按照施工程序，将各分部工程的网络计划最大限度地合理搭接起来，一般需考虑相邻分部工程的前者最后一个分项工程与后者的第一个分项工程的施工顺序关系，最后汇总为单位工程初始网络计划。

【工程案例 4-6】

　　某办公楼工程，地下 1 层，地上 12 层，建筑面积 11 900 m²，建筑物总高度为 52.6 m。主体为现浇钢筋混凝土框架-剪力墙结构，填充墙为加气混凝土砌块。基础采用筏板基础，基底标高为 -5.600 m，地下水位 -15 m，故施工期间不需要降水。根据地质勘查报告及周围场地情况，该工程不能放坡开挖，需要进行基坑支护，通过方案比较，确定采用钢筋混凝土悬臂桩支护。该工程装饰内容：地下室地面为地砖地面。楼面为大理石楼面；内墙基层抹灰，涂料面层，局部贴面砖；顶棚为批腻子，刷涂料面层，少部分房间为轻钢龙骨吊顶;外墙为贴面砖,南立面中部为玻璃幕墙。底层外墙干挂大理石;屋面防水为三元乙丙橡胶卷材＋SBS改性沥青卷材防水(两道设防)。

该工程计划从 2017 年 8 月 15 日开工,至 2018 年 10 月 5 日完工,计划工期 419 天。为加快施工进度,缩短工期,在主体结构施工至四层时,在地下室开始插入填充墙砌筑;2～12 层均砌完后再进行底层的填充墙砌筑;在填充墙砌筑至第 4 层时,在第 2 层开始室内装修,依次做完 3～12 层的室内装修后再做底层及地下室室内装修。填充墙砌筑工程均完成后再进行外装修(从上向下进行),安装工程配合土建施工。

该单位工程控制性网络计划如图 4-44 所示。

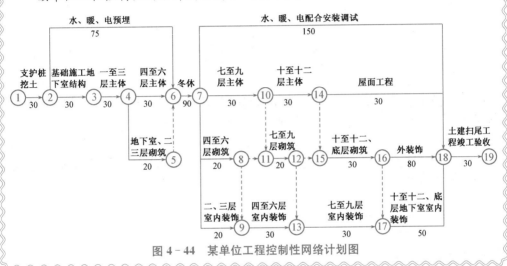

图 4-44　某单位工程控制性网络计划图

自测与案例

一、单项选择题

1. 若工作 A 持续 4 天,最早开始 2 天完成,有两个紧后工作;工作 B 持续 1 天,最迟第 10 天开始,总时差 2 天;工作 C 持续 2 天,最早第 9 天完成。则工作 A 的自由时差是(　　　)天。(2022 年二建)

　　　　A. 0　　　　　　　　B. 1　　　　　　　　C. 2　　　　　　　　D. 3

2. 某项目网络计划如图 4-45 所示(时间单位:天),关于 D 工作的说法,正确的是(　　　)。(2022 年二建)

　　　　A. 工作 D 只能出现在关键线路上

　　　　B. 工作 D 只能出现在非关键线路上

　　　　C. 工作 D 可以出现在非关键线路上

　　　　D. 工作 D 总时差不为零

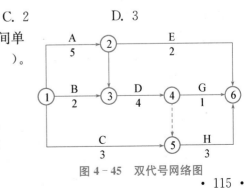

图 4-45　双代号网络图

3. 网络计划中,某项工作的最早开始时间是第 4 天,持续 2 天,两项紧后工作的最迟开始时间是第 9 天和第 11 天,该项工作的最迟开始时间是第( )天。(2020 年二建)

    A. 7   B. 6   C. 8   D. 9

4. 某双代号网络计划如图 4 - 46 所示(时间单位:天),其计算工期是( )天。(2019 年二建)

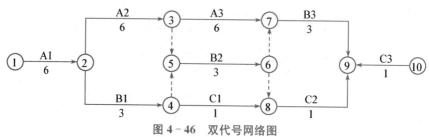

图 4 - 46 双代号网络图

    A. 12   B. 14   C. 22   D. 17

5. 某工作有 2 个紧后工作,紧后工作的总时差分别是 3 天和 5 天,对应的间隔时间分别是 4 天和 3 天,则该工作的总时差是( )天。(2019 年二建)

    A. 6   B. 8   C. 9   D. 7

6. 某双代号时标网络计划如图 4 - 47,工作 F,工作 H 的最迟完成时间分别为( )。(2018 年一建)

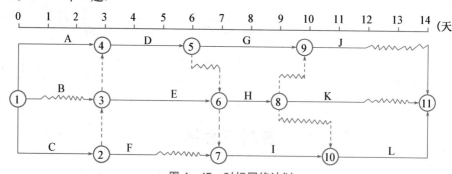

图 4 - 47 时标网络计划

    A. 第 8 天,第 11 天   B. 第 8 天,第 9 天

    C. 第 7 天,第 11 天   D. 第 7 天,第 9 天

7. 某单代号网络图如图 4 - 48 所示,其逻辑关系表述正确的是( )。(2022 年二建)

    A. 工作 B 完成后,即可进行工作 E

    B. 工作 C 完成后,即可进行工作 G

    C. 工作 E、D 均完成后,才能进行工作 G

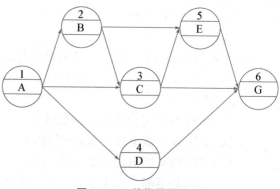

图 4 - 48 单代号网络图

D.　工作 B、C 均完成后,才能进行工作 E

8.　关于双代号时标网络计划的说法,正确的是(　　)。(2020 年一建)

A.　时间坐标系方向可以垂直向上　　B.　节点中心必须对准相应时标位置

C.　可以用水平虚箭线表示虚工作　　D.　时间坐标必须是日历坐标体系

二、多项选择题

1.　根据《工程网络计划技术规程》(JGJ/T 121—2015),网络计划中确定工作持续时间的方法有(　　)。

A.　经验估算法　　B.　试验推算法　　C.　写实记录法　　D.　定额计算法

E.　三时估算法

2.　关于双代号网络计划中线路的说法,正确的有(　　)。(2019 年一建)

A.　长度最短的线路称为非关键线路

B.　一个网络图中可能有一条或多条关键线路

C.　线路中各项工作持续时间之和就是该线路的长度

D.　线路中各节点应从小到大连续编号

E.　没有虚工作的线路称为关键线路

3.　某双代号网络计划如图 4－49,关键线路有(　　)。(2020 年二建)

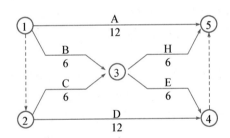

图 4－49　双代号网络图

A.　②→③→⑤　　B.　①→⑤　　　　C.　①→③→④　　D.　②→③→④

E.　①→③→⑤

4.　关于工程网络计划中工作最迟完成时间计算的说法,正确的有(　　)。(2022 年二建)

A.　等于其所有紧后工作最迟完成时间的最小值

B.　等于其所有紧后工作间隔时间的最小值

C.　等于其所有紧后工作最迟开始时间的最小值

D.　等于其完成节点的最迟时间

E.　等于其最早完成时间与总时差的和

5.　网络计划中工作的自由时差是指该工作(　　)。(2019 年二建)

A.　最迟完成时间与最早完成时间的差值

B.　所有紧后工作最早开始时间的最小值与本工作最早完成时间的差值

C.　与所有紧后工作间波形线段水平长度和的最小值

D.　与所有紧后工作间间隔时间的最小值

E. 与其所有紧后工作自由时差与间隔时间和的最小值

6. 某工程双代号网络计划如图 4-50,已标出各项工作的最早开始时间(ES_{i-j})、最迟开始时间(LS_{i-j})和持续时间(D_{i-j})。该网终计划表明( )。(2018 年一建)

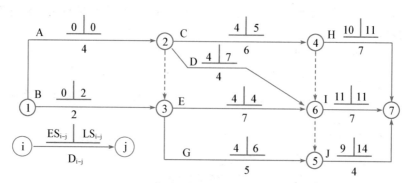

图 4-50 双代号网络图

A. 工作 C 和工作 E 均为关键工作

B. 工作 B 的总时差和自由时差相等

C. 工作 D 的总时差和自由时差相等

D. 工作 G 的总时差、自由时差分别为 2 天和 0 天

E. 工作 J 的总时差和自由时差相等

三、案例题

1. 某洁净厂房工程,项目经理指示项目技术负责人编制施工进度计划,并评估项目总工程,项目技术负责人编制了相应施工进度安排(如图 4-48 所示),报项目经理审核。因为本工程采用了某项专利技术,其中工序 B、工序 F、工序 K 必须使用某特种设备,且需按"B→F→K"先后顺次施工。该设备在当地仅有一台,租赁价格昂贵,租赁时长计算从进场开始直至设备退场为止,且场内停置等待的时间均按正常作业时间计取租赁费用。项目技术负责人根据上述特殊情况,对网络图进行了调整,并重新计算项目总工期,报项目经理审批。项目经理二次审查发现:各工序均按最早开始时间考虑,导致特种设备存在场内停置等待时间。项目经理指示调整各工序的起止时间,优化施工进度安排以节约设备租赁成本。(2019 年二建节选)

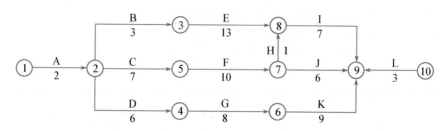

图 4-51 施工进度计划网络图(时间单位:周)

问题:(1) 写出上图 4-51 的关键线路(用工作表示)和总工期。

(2) 根据特种设备使用的特殊情况,重新绘制调整后的施工进度计划网络图,调整后

的网络图总工期是多少?

（3）根据重新绘制的网络图,如各工序均按最早开始时间考虑,特种设备计取租赁费用的时长为多少? 优化工序的起止时间后,特种设备应在第几周初进场? 优化后特种设备计取租赁费用的时长为多少?

2. 某装修工程各工序的逻辑关系及工作持续时间如下表 4-8 表所示。

表 4-8　各工序名称及持续时间

工程代号	工序名称	紧前工作	紧后工作	持续时间（天）
A	天棚粉刷 1		B、C	2
B	天棚粉刷 2	A	D、E	3
C	墙面粉刷 1	A	E、F	2
D	天棚粉刷 3	B	G	2
E	墙面粉刷 2	B、C	G、H	3
F	地面 1	C	H	1
G	墙面粉刷 3	D、E	I	2
H	地面 2	E、F	I	1
I	地面 3	G、H		1

问题:（1）依据上表绘制双代号网络图,并计算时间参数。

（2）双代号网络计划关键线路应如何判断? 确定该网络计划的关键线路并在图上用双线标出。

（3）按最早时间绘出该网络图的时标网络计划。

项目 5　单位工程施工组织设计的编制

【引言】

　　标后施工组织设计是建筑施工企业组织和指导工程施工全过程各项活动的技术经济文件。它是基层施工单位编制年度、季度、月度、旬施工作业计划、分部分项工程作业设计及劳动力、材料、预制构件、施工机具等供应计划的主要依据，也是建筑施工企业加强生产管理的一项重要工作。

【学习目标】

　　1. 了解施工组织设计的编制依据和编制内容；

　　2. 能够优选主要分部分项工程的施工方案；

　　3. 能够正确编制施工进度计划及各种资源需要量计划；

　　4. 能够科学合理地设计施工现场平面图；

　　5. 培养学生交流、沟通、合作以及认真专注的工作品质。

项目任务单

某市办公楼工程图纸

编制××市××区政府办公楼工程施工组织设计

任务背景

　　根据所给的某市办公楼工程图纸（请扫右侧二维码查看），编制该工程的施工组织设计。

任务内容

　　用文字、图表、图例等方式详细具体地完成以下内容：

　　(1) 工程概况

　　工程概况；建设场地情况；施工条件；本项目主要施工特点。

　　(2) 施工准备工作计划

　　技术准备、物资准备、劳动力和组织准备、施工现场准备和施工场外准备等。

　　(3) 施工部署

　　施工部署是对本项目实施的总体设想，包括四大目标、施工方案、机械选择、施工顺序、流水施工、各专业的搭接、穿插与协调等。

（4）施工方案

施工方案中应包括工程测量、土方工程、基础工程、上部结构、砌体结构、装饰工程、屋面工程、脚手架工程、起重机械等分部工程的应用性方案。

（5）施工进度计划

制定详细进度计划以及配套的劳动力需要量计划、主要机械需要量计划、材料成品半成品需要量计划等等。（绘制横道图或网络图）。

（6）施工现场平面布置图

（7）施工保证措施

包括保证工期、质量、进度和安全施工的各种措施。

（8）安全文明施工及环境保护措施

安全文明施工应针对场地及道路、治安管理、卫生防疫、住宿管理、文明建设等方面介绍文明施工的具体措施；环境保护措施方面主要针对防止大气、水、噪音污染几方面进行介绍。

（9）季节性施工措施

介绍冬期、雨期等特殊季节施工的具体措施。

成果要求

（1）施工方案是施工组织设计的一项重要内容，应针对实际工程来写，要有针对性，不可泛泛而谈。

（2）进度计划中应包括施工方案牵涉到的所有分部工程，尤其注意要有起重机械的搭拆及脚手架搭拆的时间计划。

（3）施工现场平面布置图宜采用 CAD 按比例画图。

（4）统一用小四号字，每页控制在 1 000 字符左右，用 A4 纸打印，正文应不少于90 页。

任务 5.1　单位工程施工组织设计概述

5.1.1　施工组织设计的分类

施工组织设计根据按照编制对象不同，大致可以分为三类：施工组织总设计（施工组织大纲）、单位工程施工组织设计和分部（分项）工程施工作业设计。这三类施工组织设计是由大到小、由粗到细、由战略部署到战术安排的关系，但各自要解决问题的范围和侧重等要求有所不同。

1. 施工组织总设计

施工组织总设计是以一个建设项目或建筑群为编制对象，用以规划整个拟建工程施工活动的技术经济文件。它是整个建设项目施工任务总的战略性的部署安排，涉及范围较广，内容比较概括。它一般是在初步设计或扩大初步

微课

- 施工组织设计简介
- 《施工组织设计规范》（GB/T 50502—2009）

设计批准后,由总承包单位负责,并邀请建设单位、设计单位、施工分包单位参加编制。如果编制施工组织设计条件尚不具备,可先编制一个施工组织大纲,以指导开展施工准备工作,并为编制施工组织总设计创造条件。

施工组织总设计的主要内容包括:工程概况、施工部署与施工方案、施工总进度计划、施工准备工作及各项资源需要量计划、施工总平面图、主要技术组织措施及主要技术经济指标等。

由于大、中型建设项目施工工期往往需要几年,施工组织总设计对以后年度施工条件等变化很难精确地预见到,这样,就需要根据变化的情况,编制年度施工组织设计,用以指导当年的施工部署并组织施工。

2. 单位工程施工组织设计

单位工程施工组织设计是以一个单位工程或一个不复杂的单项工程(如一个厂房、仓库、构筑物或一幢公共建筑、宿舍等)为对象而编制的,对单位工程的施工起指导和制约作用。它是根据施工组织总设计的规定要求和具体实际条件对拟建的工程对象的施工工作所做的战术性部署,内容比较具体、详细。它是在全套施工图设计完成并交底、会审完后,根据有关资料,由工程项目技术负责人负责编制。

单位工程施工组织设计的主要内容包括:编制依据、工程概况、施工部署、施工进度计划、施工准备工作及各项资源需要量计划、主要施工方法、施工现场平面布置、主要施工管理计划及主要技术经济指标(工期、资源消耗的均衡性、机械设备的利用程度等)等基本内容。

对于建筑结构比较简单、工程规模比较小、技术要求比较低,且采用传统施工方法组织施工的一般工业与民用建筑,其施工组织设计可以编制得简单一些,其内容一般只包括施工方案、施工进度表、施工平面图,辅以扼要的文字说明,简称为"一案一表一图"。

3. 分部(分项)工程施工作业设计

分部(分项)工程施工作业设计是以某些新结构、技术复杂的或缺乏施工经验的分部(分项)工程为对象(如高支模、有特殊要求的高级装饰工程等)而编制的。用以指导和安排该分部(分项)工程施工作业完成。

分部(分项)工程施工作业设计的主要内容包括:施工方法、技术组织措施、主要施工机具、配合要求、劳动力安排、平面布置、施工进度等。它是编制月、旬作业计划的依据。

典型考题 5 - 1

根据《建筑施工组织设计规范》(GB/T 50502—2009),施工组织设计按编制对象可分为( )。(2020 年二建)

A. 施工组织总设计   B. 单位工程施工组织设计

C. 生产用施工组织设计   D. 投标用施工组织设计

E. 分部工程施工组织设计

正确答案:ABE。

5.1.2 单位工程施工组织设计编制依据

单位工程的施工组织设计,必须准备相应的文件和施工资料以及熟悉相关情况,编制的依据主要包括:

（1）与工程建设有关的法律、法规和文件；

（2）国家现行有关标准和技术经济指标；

（3）工程所在地区行政主管部门的批准文件，建设单位对施工的要求；

（4）工程施工合同或招标投标文件；

（5）工程设计文件；

（6）工程施工范围内的现场条件，工程地质及水文地质、气象等自然条件；

（7）与工程有关的资源供应情况；

（8）施工企业的生产能力、机具设备状况、技术水平等。

> 提示：（1）法律、法规、规范、规程、标准和制度等应按以下顺序写：国家→行业→地方→企业；法规→规范→规程→规定→图集→标准。
>
> （2）特别注意法律、法规、规范、规程、标准和地方标准图集等应是"现行"的，不能使用过时作废的作为依据。

5.1.3 单位工程施工组织设计编制程序

单位工程施工组织设计的编制程序是指对施工组织设计的各组成部分形成的先后顺序。虽然单位工程施工组织设计的作用、编制内容和要求不尽相同，但其具体编制工作的程序通常包括如下几个方面：

（1）熟悉、审查设计施工图，到现场进行实地调查，并搜集有关施工资料。

（2）划分施工段和施工层，分层、分段计算各施工过程的工程量，注意工程量的单位与相应的定额单位相同。

（3）拟订该单位工程的组织机构及管理体系。

（4）拟定施工方案，确定各施工过程的施工方法；进行技术经济分析比较，并选择最优施工方案。

（5）分析拟采用的新技术、新材料、新工艺的技术措施和施工方法。

（6）编制施工进度计划，并进行多项方案比较，选择最优进度方案。

（7）根据施工进度计划和实际条件，编制原材料、预制构件、成品、半成品等的需用量计划，列出该工程项目采购计划表，并拟订材料运输方案和制订供应计划。

（8）根据各施工过程的施工方法和实际条件，选择适用的施工机械及机具设备，编制需用量计划表。

（9）根据施工进度计划和实际条件，编制总劳动力及各专业劳动力需用量计划表或劳务分包计划。

（10）计算临时性建筑数量和面积，包括仓储面积、堆场面积、工地办公室面积、生活用房面积等。

（11）计算和设计施工临时供水、排水、供电、供暖和供气的用量，布置各种管线的位置和主接口的位置，确定变压器、配电箱、加压泵等的规格和型号。

（12）根据施工进度计划和实际条件设计施工平面布置图。

（13）拟订保证工程质量、降低工程成本、保证工期、冬雨期施工、施工安全等方面的措施,以及施工期间的环境保护措施和降低噪声、避免扰民的措施等。

(14)主要技术经济指标的计算与分析。

典型考题 5-2

编制施工组织设计时,编制资源需求量计划的紧前工作是( )。(2020年二建)

A. 拟定施工方案　　　　　　B. 编制施工进度计划

C. 施工平面设计图　　　　　D. 编制施工准备工作计划

正确答案:B。

5.1.4 施工组织设计的管理

1. 编制和审批

施工组织设计的审批和施工组织设计的编制一样,应视工程大小、内容复杂程度的不同而进行分级审批。《建筑施工组织设计规范》(GB/T 50502—2009)规定:

(1)施工组织设计应由项目负责人主持编制,企业主管部门审核,可根据需要分阶段审批;

(2)施工组织总设计应由总承包单位技术负责人审批;单位工程施工组织设计应由施工单位技术负责人或技术负责人授权的技术人员审批;施工方案应由项目技术负责人审批;重点、难点分部(分项)工程和专项工程施工方案应由施工单位技术部门组织相关专家评审,施工单位技术负责人批准;

(3)由专业承包单位施工的分部(分项)工程或专项工程的施工方案,应由专业承包单位技术负责人或技术负责人授权的技术人员审批;有总承包单位时,应由总承包单位项目技术负责人核准备案;

(4)危险性较大的专项工程的施工方案,施工单位应按规定组织专家论证,并按论证意见完善报批手续。

> 提示:项目监理机构应审查施工单位报审的施工组织设计,符合要求时,应由总监理工程师签字后报建设单位。项目监理机构应要求施工单位按已批准的施工组织设计组织施工。施工组织设计需要调整时,项目监理机构应按程序重新审查。
>
> 施工组织设计审查应包括下列基本内容:
>
> (1)编审程序应符合相关规定。
>
> (2)施工进度、施工方案及工程质量保证措施应符合施工合同要求。
>
> (3)资金、劳动力、材料、设备等资源供应计划应满足工程施工需要。
>
> (4)安全技术措施应符合工程建设强制性标准。
>
> (5)施工总平面布置应科学合理。

2. 技术交底

单位工程施工组织设计经上级承包单位技术负责人或其授权人审批后,应在工程开工前由项目负责人组织,对项目部全体管理人员及主要分包单位进行交底并做好交底记录。

提示：技术交底的形式有以下几种。

（1）书面交底。把交底的内容和技术要求以书面形式向施工的负责人和全体有关人员交底，交底人与接受人在交底完成后，分别在交底书上签字。

（2）会议交底。通过组织相关人员参加会议，向到会者进行交底。

（3）样板交底。组织技术水平较高的工人做出样板，经质量检查合格后，对照样板向施工班组交底。交底的重点是操作要领、质量标准和检验方法。

（4）挂牌交底。将交底的主要内容、质量要求写在标牌上，挂在操作场所。

（5）口头交底。适用于人员较少，操作时间比较短，工作内容比较简单的项目。

（6）模型交底。对于比较复杂的设备基础或建筑构件，可做模型进行交底，使操作者加深认识。

3. 过程检查与验收

（1）单位工程的施工组织设计在实施过程中应进行检查。过程检查可按照工程施工阶段进行。通常划分为地基基础、主体结构、层面及装饰装修等四个阶段。

（2）过程检查由企业技术负责人或相关部门负责人主持，企业相关部门、项目经理部相关部门参加，检查施工部署、施工方法的落实和执行情况，如对工期、质量、效益有较大影响的应及时调整，并提出修改意见。

4. 发放与归档

单位工程施工组织设计审批后加盖受控章，由项目资料员报送及发放并登记记录，报送监理方及建设方，发放企业主管部门、项目相关部门、主要分包单位。

工程竣工后，项目经理部按照国家、地方有关工程竣工资料编制的要求，将《单位工程施工组织设计》整理归档。

5. 施工组织设计的动态管理

如果项目施工过程中，发生以下情况之一时，施工组织设计应及时进行修改或补充：

（1）工程设计有重大修改；

（2）有关法律、法规、规范和标准实施、修订和废止；

（3）主要施工方法有重大调整；

（4）主要施工资源配置有重大调整；

（5）施工环境有重大改变。

经修改或补充的施工组织设计应重新审批后实施。

【工程案例 5-1】

【背景资料】　某建筑施工单位在新建办公楼工程开工前，按《建筑施工组织设计规范》（GB/T 50502—2009）规定的单位工程施工组织设计应包含的各项基本内容，编制了本工程的施工组织设计，经相应人员审批后报监理机构，在总监理工程师审批签字后按此组织施工。（2017 年二建 节选）

【问题】 （1）本工程的施工组织设计中应包含哪些内容？

（2）施工单位哪些人员具备审批单位工程施工组织设计的资格？

【案例解析】 （1）编制依据，工程概况，施工部署，施工进度计划，施工准备与资源配置计划，主要施工方法，施工现场平面布置，主要施工管理计划等。

（2）施工单位技术负责人或技术负责人授权的技术人员审批。

任务5.2　工程概况的编写

工程概况应包括工程建设概况、各专业设计简介和工程施工条件等。

5.2.1　工程建设概况

工程建设概况应包括下列内容：

（1）工程名称、性质和地理位置；

（2）工程的建设、勘察、设计、监理和总承包等相关单位的情况；

（3）工程承包范围和分包工程范围；

（4）施工合同、招标文件或总承包单位对工程施工的重点要求；

（5）其他应说明的情况。

常用表格形式见表5-1。

微课

工程概况的编写

表5-1　工程建设概况表

工程名称		工程地址	
建设单位		勘察单位	
设计单位		监理单位	
质量监督部门		总包单位	
主要分包单位		建设工期	
合同工期		总投资额	
合同工程投资额		质量目标	
工程功能或用途		建设期	

5.2.2　工程设计概况

各专业设计简介应包括下列内容。

1. 建筑设计简介

建筑设计简介应依据建设单位提供的建筑设计文件进行描述，包括建筑规模、建筑功能、建筑特点、建筑耐火、防水及节能要求等，并应简单描述工程的主要装修做法，可根据实际情况列表说明,常用表格形式见表 5-2。

表 5-2　建筑设计概况一览表

占地面积		m²	首层建筑面积		m²	总建筑面积		m²
层数	地上		层高	地下	m	地上面积		m²
	地下			首层	m	地下面积		m²
				标准层	m			
装饰	外墙							
	楼地面							
	墙面							
	顶棚							
	楼梯							
	电梯厅							
	地下							
	屋面							
防水	卫生间							
	阳台							
	雨棚							
保温节能								
绿化								
环境保护								

注:可根据实际情况附典型平、剖面图。

2. 结构设计简介

结构设计简介应依据建设单位提供的结构设计文件进行描述,包括结构形式、地基基础形式、结构安全等级、抗震设防类别、主要结构构件类型及要求等,常用表格形式见表 5-3。

表 5-3　结构设计一览表

地基	结构类型	桩		桩长　　m,桩径　　mm	
基础	结构形式	整板	板厚		
主体	结构形式				
	主要结构尺寸	柱子:		梁:	
抗震设防等级	级		人防等级		级

砼强度等级及抗渗要求	桩基		整体基础	
	墙体		梁	
	板		柱	
	楼梯		构造柱	
钢筋种类级别				
特殊结构				

3. 机电及设备安装专业设计简介

机电及设备安装专业设计简介应依据建设单位提供的各相关专业设计文件进行描述，包括给水、排水及采暖系统、通风与空调系统、电气系统、智能化系统、电梯等各个专业系统的做法要求。

> 提示：工程概况中还可以附以下几种图进一步说明。
>
> （1）周围环境条件图：主要说明周围建筑物与拟建建筑的尺寸关系、标高、周围道路、电源、水源、雨污水管道及走向、围墙位置等；城市市政管网系统工程。
>
> （2）工程平面图：从中可以看到建筑物的尺寸、功用及围护结构等，这也是合理布置施工总平面的一个要素。
>
> （3）工程结构剖面图：从图可了解到工程的结构高度、楼层标高、基础高度及底板厚度等，这些是施工的依据。

5.2.3 工程施工概况

1. 建设地点特征

（1）项目施工区域地形和工程水文地质状况；

（2）不同深度的土壤分析、冻结期间与冻土深度；

（3）项目建设地点气温，冬雨季起止时间，主导风向与风力。

2. 施工条件

项目主要施工条件应包括下列内容：

（1）项目建设地点气象状况；

（2）项目施工区域地形和工程水文地质状况；

（3）项目施工区域地上、地下管线及相邻的地上、地下建（构）筑物情况；

（4）与项目施工有关的道路、河流等状况；

（5）当地建筑材料、设备供应和交通运输等服务能力状况；

（6）当地供电、供水、供热和通信能力状况；

（7）其他与施工有关的主要因素。

3. 工程施工特点

简要描述单位工程的施工特点和施工中的关键问题，以便在选择施工方案，组织资源供应,技术力量配备以及施工组织上采取有效的措施,保证顺利进行。例如,砖混结构住宅建筑的施工特点是:砌筑和抹灰工程量大等。框架及框架剪力墙结构建筑的施工特点是:模板、钢筋和混凝土工作量大等。

任务5.3　施工部署的编写

5.3.1　施工部署的作用

微课

施工部署的编写

施工部署是在对拟建工程的工程情况、建设要求、施工条件等进行充分了解的基础上,对项目实施过程涉及的任务、资源、时间、空间做出的统筹规划和全面安排。

施工部署是施工组织设计的纲领性内容,施工进度计划、施工准备与资源配置计划、施工方法、施工现场平面布置和主要施工管理计划等施工组织设计的组成内容都应该围绕施工部署的原则编制。

5.3.2　施工部署应包括以下内容

1. 工程目标

工程的质量、进度、成本、安全、环保及节能、绿色施工等管理目标。管理目标应满足招标文件、施工合同以及本单位的相关要求。

【工程案例 5-2】

某工程的工程目标

质量目标:××省建筑优质工程××杯;

工期目标:总工期730天;

安全目标:创安全生产样板工地,安全达标:100%,安全控制:死亡为0,负伤率:0.7‰,无重大设备事故,无重大火灾事故;

文明目标:文明施工样板工地;

成本目标:满足合同要求。

2. 重点和难点分析

对工程施工各阶段的重点和难点应逐一分析并提出解决方案或对策,包括工程施工的组织管理和施工技术两个方面。

3. 工程管理的组织

包括管理的组织机构,项目经理部的工作岗位设置及其职责划分。岗位设置应和项目规模相匹配,人员组成应具备相应的上岗资格。项目管理组织机构形式应根据施工项目的规模、复杂程度、专业特点、人员素质和地域范围确定。大中型项目宜设置矩阵式项目管理组织结构,小型项目宜设置线性职能式项目管理组织结构。

【工程案例 5-3】

某项目的施工组织机构

1. 施工组织机构示意图（图 5-1）

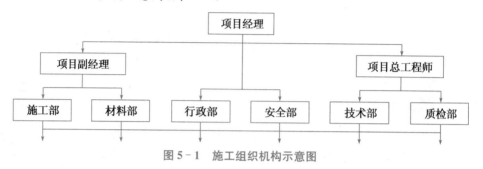

图 5-1 施工组织机构示意图

2. 项目经理部的组成、分工及各职能部门的权限

（1）项目经理：负责项目经理部的行政领导工作，并对整个项目的施工计划、生产进度、质量安全、经济效益全面负责，分管行政科和安全科。

（2）项目副经理：是项目经理的助手，负责项目施工中的各项生产工作，对进度、质量、安全负直接责任，分管施工科和材料科。

（3）项目总工程师：负责项目施工中的全部技术管理、质量控制和安全监督工作，分管技术科和质检科。

（4）施工科：负责定额核算、计划统计和预决算的编制工作；负责施工现场平面管理、施工调度及内外协调；负责施工测量、放线，负责机械设备管理和安全管理工作。

（5）技术科：负责施工组织设计、专项施工方案和技术交底卡的编制；负责钢筋翻样、木工放样、构配件加工订货和现场施工技术问题的处理；负责发放施工图纸、设计变更和有关技术文件；负责做好隐蔽工程的验收记录和各项工程技术资料的收集整理工作。

（6）质检科：负责工程质量的检查、监督，进行分部分项工程的自检评定，开展全面质量管理和 QC 小组的活动。

（7）安全科：负责做好经常性的安全生产宣传工作，贯彻"安全第一，预防为主"的方针，组织日常的安全生产检查、监督工作，帮助班组消除事故隐患，促进安全生产。

（8）材料科：负责编制材料供应计划，根据施工进度分批组织材料供应；负责材料的发放和物资保管，进行原材料的检验、化验、抽检，提供有关材料的技术文件。

（9）行政科：负责政治宣传、职工教育、生活后勤、安全保卫、环境卫生、文明施工及接待工作。

4. 进度安排和空间组织

（1）工程主要施工内容及其进度安排应明确说明，施工顺序应符合工序逻辑关系；

（2）施工流水段划分应根据工程特点及工程量进行分阶段合理划分，并应说明划分依据及流水方向，确保均衡流水施工；单位工程施工阶段一般包括地基基础、主体结构、装饰装修和机电设备安装四个阶段。

5. "四新"技术

"四新"技术包括：新技术、新工艺、新材料、新设备。

根据现有的施工技术水平和管理水平，对项目施工中开发和使用的"四新"技术应做出规划并采取可行的技术、管理措施来满足工期和质量等目标要求。

6. 资源配置计划

（1）根据施工进度计划各阶段的工作量来确定劳动力的配置，画出劳动力阶段需求柱状图或曲线图。

（2）根据施工总体部署和施工进度计划要求，做出分包计划、劳动力使用计划、材料供应计划和机械设备供应计划。

7. 项目管理总体安排

对主要分包项目的施工单位的选择要求及管理方式应进行简要说明；对其资质和能力应提出明确要求；对特殊工种人员提出具体要求。

施工部署的各项内容，应能综合反映施工阶段的划分与衔接、施工任务的划分与协调、施工进度的安排与资源供应、组织指挥系统与调控机制。

典型考题 5-3

根据《建筑施工组织设计规范》（GB/T 50502—2009），"合理安排施工顺序"属于施工组织设计中（　　）的内容。（2017 年一建）

A. 施工部署和施工方案　　　　B. 施工进度计划

C. 施工平面图　　　　　　　　D. 施工准备工作计划

正确答案：A。

▶ 任务 5.4　施工方案的编制 ◀

施工方案是单位工程施工组织设计的核心问题。施工方案合理与否将直接影响工程的施工效率、质量、工期和技术经济效果，因此必须引起足够的重视。

单位工程应按照《建筑工程施工质量验收统一标准》（GB 50300—2013）中分部（分项）工程的划分原则，对主要分部（分项）工程制定施工方案。施工方案是以分部（分项）工程或专项工程为主要对象编制的施工技术与组织方案，用以具体指导其施工过程。对脚手架工程、起重吊装工程、临时用水用电工程、季节性施工等专项工程所采用的施工方案应进行必要的验算和说明。对达到一定规模的危险性较大的分部（分项）工程，必须编制专项施工方案或专项施工组织设计。在制定与选择施工方案时，必须满足：方案切实可行、施工期限满足工程合同要求、工程质量和安全生产有可行的技术措施保障及施工费用最低。

5.4.1　施工方案的内容

1. 工程概况

（1）工程概况应包括工程主要情况、设计简介和工程施工条件等。

（2）工程主要情况应包括分部（分项）工程或专项工程名称，工程参建单位的相关情况，工程的施工范围，施工合同、招标文件或总承包单位对工程施工的重点要求等。

（3）设计简介应主要介绍施工范围内的工程设计内容和相关要求。

（4）工程施工条件应重点说明与分部（分项）工程或专项工程相关的内容。

2. 施工安排

（1）工程施工目标包括进度质量、安全、环境和成本等目标，各项目标应满足施工合同、招标文件和总承包单位对工程施工的要求。

（2）工程施工顺序及施工流水段应在施工安排中确定。

（3）针对工程的重点和难点，进行施工安排并简述主要管理和技术措施。

（4）工程管理的组织机构及岗位职责应在施工安排中确定并应符合总承包单位的要求。

> 提示：根据分部（分项）工程或专项工程的规模、特点、复杂程度、目标控制和总承包单位的要求设置项目管理机构，该机构各种专业人员配备齐全，完善项目管理网络，建立健全岗位责任制。

3. 施工进度计划

（1）分部（分项）工程或专项工程施工进度计划应按照施工安排，并结合总承包单位的施工进度计划进行编制。

> 提示：施工进度计划的编制应内容全面、安排合理、科学实用，在进度计划中应反映出各施工区段或各工序之间的搭接关系、施工期限、开始和结束时间。同时，施工进度计划应能体现和落实总体进度计划的目标控制要求；通过编制分部（分项）工程或专项工程进度计划进而体现总进度计划的合理性。

（2）施工进度计划可采用网络图或横道图表示，并附必要说明。

4. 施工准备与资源配置计划

（1）施工准备应包括下列内容

① 技术准备：包括施工所需技术资料的准备、图纸深化和技术交底的要求、试验检验和测试工作计划、样板制作计划以及与相关单位的技术交接计划等。

② 现场准备：包括生产、生活等临时设施的准备以及与相关单位进行现场交接的计划等。

③ 资金准备：编制资金使用计划等。

（2）资源配置计划应包括下列内容

① 劳动力配置计划：确定工程用工量并编制专业工种劳动力计划表。

② 物资配置计划：包括工程材料和设备配置计划、周转材料和施工机具配置计划以及计量、测量和检验仪器配置计划等。

5. 施工方法及工艺要求

（1）明确分部（分项）工程或专项工程施工方法并进行必要的技术核算，对主要分项工程（工序）明确施工工艺要求。

> **提示:**施工方法是工程施工期间所采用的技术方案、工艺流程、组织措施、检验手段等,它直接影响施工进度、质量、安全以及工程成本。本条所规定的内容应比施工组织总设计和单位工程施工组织设计的相关内容更细化。

（2）对易发生质量通病、易出现安全问题、施工难度大、技术含量高的分项工程（工序）等应做出重点说明。

（3）对开发和使用的新技术、新工艺以及采用的新材料、新设备应通过必要的试验或论证并制定计划。

> **提示:**对于工程中推广应用的新技术、新工艺、新材料和新设备,可以采用目前国家和地方推广的,也可以根据工程具体情况由企业创新;对于企业创新的技术和工艺,要制定理论和试验研究实施方案,并组织鉴定评价。

（4）对季节性施工应提出具体要求。

> **提示:**根据施工地点的实际气候特点,提出具有针对性的施工措施。在施工过程中,还应根据气象部门的预报资料,对具体措施进行细化。

5.4.2　施工组织方案的确定

1. 施工程序

微课

施工程序和
施工顺序

施工程序是指单位工程建设过程中各施工阶段、分部工程和专业工程之间的先后次序及其制约关系,主要解决时间搭接上的问题。工程施工有其本身的客观规律,按照反映客观规律的施工程序进行施工,能够使工序衔接紧密,加快施工进度,避免相互干扰和返工,保证施工质量和施工安全。

单位工程的施工程序是指单位工程中各分部工程（专业工程）或施工阶段的先后次序及其制约关系,主要解决时间搭接上的问题。民用建筑通常情况下应遵守以下几方面原则:

（1）先地下后地上原则

指在地上工程开工之前,应尽量把埋设于地下的基础以及各种管道、线路（临时的及永久的）予以埋设完毕,以免对地上工程施工时产生干扰,给施工创造一个良好的施工环境。但"逆作法"施工除外。

　**知识链接**

逆作法简介

基坑工程传统的施工方法是开敞式施工,即开口放坡开挖或用支护结构围护后垂直开挖,直到底板下设计标高。然后从底板浇筑钢筋混凝土开始,由下而上逐层施工各层地下室结构,基础及地下室完成后再进行上部主体结构施工,这种施工方法也称为"顺作法"。

顺作法的缺点:

高层建筑的基坑工程大而深时,围护结构的内支撑体系或锚杆体系工程量十分大,而且工期很长,特别是使用内支撑体系时,随着地下室结构由下而上,不再需要内支时,拆除工作量也很大,钢筋混凝土内支撑往往还要爆破拆除。

针对"顺作法"的缺点,"逆作法"则是利用地下室的梁、板、柱结构,取代内支撑体系去支撑围护结构,所以此时的地下室梁板结构就要随着基坑由地面向下开挖而由上往下逐层浇筑,直到地下室底板封底。与"顺作法"由底板逐层向上浇筑地下室结构的顺序是相逆的,故称之为"逆作法",也称之为"逆筑法"。

"逆作法"的工艺原理(见图5-2):

先沿建筑物地下室轴线或周围施工地下连续墙或其他支护结构,同时在建筑物内部的有关位置(柱子或隔墙相交处等,根据需要计算确定)浇筑或打下中间支承柱,然后施工地面一层的梁板楼面结构,作为地下连续墙刚度很大的支撑,随后逐层向下开挖土方和浇筑各层地下结构,直至底板封底。与此同时,由于地面一层的楼面结构已完成,为上部结构施工创造了条件,所以可以同时向上逐层进行地上结构的施工。这样地面上、下同时进行施工,直至工程结束。

与传统施工方法比较,用"逆筑法"施工多层地下室有下述优点:

(1) 缩短工程施工的总工期

(2) 基坑变形小,相邻建筑物等沉降少

(3) 使底板设计趋向合理

(4) 可节省支护结构的支撑

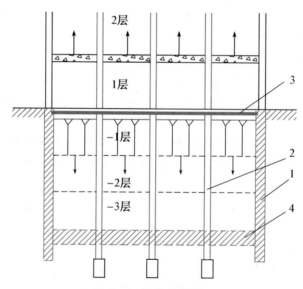

图5-2　逆作法的原理

1-地下连续墙;2-中间支撑柱;3-地面层楼面结构;4-底板

逆作法的缺点：

（1）支撑位置受地下室层高的限制，无法调整高度，如遇较大层高的地下室，有时需另设临时水平支撑或加大围护墙的断面及配筋；

（2）挖土作业空间狭小，不利于规模机械化施工、土方施工困难；

（3）结构接头处理多；

（4）对围护结构施工精度要求高。

逆筑法适用范围：

适用于建筑群密集、相邻建筑物较近、地下水位较高、地下室埋深较大和施工场地狭窄的多高层建筑工程。如地铁站、地下车库、地下厂房、地下储存、地下变电站及地下商业街等。

（2）先主体后围护的原则

对框架结构或排架结构等结构形式的建筑物，首先进行主体结构施工，再进行围护结构的施工。为了加快施工进度，高层建筑施工中，围护结构施工与主体结构施工应尽量搭接施工，即主体施工数层后，围护结构也随后开始，这样既可以扩大现场施工作业面，又能缩短工期。

（3）先结构后装修的原则

即首先施工主体结构，再进行装修工程的施工。对于工期要求紧的建筑工程，为了缩短工期，也可部分搭接施工，如有些临街建筑往往是上部主体结构施工时，下部一层或数层就进行装修并开门营业，这样可以加快进度，提高效益。又如一些多层或高层建筑在进行一定层数的主体结构施工后，穿插搭接部分的室内装修施工，以缩短建设周期，加快施工进度。

（4）先土建后设备原则

即首先进行土建工程的施工，再进行水、电、暖、煤气、卫生洁具等建筑设备安装的施工。但它们之间还要考虑穿插和配合的关系，即设备安装的某一工序穿插在土建施工的某一工序之前或某一工序的施工过程中，如住宅或办公建筑中的各种预埋管线必须穿插在土建施工过程中进行等等。

> 提示：以上原则并不是一成不变的，在特殊情况下，如在冬期施工之前，应尽可能完成土建和围护工程，以利于施工中的防寒和室内作业的开展，从而达到改善工人的劳动环境、缩短工期的目的；又如大板建筑施工，大板承重结构部分和某些装饰部分宜在加工厂同时完成。因此，随着我国施工技术的发展、企业经营管理水平的提高，以上原则也在进一步完善之中。

2. 施工起点流向

施工起点流向是单位工程在平面或竖向上施工开始的部位和施工流动的方向，主要解决建筑物在空间上的合理施工顺序问题。一般情况下，对于单层建筑物（如单层工业厂房等），只需按其车间、施工段或节间，分区分段地确定其平面上的施工起点流向。对于多层建筑物，除了确定其每层平面上的施工起点流向

微课

施工起点流向

外,还需确定其层间或单元空间竖向上的施工起点流向,如多层房屋的内墙抹灰施工可采取自上而下进行或自下而上进行。

确定单位工程施工流向一般应考虑下列因素:

(1)平面上各部分施工繁简程度。对技术复杂、工期较长的分部(分项)工程优先施工,如地下工程等。

(2)当有高低跨并列时,应从并列跨处开始吊装。

(3)保证施工现场内施工和运输的畅通。如单层工业厂房预制构件,宜以离混凝土搅拌机最远处开始施工,吊装时应考虑起重机退场等。

(4)满足用户在使用上的要求,生产性建筑要考虑生产工艺流程及先后投产顺序。

(5)考虑主导施工机械的工作效益,考虑主导施工过程的分段情况。

(6)工程现场条件和施工方案。施工场地大小、道路布置和施工方案所采用的施工方法和机械也是确定施工流向的主要因素。例如,土方工程施工中,边开挖边余土外运,则施工起点应确定在远离道路的部位,由远及近地展开施工。又如,根据工程条件,挖土机械可选用正铲、反铲、拉铲等。吊装机械可选用履带吊、汽车吊或塔吊,这些机械的开行路线或布置位置便决定了基础挖土及结构吊装的施工流向。

(7)分部工程或施工阶段的特点及其相互关系。基础工程由施工机械和方法决定其平面的施工流向。主体结构工程平面上看,从哪一边先开始都可以;从竖向看,一般应自下而上施工。装饰工程竖向的施工流向比较复杂,下面做简单介绍。

根据装修工程的工期、质量和安全要求以及施工条件,室内装修工程的施工流向有"自上而下""自下而上"以及"自中而下再自上而中"三种。

"自上而下"的施工流向。通常是指主体结构工程封顶、做好屋面防水层后,从顶层开始,逐层往下进行。"自上而下"的施工流向有水平向下和垂直向下两种情况,如图5-3所示,通常采用图5-3所示的水平向下的施工流向较多。

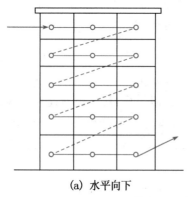
(a)水平向下

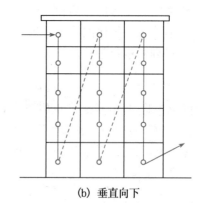
(b)垂直向下

图5-3 自上而下的施工流向

在组织流水施工时,如采用水平向下的施工流向,可以一层作为一个施工段;如采用垂直向下的施工流向,可以竖向空间划分的施工区段如单元作为一个施工段。

这种施工流向的优点是主体结构完成后,有一定的沉降时间,沉降变化趋于稳定,能保证装修工程的质量,同时,各工序之间交叉少,便于组织施工,保证施工安全,而且从上往下清理垃圾也很方便。其缺点是装修工程不能与主体结构施工进行搭接,因而工期较长。

"自下而上"的施工流向。通常是指当主体结构工程施工到四层,且底层模板拆除后,装修工程即可从一层开始,逐层向上进行。自下而上的施工流向有水平向上和垂直向上两种情况,如图 5-4 所示。在组织流水施工时,如采用水平向上的施工流向,可以一层作为一个施工段;如采用垂直向上的施工流向,可以竖向空间划分的施工区段如单元作为一个施工段。

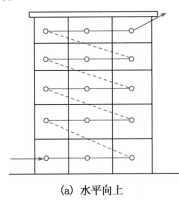　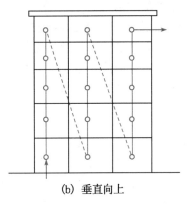

(a) 水平向上　　　　　　　(b) 垂直向上

图 5-4　自下而上的施工流向

这种施工流向的优点是装修工程与主体结构交叉施工,故工期缩短。其缺点是工序之间相互交叉多,需要很好地组织施工,并采取安全措施。

高层建筑室内装修的"分段自上而下"(自中而下,再自上而中)施工流向。其综合了上述两者的优点,克服了缺点,通常是高层建筑主体结构施工到一半左右的时候,即可"自中而下"进行室内装修工程的施工;当主体结构工程施工结束、且中间楼层的装修工程结束时,即可"再自上而中"进行内装修工程的施工。

室外装修工程的施工流向一般为"自上而下"。

3. 施工顺序

施工顺序是指单位工程中各分项工程或各工序之间施工的先后次序。因建筑工程是在一个建筑物上垒积木,施工有着严密的系统性,施工的前后顺序必须符合工艺要求,不能随意颠倒。但对某些施工过程也有一定的灵活性,而且随着所在地区、施工单位的传统习惯和工期要求的不同而有所不同,它主要体现在各主体工程和各工种之间的穿插或交叉施工方面,当然也不乏因工艺改进而使施工顺序有所改变的现象,如逆作法,类似不胜枚举。但它们之间仍需遵从一定的施工顺序。确定施工顺序的原则主要考虑:工序合理、工艺先进、保证质量、安全施工、充分利用工作面、缩短工期。

4. 施工顺序分析

钢筋混凝土框架结构房屋的施工,一般划分为地下工程(包括基础工程)、主体结构工程、屋面工程和装修工程四个阶段。

(1) 地下工程的施工顺序

地下工程一般指设计标高(±0.000)以下的所有工序项目,一般的浅基础的施工顺序为:放线→挖土(基础开挖深度较大、地下水位较高,则在挖土前尚应进行降水

微课

现浇混凝土结构
的施工顺序

及土壁支护工作)→清除地下障碍物→打钎验槽→软弱地基处理(需要时)→垫层→地下室底板防水施工(需要时)→基础施工(钢筋混凝土基础施工包括绑扎钢筋→支撑模板→浇筑混凝土→养护→拆模)→一次回填土→地下室施工→地下室外墙防水施工→二次回填土及地面垫层。

> 提示:在基础工程施工阶段组织施工时,应注意以下几个方面:
> ① 土方施工结束后,应尽快进行垫层施工,以防止雨季基坑被雨水浸泡,降低地基承载力,垫层施工后应注意养护;
> ② 如果在垫层施工的时候使用塔吊,则立塔吊的工作应在垫层施工前完成;
> ③ 避雷工程的施工应在基础扎筋的时候开始;
> ④ 浇混凝土结束后,应进行养护和弹线(组织间歇)工作。

（2）主体结构工程的施工顺序

主体结构工程施工顺序一般为:绑扎柱钢筋→支柱、梁、板模板→浇柱混凝土→绑扎梁、板钢筋→浇梁、板混凝土。柱、梁、板的支模、绑筋、浇混凝土等施工工程的工程量大、耗用的劳动力和材料多,而且对工程质量和工期起着决定性的作用。故需把多层框架在竖向上分成施工层,平面上分成施工段,组织平面和竖向上的流水施工。

（3）围护工程的施工顺序

围护工程的施工包括墙体工程、安装门窗和屋面工程。墙体工程包括搭设脚手架,内、外墙砌筑等分项工程。不同的施工之间可平行、搭接、立体交叉施工。屋面工程、墙体工程应密切配合,如在主体工程结束之后,先进行墙体工程,待外墙砌到顶后,再进行屋面工程的施工。脚手架应配合砌筑工程搭设,在室外装饰之后做散水之前拆除。

（4）屋面工程的施工顺序

这个阶段具有施工内容多且繁杂,劳动消耗量大,手工操作多且需要时间长等特点。因此,应合理安排屋面工程和装修工程的施工顺序,组织立体交叉流水施工,加快工程进度。

屋面防水一般分为柔性防水和刚性防水,通常采用柔性防水。柔性防水采用卷材防水,其施工顺序为:清理基层→抹找平层→隔气层→铺保温层和找坡层→抹找平层→铺隔离层→铺贴防水层→抹(或涂刷)保护层。屋面防水应在主体结构封顶后,尽早开始施工,以便为装饰工程施工提供条件。一般情况下,屋面工程可以和装修工程进行搭接施工。

在屋面工程施工阶段组织施工时,应注意以下几个方面:

① 隔气层和防水层施工前,要求找平层至少达到八成干(可通过由傍晚至次日清晨或晴天的1～2小时内于找平层上铺盖1 m×1 m的卷材,当卷材内侧无结露时,即认为找平层已基本干燥),以保证隔气层和防水层的施工效果。

② 雨期施工保温层应通过气象部门了解施工期间的气候情况,一旦施工完毕,应尽快做好找坡层与找平层,以防止保温层被雨水浸泡,影响保温效果。

③ 屋面保护层使用涂料施工时,应合理确定屋面保护层与后道工序的关系,最好在拆除吊脚手架后进行保护层的施工,以免屋面上人影响保护层的质量,同时也影响室外装修工程的进度。一般在第二道找平层达到八成干时,即可进行室外装修工程的施工。

（5）装修工程的施工流向与施工顺序

一般的装饰包括抹灰、勾缝、饰面、喷浆、门窗扇安装、玻璃安装、油漆等。其中抹灰是主导工程。装饰工程没有一定严格的顺序，但须考虑装饰工程与主体结构、各装饰工艺的先后顺序。

① 主体结构工程与装饰工程的施工顺序关系，在工程施工流向中已经阐述。

② 室内与室外装饰工程的施工顺序。

室外装修工程的施工流向应"自上而下"。在室外装修工程施工阶段组织施工时，应注意以下几个方面：

a. 安装吊脚手架一般在屋面工程的第一道找平层养护达到要求后进行，以保证外墙抹灰能及早进行，节约工期。拆除脚手架一般在屋面保护层施工前进行，防止对保护层造成破坏。

b. 安装水落管应在外墙抹灰养护达到要求后进行，防止对外墙抹灰造成破坏。

c. 室内外装修工程的施工顺序，通常有"先内后外""先外后内"和"内外同时进行"三种，具体采用哪种顺序应视施工条件和气候条件而定。通常冬季到来之前，应先完成室外装修工程的施工，即采用"先外后内"的施工顺序。当室内为水磨石楼面，为防止楼面施工时渗漏水对外墙面的影响，应先完成水磨石的施工，即采用"先内后外"的施工顺序。如工期很紧，可采用"内外同时进行"的施工顺序，但此时应注意抹灰工人的数量能否满足施工的需要。

③ 顶棚、墙面与楼地面抹灰的施工顺序：在同一层内抹灰工作不宜交叉进行，顶棚、墙面与地面抹灰的顺序可灵活安排。一般有两种方式：

a. 楼地面抹灰→顶棚抹灰→墙面抹灰。

b. 顶棚抹灰→墙面抹灰→楼地面抹灰。

第一种方法，先楼地面后顶棚、墙面，有利于收集落地灰以节约材料，但顶棚、墙抹灰脚手架易损坏地面，应做好成品保护；第二种方法，先顶棚、墙面后楼地面，则必将结构层上的落地灰清扫干净再做楼地面，以保证楼地面面层的质量。另外，为了保证和提高施工质量，楼梯间的抹灰和踏步抹面通常在其他抹灰工作完以后，自上而下地进行，内墙涂料必须待顶棚、墙面抹灰干燥后方可进行。

> 提示：在室内装修工程施工阶段组织施工时，应注意以下几个方面。
> （1）内隔墙施工后应有养护时间，以保证后续抹灰工程的施工质量。
> （2）由于楼梯间墙面和踏步抹灰在施工期间极易受到损坏，故通常安排在各层装修工程基本完成后，自上而下统一组织施工。
> （3）底层地面抹灰一般多在各层天棚、墙面和楼面抹灰完成之后进行。
> （4）木门窗框的安装可在砌筑过程中进行；塑钢门窗框的安装可在砌筑完成后进行。
> （5）门窗扇的安装应视气候和施工条件而定，可以在抹灰之前或之后进行，如无气候影响一般应在抹灰后进行，防止门窗扇被水泥污染。

④ 室内精装饰工程的施工顺序

室内精装饰工程的施工顺序一般为:砌隔墙→安装门窗框→防水房间防水施工→楼(地)面抹灰→天棚抹灰→墙面抹灰→楼梯间及踏步抹灰→墙、地贴面砖→安门窗扇→木装饰→天棚、墙体涂料→木制品油漆→铺装木地板→检查整修。

(6) 水、电、暖、卫、燃等与土建的关系。

水、电、暖、卫、燃等工程需与土建工程中有关分部(分项)工程交叉施工,且应紧配合。

① 在基础工程施工时,应将上下水管沟和暖气管沟的垫层、墙体做好后再回填土。具备条件时应预留位置。

② 在主体结构施工时,应在砌墙和现浇钢筋混凝土楼板的同时,预留上下水、燃气暖气立管的孔洞及配电箱等设备的孔洞,预埋电线管、接线盒及其他预埋件。

③ 在装饰装修施工前,应完成各种管道、水暖、卫的预埋件,设备箱体的安装等,敷设好电气照明的墙内暗管、接线盒及电线管的穿线。

④ 室外上下水及暖燃等管道工程可安排在基础工程之前或主体结构完工之后进行。

5.4.3 施工技术方案的选择

施工方法和施工机械的选择是制定施工方案的关键,必须从先进、经济、合理的角度出发选择施工方法和施工机械,以达到提高工程质量、降低工程成本、提高劳动生产率和加快工程进度的预期效果。

施工方法和施工机械的选择主要应根据工程建筑结构特点、质量要求、工期长短、资源供应条件、现场施工条件、施工单位的技术装备水平和管理水平等因素综合考虑。选择施工方法和施工机械的基本要求如下:

(1) 以主要分部分项工程为主;

(2) 符合施工组织设计的要求;

(3) 满足施工工艺及技术要求;

(4) 能够提高工厂化、机械化程度;

(5) 满足先进、合理、可行、经济的要求;

(6) 满足工期、质量、成本和安全要求。

微课

施工方法的选择

5.4.3.1 施工方法的选择

施工方法是针对拟建工程的主要分部(分项)工程而言的,其内容应简明扼要,重点突出。应着重研究那些影响施工全局的重要分部工程,凡新技术、新工艺和对拟建工程起关键作用的项目,应详细而具体地拟定该项目的操作过程、方法、质量、技术、安全措施。一般情况下,土建工程主要项目的施工方法有以下内容:

1. 测量控制工程

(1) 测量工作的总要求。在充分了解图纸设计的基础上,精确确定房屋的平面位置和高程控制位置。要求操作人员必须按照操作程序、操作规程进行操作,经常进行仪器、观测点和测量设备的检查验证,配合好各工序的穿插和检查验收工作。

(2) 建筑工程轴线的控制。确定实测前的准备工作,确定建筑物平面位置的测定方法以及首层及各楼层轴线的定位、放线方法及轴线控制要求。

(3) 建筑工程垂直度控制。说明建筑物垂直度控制的方法,包括外围垂直度和内部每层垂直度的控制方法,并说明确保控制质量的措施。如某框架剪力墙结构工程,建筑物垂直度的控制方法为:外围垂直度的控制采用经纬仪进行控制,在浇混凝土前后分别进行施测,以确保将垂直度偏差控制在规范允许的范围内;内部每层垂直度则采用线锤进行控制,并用激光铅直仪进行复核,加强控制力度。

(4)房屋的沉降观测。可根据设计要求,说明沉降观测的方法、步骤和要求。如某工程根据设计要求,在室内外地坪上 0.6 m 处设置永久沉降观测点。设置完毕后,进行第一次观测,以后每施工完一层做一次沉降观测,且相邻两次观测时间间隔不得大于两个月,竣工后每两个月进行一次观测,直到沉降稳定为止。

2. 土石方与地基处理工程

(1)挖土方法。根据土方量大小,确定采用人工挖土还是机械挖土。当采用人工挖土时,应按进度要求确定劳动力人数,分区分段施工;当采用机械挖土时,应根据土质的组成、地下水位的高低等因素,首先确定机械挖土的方式,再确定挖土机的型号、数量,机械开挖方向与路线,人工如何配合修整基底、边坡等施工方法。

(2)地面水、地下水的排除方法。确定拦截和排除地表水的排水沟渠位置、流向以及开挖方法,确定降低地下水的集水井、井点等的布置及所需设备的型号、数量。

(3)开挖深基坑方法。应根据土壤类别及场地周围情况,确定边坡的放坡坡度或土壁的支撑形式和设置方法,确保施工安全。

(4)石方施工。确定石方的爆破或破碎方法以及所需机具、材料等。

(5)场地平整。确定场地平整的设计平面,进行土方挖填的平衡计算,绘制土方平衡调配表,确定场地平整的施工方法和相应的施工机械。

(6)确定土方运输方式、运输机械型号及数量。

(7)土方回填的施工方法,填土压实的要求及压实机械选择。

(8)地基处理的方法(换填地基、夯实地基、挤密桩地基、注浆地基等)及相应的材料、机械设备。

3. 降水与基坑支护

基坑支护是指基坑开挖期间挡土、护壁,保证基坑开挖和地下结构的安全,并保证在地下施工期间不会对邻近的建筑物、道路、地下管线等造成危害。主要应说明施工现场地下水条件、降水情况、是否需要降水、降水深度是否能满足施工要求、降水对相邻建筑物的影响及采取的措施;说明工程现场施工条件、邻近建筑物等与基坑的距离、邻近地下管线对基坑的影响、基坑放坡的坡度、基坑开挖深度或基坑支护方法、坑边立塔吊或超载所应采取的措施、基坑的变形观测等。

4. 基础工程

(1)浅基础工程。主要是垫层、混凝土基础和钢筋混凝土基础施工的技术要求,有地下室时,还包括地下室地板混凝土、外墙体(砖砌外墙、钢筋混凝土外墙)的技术要求。

(2)桩基础。明确桩基础的类型和施工方法,施工机械的型号,预制桩的入土方法和入土深度控制、检测、质量要求等,以及灌注桩的成孔方法,施工控制、质量要求等。

(3)基础设置深浅不同时,应确定基础施工的先后顺序、标高控制、质量安全措施等。

(4)各种变形缝。确定留设方法、设置位置及注意事项。

（5）混凝土基础施工缝。确定留置位置、技术要求。

5. 地下防水工程

应根据防水方法（混凝土结构自防水、水泥砂浆抹面防水层、卷材防水层、涂料防水），确定用料要求、施工方法和相关技术措施等。主要应说明地下防水层采用的材料、层数、厚度，防水材料进场是否按规定进行了外观检验及复试；防水层基层的要求、防水导墙做法、临时保护墙做法、防水层保护层做法等；变形缝、后浇带、水平施工缝、竖直施工缝、避雷装置出外墙的做法及管道穿墙处等细部防水的做法。工程为结构自防水时，还应说明工程在结构施工中的防水措施（如止水带设置等）、外墙的结构处理、掺加何种外加剂等。

6. 模板工程

（1）模板的类型和支模方法的确定。根据不同的结构类型，现场施工条件和企业实际施工装备，确定模板种类（组合式模板、工具式模板、永久性模板、胶合板模板等）以及支撑方法（钢桁架、钢管支架、托架等），并分别列出采用的项目、部位、数量，明确加工制作的分工。对于比较复杂的模板，应进行模板设计并绘制模板构造图或放样图。

（2）确定墙柱侧模、楼板底模、异型模板、梁侧模、大模板的支顶方法和精度控制；确定电梯井筒的支撑方法；确定特殊部位的施工方法（后浇带、变形缝等），明确层高和墙厚变化时模板的处理方法；明确各构件的施工方法、注意事项和预留支撑点的位置；明确模板支撑上、下层支架的立柱对中的控制方法和支拆模板所需的架子和安全防护措施；明确模板拆除时间、混凝土强度及拆模后的支撑要求，模板的使用维护措施要求。

（3）隔离剂的选用。确定隔离剂的类型，明确使用要求。模板工程应向工具化、多样化方向努力，推广"快速脱模"，提高模板周转利用率。采取分段流水工艺，减少模板一次投入量，还应确定模板供应渠道（如租用、购置或企业内部调拨）。

7. 钢筋工程

（1）钢筋的供货方式、进场检验和材料的堆放。

（2）钢筋的加工情况：明确现场钢筋的加工机具，钢筋接头的类别、等级和加工方式。

（3）钢筋的加工、运输和安装方法的确定。明确构件厂或现场加工的范围（如成型程度是加工成单根、网片或骨架等）；明确除锈、调直、切断、弯曲成型方法；明确钢筋冷拉、施加预应力方法；明确焊接方法（如电弧焊、对焊、点焊、气压焊等）或机械连接方法（如挤压连接、锥螺纹连接、直螺纹连接等）；钢筋运输和安装方法；明确相应机具设备型号、数量。

（4）装配式单层工业厂房的牛腿柱和屋架等大型现场预制钢筋混凝土构件。确定柱与屋架现场预制平面布置图，明确预制场地的要求、模板设置要求、预应力的施加方法。

8. 混凝土工程

（1）混凝土搅拌和运输方法的确定。明确混凝土供应方式（现场搅拌或商品混凝土）及垂直或水平运输方式，若当地有商品混凝土供应时，首先应采用商品混凝土；否则，应根据混凝土工程量大小，合理选用搅拌方式，是集中搅拌还是分散搅拌；选用搅拌机型号、数量；进行配合比设计；确定掺和料、外加剂的品种数量；确定砂石筛选、计量和后台上料方法；确定混凝土运输方法和运输要求。

（2）混凝土的浇筑。确定混凝土浇筑的起点流向、浇筑顺序、浇筑高度的控制措施、施工缝留设位置、分层高度、工作班制、振捣方法、养护制度及相应机械工具的型号、数量。

（3）冬期或高温条件下浇筑混凝土。应制定相应的防冻或降温措施，落实测温工作，明确外加剂品种、数量和控制方法。

（4）浇筑厚大体积混凝土。明确浇筑方案，制定防止温度裂缝的措施，落实测温孔的设置和测温记录等工作。

（5）有防水要求的特殊混凝土工程。明确混凝土的配合比以及外加剂的种类、加入量，做好抗渗试验等工作，明确用料和施工操作等要求，加强检测控制措施，保证混凝土抗渗的质量。

9. 砌体工程

砌筑工程是一个综合的施工过程，它包括砂浆制备、材料运输、搭脚手架和墙体砌筑等。

（1）明确工程中所采用的砌体材料、砂浆强度、使用部位；明确砌筑工程施工工艺、施工方法、墙体压顶的施工方法和墙体拉筋、压筋的留置方式；明确构造柱、圈梁的设置要求、质量要求等。

（2）明确砌体的组砌方法和质量要求，皮数杆的控制要求，流水段和劳动力组合形式，砌筑用块材的垂直和水平运输方式以及提高运输效率的方法等。

（3）明确砌体与钢筋混凝土构造柱、梁、圈梁、楼板、阳台、楼梯等构件的连接要求。

（4）明确配筋砌体工程的施工要求。

（5）明确砌筑砂浆的配合比计算及原材料要求，拌制和使用时的要求，砂浆的垂直和水平运输方式和运输工具等。

（6）确定脚手架搭设方法、要求以及安全网架设的方法。

10. 结构安装工程

（1）确定吊装工程准备工作内容。主要包括起重机行走路线的压实加固，各种索具、吊具和辅助机械的准备，临时加固、校正和临时固定的工具、设备的准备，吊装质量要求和安全施工等相关技术措施。

（2）选择起重机械的类型和数量。根据建筑物外形尺寸，所吊装构件外形尺寸、位置、重量、起重高度，工程量和工期，现场条件，吊装工地的现场条件，工地上可能获得吊装机械的类型等，综合确定起重机械的类型、型号和数量。

（3）确定构件的吊装方案。其内容包括：确定吊装方法（分件吊装法、综合吊装法），确定吊装顺序，确定起重机械的行驶路线和停机点，确定构件预制阶段和拼装、吊装阶段的场地平面布置。

（4）确定构件的吊装工艺。主要包括：柱、吊车梁、屋架等构件的绑扎和加固方法、吊点位置的设置、吊升方法（旋转法或滑行法等）、临时固定方法、校正的方法和要求、最后固定的方法和质量要求。尤其是对跨度较大的建筑物的屋面吊装，应认真制定吊装工艺，设定构件吊点位置，确定吊索的长短及夹角大小，起吊和扶直时的临时稳固措施，垂直度测量方法等。

（5）确定构件运输要求。主要包括：构件运输、装卸、堆放办法，所需的机具设备（如平板拖车、载重汽车、卷扬机及架子车等）型号、数量，对运输道路的要求。

11. 屋面工程

（1）屋面各个分项工程（如卷材防水屋面一般有找坡找平层、隔汽层、保温层、防水层、保护层或上人屋面面层等分项工程；刚性防水屋面一般有隔离层、刚性防水层、保温隔热层等分项工程）的各层材料、操作方法及其质量要求。特别是防水材料，应确定其质量要求、施工操作要求等。

（2）屋盖系统的各种节点部位及各种接缝的密封防水施工方法和相关要求。

（3）屋面材料的运输方式。包括场地外运输和场地内的水平和垂直运输。

12. 装饰装修工程

（1）施工部署及准备。可以以表格形式列出各楼层房间的装修做法明细表；确定总的装修工程施工顺序及各工种；如何与专业施工相互穿插、配合；绘制内、外装修的工艺流程。

（2）外墙饰面工程。外墙饰面材料的使用情况、施工方法、质量要求、成品保护、控制要点及与室外垂直运输设备拆除之间的时间关系等。

（3）内墙饰面工程。饰面材料的使用情况、施工方法、成品保护、控制要点，制定施工方法及质量要求。

（4）楼地面工程。明确材料使用情况、控制要点、质量要求、施工时间、地面施工做法、保养和成品保护，特别注意应保证施工期间有一条上下贯通的通道。

（5）棚面及内隔墙。施工方法、棚面及内隔墙的做法情况、材料选用、质量要求及与水电专业之间的协调配合关系。

（6）门窗安装。包括材料、施工工艺和成品保护等问题；门窗规格、有无附框、外墙金属窗、塑料窗的三性试验要求；外墙金属窗的防雷接地做法要结合防雷及各类专业劫范进行明确。

（7）木装修工程。说明木装修内容材料使用情况、质量标准、控制要点及注意事项。

（8）油漆、涂料工程。包括材料选用及施工方法、质量要求、成品的保护、注意事项等。

13. 脚手架工程

脚手架应在基础回填土之后，配合主体工程搭设，在室外装饰之后，散水施工前拆除。

（1）明确脚手架的要求

脚手架应由架子工搭设，应满足工人操作、材料堆置和运输的需要；要坚固稳定，安全可靠；搭设简单，搬移方便；尽量节约材料，能多次周转使用。

（2）选择脚手架的类型

选择脚手架的依据主要有：

① 工程特点，包括建筑物的外形、高度、结构形式、工期要求等；

② 材料配备情况，如是否可用拆下待用的脚手架或是否可就地取材；

③ 施工方法，是斜道、井架还是采用塔式起重机等；

④ 安全、坚固、适用、经济等因素。

在高层建筑施工中经常采用如下方案：裙房或低于 30～50 m 的部分采用落地式单排或双排脚手架；高于 30～50 m 的部分采用外挂脚手架。外挂脚手架的种类非常多，目前，常用的主要形式有支承于三角托架上的外挂脚手架、附壁套管式外挂脚手架、附壁轨道式外挂脚手架和整体提升式脚手架等。

（3）确定脚手架的搭设方法和技术要求

多立杆式脚手架有单排和双排两种形式，一般采用双排；确定脚手架的搭设宽度和每步架高；为了保证脚手架的稳定，要设置连墙杆、剪刀撑、抛撑等支撑体系，并确定其搭设方法和设置要求。

（4）脚手架的安全防护

为了保证安全，脚手架通常要挂安全网，确定安全网的布置，并对脚手架采取避雷措施。

14. 垂直运输体系

（1）垂直运输体系的选择

高层建筑施工中垂直运输作业具有运输量大、机械费用大、对工期影响大的特点。施工的速度在一定程度上取决于施工所需物料的垂直运输速度。垂直运输体系的组合一般有以下五种：

① 施工电梯＋塔式起重机。塔式起重机负责吊送模板、钢筋、混凝土，人员和零散材料由电梯运送。其优点是供应范围大，易调节安排；缺点是集中运送混凝土的效率不高。该垂直运输体系适用于混凝土量不是特别大而吊装量大的结构。

② 施工电梯＋塔式起重机＋混凝土泵（带布料杆）。混凝土泵运送混凝土，塔式起重机吊送模板、钢筋等大件材料，人员和零散材料由电梯运送。其优点是供应范围大，供应能力强，更易调节安排；缺点是投资和费用很高。该垂直运输体系适用于工程量大、工期紧的高层建筑。

③ 施工电梯＋高层井架（带拔杆）。井架负责运送混凝土，拔杆负责运送模板，电梯负责运送人员和散料。其优点是垂直输送能力强，费用不高；缺点是供应范围和吊装能力较小，需要增加水平运输设施。该垂直运输体系适用于吊装量不大，特别是无大件吊装的情况且工程量不是很大、工作面相对集中的结构。

④ 施工电梯＋高层井架＋塔式起重机。井架负责运送大宗材料，塔式起重机负责吊送模板、钢筋等大件材料，人员和散料由电梯运送。其优点是供应范围大，供应能力强；缺点是投资和费用较高，有时设备能力过剩。该垂直运输体系适用于吊装量、现浇工程量较大的结构。

⑤ 塔式起重机＋普通井架。塔式起重机吊送模板、钢筋等大件材料，井架运送混凝土等大宗材料，人员通过室内楼梯上下。其优点是费用较低，且设备比较常见；缺点是人员上下不太方便。该垂直运输体系适用于建筑物高度 50m 以下的建筑。

选择垂直运输体系时，应全面考虑以下三个方面：运输能力要满足规定工期的要求；机械费用低；综合经济效益好。

从我国的现状及发展趋势看，采用塔式起重机＋混凝土泵＋施工电梯方案的越来越多，国外情况也类似。

（2）塔式起重机的选择

① 选择方法：根据结构形式（附墙位置）、建筑物高度、采用的模板体系、现场周边情况、平面布局形式及各种材料的吊运次数，以起重量 Q、起重高度 H 和回转半径 R 为主要参数，经吊次、台班费用分析比较，选择塔式起重机的型号和台数。

② 塔式起重机的平面定位原则：塔式起重机施工消灭死角；塔式起重机相互之间不干涉（塔臂与塔身不相碰）；塔式起重机立、拆安全方便。

（3）施工电梯的选择

① 选择方法：以定额载重量、最大架设高度为主要性能参数满足本工程使用要求，可靠性高，经济效益，能与塔式起重机组成完善的垂直运输系统。

② 平面定位原则：布置便于人员上下及物料集散，距各部位的平均距离最近，且便于安装附着。

（3）混凝土输送泵的选择

输送泵有泵车和固定泵两种，多层结构一般不在现场设地泵，混凝土浇筑时，将泵车开到现场进行混凝土水平和垂直运输，高层结构一般在现场设固定泵。在选用泵送混凝土的同时，对于浇筑零星混凝土通常需要采用塔吊运输方式配合补充。

> 提示：选择机械设备技术与经济要结合，综合考虑使用机械的各项费用（如运输费、折旧费、租赁费、对工期的延误而造成的损失等）后进行成本的分析和比较，从而决定是选择社会租赁机械还是采用内部租赁或者重新购置，有时采用租赁的成本更低。

15. 特殊项目

（1）对于采用四新（新结构、新工艺、新材料、新技术）的项目及高耸、大跨、重型构件，水下、深基础、软弱地基，冬期施工等项目，均应单独编制如下内容：选择施工方法，阐述工艺流程，绘制平、立、剖示意图，确定技术要求、质量安全注意事项、施工进度、劳动组织、材料构件及机械设备需要量等。

《建筑业 10 项新技术（2017）》包含了以下主要技术：地基基础和地下空间工程技术，钢筋与混凝土技术，模板脚手架技术，装配式混凝土结构技术，钢结构技术，机电安装工程技术，绿色施工技术，防水技术与围护结构节能，抗震、加固与监测技术，信息化技术。

- 建筑业 10 项新技术
- 江苏省新技术案例应用

（2）对于大型土石方、打桩、构件吊装等项目，一般均需单独提出施工方法和技术组织措施。

5.4.3.2　施工机械选择

微课

施工机械对施工工艺、施工方法有直接的影响，施工机械化是现代化大生产的显著标志，对加快建设速度，提高工程质量，保证施工安全，节约工程成本起着至关重要的作用。因此，选择施工机械成为确定施工方案的一个重要内容。

施工机械的选择

1. 选择原则

（1）选择施工机械应首先根据工程特点，选择适宜主导工程的施工机械。例如，在选择装配式单层厂房结构安装用的起重机械时，若工程量大而集中，可选用生产效率高的塔式起重机或桅杆式起重机，若工程量较小或虽然较大但却较分散时，则采用无轨自行式起重机械；在选择起重机型号时，应使起重机性能满足起重量、起重高度、起重半径和起重臂长等的要求。

（2）施工机械之间的生产能力应协调一致。

要充分发挥主导施工机械的效率，同时，在选择与之配套的各种辅助机械和运输工具时，应注意它们之间的协调。例如，挖土机与运土汽车配套协调，可使挖土机能充分发挥其生产效率。

（3）在同一建筑工地上的施工机械的种类和型号应尽可能少。

为了便于现场施工机械的管理及减少转移，对于工程量大的工程应采用专用机械；对于工程量小而分散的工程，则应尽量采用多用途的施工机械。例如挖土机既可用于挖土也可用于装卸、起重和打桩。

（4）在选用施工机械时，应尽量选用施工单位现有的机械，以减少资金的投入，充分发挥现有机械效率。若施工单位现有机械不能满足工程需要，则可考虑租赁或购买。

2. 选择内容

现场垂直和水平运输方案一般包括下列内容：

（1）确定标准层垂直运输量。如模板、钢筋、混凝土、各种预制构件、砖、砌块、砂浆、门窗和各种装修用料、水电材料、工具和脚手架等。

（2）选定水平运输方式，如各种运输车（小推车、机动小翻斗车、架子车、构件安装小车、钢筋小车等）和输送泵及其型号和数量。

（3）确定和上述配套使用的工具和设备，如砖车、砖笼、混凝土罐车、砂浆罐车等。

（4）确定地面和楼层水平运输的行驶路线。

（5）合理布置垂直运输机械位置，综合安排各种垂直运输设施任务的服务范围。如划分运送砖、砌块、构件、砂浆、混凝土的时间和工作班次。

（6）确定搅拌混凝土、砂浆后台上料所需机具，如皮带运输机、提升料斗、铲车、装载机或流槽的型号和数量。

典型考题 5-4

下列施工组织设计的内容中，属于施工部署与施工方案内容的有（　　）。（2017年二建）

A. 安排施工顺序　　　B. 比选施工方案　　　C. 计算主要技术经济指标

D. 编制施工准备计划　　E. 编制资源需求计划

正确答案：AB。

【工程案例 5-4】

某施工单位总承包写字楼工程地上 18 层，地下 2 层。钢筋混凝土框架—剪力墙结构。合同约定该工程的开工日期为 2021 年 7 月 1 日，竣工日期为 2022 年 12 月 25 日。施工单位进场后及时向监理单位报送了该工程的施工组织设计。

施工单位向监理单位报送的该工程施工组织设计中明确了质量、进度、成本、安全四项管理目标，监理单位认为不全面，要求补充后上报。

【问题】 （1）该工程施工管理目标还应补充哪些内容（至少列出三项）？

（2）一般工程的施工程序是如何规定的？

（3）确定施工顺序的原则是什么？

【案例解析】 （1）还应补充：环保、节能、绿色施工等管理目标。

（2）一般工程施工程序的规定："先地下、后地上"，"先主体、后围护"，"先结构、后装饰"，"先土建、后设备"。

（3）用下列原则确定施工顺序：工序合理、工艺先进、保证质量、安全施工、充分利用工作面、缩短工期。

5.4.4 专项施工方案

根据中华人民共和国住房和城乡建设部颁布的《危险性较大的分部分项工程安全管理办法》（建质〔2018〕31号）的规定，对于危险性较大的工程（简称危大工程）及超过一定规模的危大工程范围，需要单独编制专项施工方案。

1. 危大工程施工方案内容

危大工程专项施工方案的主要内容应当包括：

（1）工程概况：危大工程概况和特点、施工平面布置、施工要求和技术保证条件；

（2）编制依据：相关法律、法规、规范性文件、标准、规范及施工图设计文件、施工组织设计等；

（3）施工计划：包括施工进度计划、材料与设备计划；

（4）施工工艺技术：技术参数、工艺流程、施工方法、操作要求、检查要求等；

（5）施工安全保证措施：组织保障措施、技术措施、监测监控措施等；

（6）施工管理及作业人员配备和分工：施工管理人员、专职安全生产管理人员、特种作业人员、其他作业人员等；

（7）验收要求：验收标准、验收程序、验收内容、验收人员等；

（8）应急处置措施；

（9）计算书及相关施工图纸。

2. 相关规定

（1）施工单位应当在危大工程施工前组织工程技术人员编制专项施工方案。

实行施工总承包的，专项施工方案应当由施工总承包单位组织编制。危大工程实行分包的，专项施工方案可以由相关专业分包单位组织编制。

（2）专项施工方案应当由施工单位技术负责人审核签字、加盖单位公章，并由总监理工程师审查签字、加盖执业印章后方可实施。

危大工程实行分包并由分包单位编制专项施工方案的，专项施工方案应当由总承包单位技术负责人及分包单位技术负责人共同审核签字并加盖单位公章。

（3）对于超过一定规模的危大工程，施工单位应当组织召开专家论证会对专项施工方案进行论证。实行施工总承包的，由施工总承包单位组织召开专家论证会。专家论证前专项施工方案应当通过施工单位审核和总监理工程师审查。

（4）专家应当从地方人民政府住房城乡建设主管部门建立的专家库中选取,符合专业要求且人数不得少于 5 名。与本工程有利害关系的人员不得以专家身份参加专家论证会。

（5）专家论证会后,应当形成论证报告,对专项施工方案提出通过、修改后通过或者不通过的一致意见。专家对论证报告负责并签字确认。

专项施工方案经论证需修改后通过的,施工单位应当根据论证报告修改完善后,重新履行本规（2）条的程序。

专项施工方案经论证不通过的,施工单位修改后应当按照本规定的要求重新组织专家论证。

3. 危险性较大的分部分项工程范围

（1）基坑工程

① 开挖深度超过 3 m(含 3 m)的基坑(槽)的土方开挖、支护、降水工程。

② 开挖深度虽未超过 3 m,但地质条件、周围环境和地下管线复杂,或影响毗邻建、构筑物安全的基坑(槽)的土方开挖、支护、降水工程。

（2）模板工程及支撑体系

① 各类工具式模板工程:包括滑模、爬模、飞模、隧道模等工程。

② 混凝土模板支撑工程:搭设高度 5 m 及以上,或搭设跨度 10 m 及以上,或施工总荷载(荷载效应基本组合的设计值,以下简称设计值)10 kN/m² 及以上,或集中线荷载(设计值)15 kN/m 及以上,或高度大于支撑水平投影宽度且相对独立无联系构件的混凝土模板支撑工程。

③ 承重支撑体系:用于钢结构安装等满堂支撑体系。

（3）起重吊装及起重机械安装拆卸工程

① 采用非常规起重设备、方法,且单件起吊重量在 10 kN 及以上的起重吊装工程。

② 采用起重机械进行安装的工程。

③ 起重机械安装和拆卸工程。

（4）脚手架工程

① 搭设高度 24 m 及以上的落地式钢管脚手架工程(包括采光井、电梯井脚手架)。

② 附着式升降脚手架工程。

③ 悬挑式脚手架工程。

④ 高处作业吊篮。

⑤ 卸料平台、操作平台工程。

⑥ 异型脚手架工程。

（5）拆除工程

可能影响行人、交通、电力设施、通讯设施或其它建、构筑物安全的拆除工程。

（6）暗挖工程

采用矿山法、盾构法、顶管法施工的隧道、洞室工程。

（7）其它

① 建筑幕墙安装工程。

② 钢结构、网架和索膜结构安装工程。

③ 人工挖孔桩工程。

④ 水下作业工程。

⑤ 装配式建筑混凝土预制构件安装工程。

⑥ 采用新技术、新工艺、新材料、新设备可能影响工程施工安全,尚无国家、行业及地方技术标准的分部分项工程。

4. 超过一定规模的危险性较大的分部分项工程范围

(1) 深基坑工程

① 开挖深度超过 5 m(含 5 m)的基坑(槽)的土方开挖、支护、降水工程。

(2) 模板工程及支撑体系

① 各类工具式模板工程:包括滑模、爬模、飞模、隧道模等工程。

② 混凝土模板支撑工程:搭设高度 8 m 及以上,或搭设跨度 18 m 及以上,或施工总荷载(设计值)15 kN/m^2 及以上,或集中线荷载(设计值)20 kN/m 及以上。

③ 承重支撑体系:用于钢结构安装等满堂支撑体系,承受单点集中荷载 7 kN 及以上。

(3) 起重吊装及起重机械安装拆卸工程

① 采用非常规起重设备、方法,且单件起吊重量在 100 kN 及以上的起重吊装工程。

② 起重量 300 kN 及以上,或搭设总高度 200 m 及以上,或搭设基础标高在 200 m 及以上的起重机械安装和拆卸工程。

(4) 脚手架工程

① 搭设高度 50 m 及以上的落地式钢管脚手架工程。

② 提升高度在 150 m 及以上的附着式升降脚手架工程或附着式升降操作平台工程。

③ 分段架体搭设高度 20 m 及以上的悬挑式脚手架工程。

(5) 拆除工程

① 码头、桥梁、高架、烟囱、水塔或拆除中容易引起有毒有害气(液)体或粉尘扩散、易燃易爆事故发生的特殊建、构筑物的拆除工程。

② 文物保护建筑、优秀历史建筑或历史文化风貌区影响范围内的拆除工程。

(6) 暗挖工程

采用矿山法、盾构法、顶管法施工的隧道、洞室工程。

(7) 其它

① 施工高度 50 m 及以上的建筑幕墙安装工程。

② 跨度 36 m 及以上的钢结构安装工程,或跨度 60 m 及以上的网架和索膜结构安装工程。

③ 开挖深度 16 m 及以上的人工挖孔桩工程。

④ 水下作业工程。

⑤ 重量 1 000 kN 及以上的大型结构整体顶升、平移、转体等施工工艺。

⑥ 采用新技术、新工艺、新材料、新设备可能影响工程施工安全,尚无国家、行业及地方技术标准的分部分项工程。

知识链接

专家论证会

1. 超过一定规模的危大工程专项施工方案专家论证会的参会人员应当包括：

(1) 专家；

(2) 建设单位项目负责人；

(3) 有关勘察、设计单位项目技术负责人及相关人员；

(4) 总承包单位和分包单位技术负责人或授权委派的专业技术人员、项目负责人、项目技术负责人、专项施工方案编制人员、项目专职安全生产管理人员及相关人员；

(5) 监理单位项目总监理工程师及专业监理工程师。

2. 专家组成员应当由 5 名及以上符合相关专业要求的专家组成，本项目参建各方的人员不得以专家身份参加专家论证会。

3. 关于专家论证内容

(1) 专项施工方案内容是否完整、可行；

(2) 专项施工方案计算书和验算依据、施工图是否符合有关标准规范；

(3) 专项施工方案是否满足现场实际情况，并能够确保施工安全。

4. 关于专项施工方案修改

超过一定规模的危大工程专项施工方案经专家论证后结论为"通过"的，施工单位可参考专家意见自行修改完善；结论为"修改后通过"的，专家意见要明确具体修改内容，施工单位应当按照专家意见进行修改，并履行有关审核和审查手续后方可实施，修改情况应及时告知专家。

【工程案例 5-5】

　　某住宅工程，建筑面积 21 600 m²，基坑开挖深度 6.5 m，地下二层，地上十二层，筏板基础，现浇钢筋混凝土框架结构。工程场地狭小，基坑上口北侧 4 m 处有 1 栋六层砖混结构住宅楼，东侧 2 m 处有一条埋深 2 m 的热力管线。工程由某总承包单位施工，基坑支护由专业分包单位承担，基坑支护施工前，专业分包单位编制了基坑支护专项施工方案，分包单位技术负责人审批签字后报总承包单位备案并直接上报监理单位审查；总监理工程师审核通过。随后分包单位组织了 3 名符合相关专业要求的专家及参建各方相关人员召开论证会，形成论证意见："方案采用土钉喷护体系基本可行，需完善基坑监测方案，修改完善后通过"。分包单位按论证意见进行修改后拟按此方案实施，但被建设单位技术负责人以不符合相关规定为由要求整改。(2019 年二建)

【问题】 本项目基坑支护专项施工方案编制专家论证的过程有何不妥? 并说明正确做法。

【案例解析】 本工程为周边环境和地下管线复杂,或影响毗邻建筑(构筑)物安全的基坑开挖,为超过一定规模的危险性较大的工程。

不妥之处一:分包单位技术负责人审批签字后报总承包单位备案并直接上报监理单位审查;总监理工程师审查通过。

正确做法:实行施工总承包的,专项方案应当由总承包单位技术负责人及相关专业承包技术负责人签字;需专家论证的专项施工方案不得直接上报监理单位审核签字。

不妥之处二:分包单位组织了3名符合相关专业要求的专家及参建各方相关人员召开论证会。

正确做法:专项方案应当由施工单位组织召开专家论证会。实行施工总承包的,由施工总承包单位组织召开专家论证。专家组成员应当有5名及以上符合相关专业要求的专家参加。本项目参建各方的人员不得以专家身份参加专家论证会。

不妥之处三:分包单位按论证意见进行修改后拟按此方案实施。

正确做法:施工单位应当根据论证报告修改完善专项方案,并经施工单位技术负责人、项目总监理工程师、建设单位项目负责人签字后,方可组织实施。实行施工总承包的,应当由施工总承包单位、相关专业承包单位技术负责人签字。重大修改的,应当重新论证。

【工程案例5-6】

某办公楼工程,建筑面积50 000 m²,劲性钢筋混凝土框架结构,地下三层,地上四十八层,建筑高度约203 m,基坑深度15 m,桩基为人工挖孔桩,桩长18 m,首层大堂高度为4.2 m,跨度为24 m,外墙为玻璃幕墙,吊装施工垂直运输采用内爬式塔吊,最小构件吊装最大重量为12 t。

【问题】 依据背景资料指出需要进行专家论证的分部分项专项施工方案有哪几项?

【案例解析】 还需编制深基坑工程、模板工程及支撑体系起重吊装工程及安装拆卸工程(高度200 m及以上)、建筑幕墙安装工程、人工挖孔桩工程。

5.4.5 主要施工管理计划

任何一个工程的施工,都必须严格执行现行的建筑安装工程施工及验收规范、建筑安装工程质量检验及评定标准、建筑安装工程技术操作规程、建筑工程建设标准强制性条文等有关法律法规,并根据工程特点、施工中的难点和施工现场的实际情况,制订相应施工管理计划。

施工管理计划应包括进度管理计划、质量管理计划、安全管理计划、环境管理计划、成本管理计划以及其他管理计划等内容。

> **提示：**施工管理计划在目前多作为管理和技术措施编制在施工组织设计中，这是施工组织设计必不可少的内容。施工管理计划涵盖很多方面的内容，可根据工程的具体情况加以取舍。在编制施工组织设计时，各项管理计划可单独成章，也可穿插在施工组织设计的相应章节中。

1. 进度管理计划

进度管理计划应包括下列内容：

（1）对项目施工进度计划进行逐级分解，通过阶段性目标的实现保证最终工期目标的完成。

> **提示：**在施工活动中通常是通过对最基础的分部（分项）工程的施工进度控制来保证各个单项（单位）工程或阶段工程进度控制目标的完成，进而实现项目施工进度控制总体目标；因而需要将总体进度计划进行一系列从总体到细部、从高层次到基础层次的层层分解，一直分解到在施工现场可以直接调度控制的分部（分项）工程或施工作业过程为止。

（2）建立施工进度管理的组织机构并明确职责，制定相应管理制度。

（3）针对不同施工阶段的特点，制定进度管理的相应措施，包括施工组织措施、技术措施和合同措施等。

（4）建立施工进度动态管理机制，及时纠正施工过程中的进度偏差，并制定特殊情况下的赶工措施。

（5）根据项目周边环境特点，制定相应的协调措施，减少外部因素对施工进度的影响。

2. 质量管理计划

质量管理计划应包括下列内容：

（1）按照项目具体要求确定质量目标并进行目标分解，质量指标应具有可测量性。

（2）建立项目质量管理的组织机构并明确职责。

（3）制定符合项目特点的技术保障和资源保障措施，通过可靠的预防控制措施，保证质量目标的实现。

（4）建立质量过程检查制度，并对质量事故的处理做出相应规定。

> **提示：**应采取各种有效措施，确保项目质量目标的实现；这些措施包含但不局限于：原材料、构配件、机具的要求和检验，主要的施工工艺、主要的质量标准和检验方法，夏期、冬期和雨期施工的技术措施，关键过程、特殊过程、重点工序的质量保证措施，成品、半成品的保护措施，工作场所环境以及劳动力和资金保障措施等。

3. 安全管理计划

安全管理计划应包括下列内容：

（1）确定项目重要危险源，制定项目职业健康安全管理目标。

（2）建立有管理层次的项目安全管理组织机构并明确职责。

（3）根据项目特点，进行职业健康安全方面的资源配置。

（4）建立具有针对性的安全生产管理制度和职工安全教育培训制度。

（5）针对项目重要危险源，制定相应的安全技术措施；对达到一定规模的危险性较大的分部（分项）工程和特殊工种的作业应制定专项安全技术措施。

（6）根据季节、气候的变化制定相应的季节性安全施工措施。

（7）建立现场安全检查制度，并对安全事故的处理做出相应规定。

> 提示：建筑施工安全事故（危害）通常分为七大类：高处坠落、机械伤害、物体打击、坍塌倒塌、火灾爆炸、触电、窒息中毒。安全管理计划应针对项目具体情况，建立安全管理组织，制定相应的管理目标、管理制度、管理控制措施和应急预案等。

4. 环境管理计划

环境管理计划应包括下列内容：

（1）确定项目重要环境因素，制定项目环境管理目标。

（2）建立项目环境管理的组织机构并明确职责。

（3）根据项目特点进行环境保护方面的资源配置。

（4）制定现场环境保护的控制措施。

（5）建立现场环境检查制度，并对环境事故的处理做出相应的规定。

> 提示：一般来讲，建筑工程常见的环境因素包括如下内容：大气污染、垃圾污染、建筑施工中建筑机械发出的噪声和强烈的振动、光污染、放射性污染、生产、生活污水排放。应根据建筑工程各阶段的特点，依据分部（分项）工程进行环境因素的识别和评价，并制定相应的管理目标、控制措施和应急预案等。

5. 成本管理计划

成本管理计划应包括下列内容：

（1）根据项目施工预算，制定项目施工成本目标。

（2）根据施工进度计划，对项目施工成本目标进行阶段分解。

（3）建立施工成本管理的组织机构并明确职责，制定相应管理制度。

（4）采取合理的技术、组织和合同等措施，控制施工成本。

（5）确定科学的成本分析方法，制定必要的纠偏措施和风险控制措施。

> 提示：成本管理是与进度管理，质量管理，安全管理和环境管理等同时进行的，是针对整体施工目标系统所实施的管理活动的一个组成部分。在成本管理中，要协调好与进度、质量、安全和环境等的关系，不能片面强调成本节约。

6. 其他管理计划

其他管理计划宜包括绿色施工管理计划、防火保安管理计划、合同管理计划、组织协调管理计划、创优质工程管理计划、质量保修管理计划以及对施工现场人力资源、施工机具、材料设备等生产要素的管理计划等。各项管理计划的内容应有目标,有组织机构,有资源配置,有管理制度和技术、组织措施等。

微课

单位工程施工进度
计划的编制

任务5.5 施工进度计划的编制

单位工程施工进度计划是单位工程施工组织设计的重要组成部分,是控制各分部(分项)施工进度的主要依据,也是编制季、月度施工作业计划及各项资源需用计划的依据;它是在已确定的施工方案及合理安排施工顺序基础上编制的。它要符合规定的工期要求和技术及资源供应的条件;是用图表形式表示各施工项目(各分部分项工程)在时间上和空间上的安排和相互间的搭配和配合的关系。

5.5.1 单位工程施工进度计划的作用和依据

单位工程施工进度计划的主要作用如下:

(1)控制单位工程施工进度,保证在规定工期内使项目建成启动。

(2)确定各施工过程中的施工顺序、持续时间及相互逻辑关系。

(3)为编制季度、月生产作业计划提供依据。

(4)为编制施工准备工作计划和各种资源计划提供依据。

(5)指导现场的施工安排,确保施工任务如期完成。

单位工程施工进度计划的编制依据主要包括:施工图、工艺图及有关标准图等技术资料;施工组织总设计对本工程的要求;施工工期要求;施工方案、施工定额以及施工资源供应情况。

5.5.2 施工进度计划的编制内容和步骤

拓展知识

1. 划分施工过程

施工过程划分应考虑以下要求:

(1)施工过程划分粗细的要求。

(2)对施工过程进行适当合并,达到简明清晰的要求。

施工进度计划的
类型及其作用

对于一些次要的、零星的分项工程,不必分项列上,可以合并为"其他工程",在计算劳动量时给予综合考虑即可。

(3)施工过程划分的工艺性要求。

住宅建筑的水、暖、煤、卫、电等房屋设备安装是建筑工程的重要组成部分,应单独列项;工业厂房的各种机电等设备安装也要单独列项,但不必细分,可由专业队或设备安装单位单独编制其施工进度计划。土建施工进度计划中列出其施工过程,表明其与土建施工的配合关系。

(4)施工项目排列顺序的要求。确定的施工项目,应按拟建工程总的施工工艺顺序的要求排列,即先施工的排前面,后施工的排后面,以便编制单位工程施工进度计划时,做到施工先后有序,横道进度线编排时,做到图面清晰。

2. 计算工程量

工程量的计算应严格按照施工图和工程量计算规则进行。若编制计划时已经有了预算文件,则可以直接利用预算文件中的有关工程量数据。若某些项目不一致,则应根据实际情况加以调整或补充,甚至重新计算。计算工程量时应注意如下几个方面的问题。

(1) 各分部(分项)工程量的计算单位应与现行施工定额的计算单位相一致,以便计算劳动量、材料、机械台班时直接套用定额,以免进行换算。

(2) 计算工程量时应结合施工方法和技术安全的要求计算工程量。例如,基础工程中挖土方中的人工挖土、机械挖土、是否放坡、坑底是否留工作面、是否设支撑等,其土方量计算是不同的。

(3) 结合施工组织的要求,分区、分段、分层计算工程量,以便组织流水作业。若每层、每段上的工程量相等或相差不大时,可根据总数分别除以层数、段数,可得到每层、每段上的量。

(4) 如果编制单位工程施工进度计划时,已编制出预算文件,则工程量可从预算文件中抄出并汇总。但是,施工进度计划中有的施工过程与预算文件的内容不同或有出入时,则应根据施工实际情况加以修改、调整或重新计算。

3. 确定劳动量及机械台班量

根据工程量及确定采用的施工定额,即可进行劳动量及机械台班量的计算。

(1) 劳动量的计算。劳动量也称劳动工日数。凡是采用手工操作为主的施工过程,其劳动量均可按下式计算:

$$P_i = \frac{Q_i}{S_i} = Q_i H_i \tag{5-1}$$

式中: P_i 为某施工过程所需劳动量,工日; Q_i 为该施工过程的工程量, m^3、m^2、m、t 等; S_i 为该施工过程采用的产量定额, $m^3/工日$、$m^2/工日$、$m/工日$、$t/工日$等; H_i 为该施工过程采用的时间定额,工日 $/m^3$、工日 $/m^2$、工日 $/m$、工日 $/t$ 等。

当某一施工过程是由两个或两个以上不同分项工程合并而成时,其总劳动量应按下式计算:

$$P_{总} = \sum_{i=1}^{n} P_i = P_1 + P_2 + \cdots + P_n \tag{5-2}$$

【工程案例 5-7】

某钢筋混凝土基础工程,其支设模板、绑扎钢筋、浇筑混凝土三个施工过程的工程量分别为 650 m^2、6 t、230 m^3,查劳动定额得其时间定额分别为 0.253 工日 $/m^2$、4.28 工日 $/t$、0.833 工日 $/m^3$,试计算完成钢筋混凝土基础所需劳动量。

【解】 $P_{模} = 650 \times 0.235 = 152.8$(工日)

$P_{扎筋} = 6 \times 5.28 = 31.68$(工日)

$P_{混凝土} = 230 \times 0.833 = 192$(工日)

$P_{基} = P_{模} + P_{扎筋} + P_{混凝土} = 152.8 + 31.68 + 192 = 376.48$(工日)

（2）当某一施工过程是由同一工种、但不同做法、不同材料的若干个分项工程合并组成时，应先按公式（5-3）计算其综合产量定额，再求其劳动量。

$$\overline{S} = \frac{\sum\limits_{i=1}^{n} Q_i}{\sum\limits_{i=1}^{n} P_i} = \frac{Q_1 + Q_2 + \cdots + Q_n}{P_1 + P_2 + \cdots + P_n} = \frac{Q_1 + Q_2 + \cdots + Q_n}{\dfrac{Q_1}{S_1} + \dfrac{Q_2}{S_2} + \cdots \dfrac{Q_n}{S_n}} \tag{5-3}$$

$$\overline{H} = \frac{1}{S} \tag{5-4}$$

式中：$\overline{S}$ 为某施工过程的综合产量定额，$m^3/$工日、$m^2/$工日、$m/$工日、$t/$工日等；$\overline{H}$ 为某施工过程的综合时间定额，工日$/m^3$、工日$/m^2$、工日$/m$，工日$/t$ 等；$\sum\limits_{i=1}^{n} Q_i$ 为总工程量，m^3、m^2、m、t 等；$\sum\limits_{i=1}^{n} P_i$ 为总劳动量，工日；Q_1、$Q_2 \cdots Q_n$ 为同一施工过程的各分项工程的工程量；P_1、$P_2 \cdots P_n$ 为与 Q_1、$Q_2 \cdots Q_n$ 相对应的产量定额。

【工程案例 5-8】

某工程，其外墙面装饰有外墙涂料、真石漆、面砖三种做法，其工程量分别是 $680.2\ m^2$、$300.1\ m^2$、$280.3\ m^2$；采用的产量定额分别是 $7.56\ m^2/$工日、$4.35\ m^2/$工日、$4.05\ m^2/$工日。计算它们的综合产量定额及外墙面装饰所需的劳动量。

【解】 $\overline{S} = \dfrac{Q_1 + Q_2 + \cdots + Q_n}{P_1 + P_2 + \cdots + P_n} = \dfrac{680.2 + 300.1 + 280.3}{\dfrac{680.2}{7.56} + \dfrac{300.3}{4.35} + \cdots \dfrac{280.3}{4.05}} = \dfrac{1\,260.6}{89.9 + 69 + 69.2} =$

$5.52(m^2/\text{工日})$

$$P = \frac{\sum\limits_{i=1}^{n} Q}{\overline{S}} = \frac{1\,260.6}{5.52} \approx 228（\text{工日}）$$

（3）机械台班量的计算。凡是采用机械为主的施工过程，可按公式（5-5）计算其所需的机械台班数。

$$P_{机械} = \frac{Q_{机械}}{S_{机械}} \ 或 \ P_{机械} = Q_{机械} \times H_{机械} \tag{5-5}$$

式中：$P_{机械}$ 为某施工过程需要的机械台班数，台班；$Q_{机械}$ 为机械完成的工程量，m^3、t、件等；$S_{机械}$ 为机械的产量定额，$m^3/$台班、$t/$台班等；$H_{机械}$ 为机械的时间定额，台班$/m^3$，台班$/t$ 等。

在实际计算中 $S_{机械}$ 或 $H_{机械}$ 的采用应根据机械的实际情况、施工条件等因素考虑、确定，以便准确地计算需要的机械台班数。

【工程案例 5 - 9】

某工程基础挖土采用 W - 100 型反铲挖土机，挖方量为 1 544 m³，经计算采用的机械台班产量为 120 m³/台班。计算挖土机所需台班量。

【解】 $P_{机械} = \dfrac{Q_{机械}}{S_{机械}} = \dfrac{1\ 544}{120} \approx 13 (台班)$

4. 确定施工过程的持续时间

施工过程持续时间的确定方法有三种：经验估算法、定额计算法和倒排计划法。

在使用定额法计算时需注意：

（1）施工班组人数的确定。在确定施工班组人数时，应考虑最小劳动组合人数、最小工作面和可能安排的施工人数等因素。

最小劳动组合，即某一施工过程进行正常施工所必需的最低限度的班组人数及其合理的组合。最小劳动组合决定了最低限度应安排多少工人，如砌墙就要按技工和普工的最少人数及合理比例组成施工班组，人数过少或比例不当都将引起劳动生产率下降。

最小工作面，即施工班组为保证安全生产和有效地操作所必需的工作面。最小工作面决定了最高限度可安排多少工人。不能为了缩短工期而无限制地增加人数，否则将造成工作面的不足而产生窝工。

可能安排人数，是指施工单位所能配备的人数。一般只要在上述最低和最高限度之间，根据实际情况确定就可以了。有时为了缩短工期，可在保证足够工作面的条件下组织非专业工种的支援。如果在最小工作面情况下，安排最高限度的工人数仍不能满足工期要求时，可组织两班制或三班制施工。

（2）机械台数的确定。与施工班组人数确定情况相似，也应考虑机械生产效率、施工工作面、可能安排台数及维修保养时间等因素确定。

（3）工作班制的确定。一般情况下，当工期容许、劳动力和机械周转使用不紧迫、施工工艺上无连续施工要求时，可采用一班制施工。当工期较紧或为了提高施工机械的使用率及加速机械的周转，或工艺上要求连续施工时，某些项目可考虑两班制甚至三班制施工。

5. 初排施工进度

上述各项计算内容确定之后，开始初排施工进度，必须考虑各分部分项工程的合理施工顺序，应力求同一施工过程连续施工，并尽可能组织平行流水施工，将各个施工阶段最大限度地搭接起来，以缩短工期。对某些主要工种的专业工人应力求使其连续工作。

在编排施工进度时，先安排主导施工过程的施工进度，即先安排好采用主要的机械、耗费劳动力及工时最多的过程。然后再安排其余的施工过程，它应尽可能配合主导施工过程并最大限度搭接，保证施工的连续进行，形成施工进度计划的初步方案，应使每个施工过程尽可能早地投入施工。

编排施工进度时，可先排出各施工阶段的控制性计划，在控制性计划的基础上，再按施工程序，分别安排各个施工阶段内各分部分项工程的施工组织和施工顺序及其进度，并将相邻施工阶段内最后一个分项工程和接着进行的下一施工阶段的最先开始的分项工程，使其相互之间最大限度地搭接，最后汇总成整个单位工程进度计划的初步方案。

6. 检查和调整施工进度计划

施工进度计划初步方案编出后,应根据上级要求、合同规定、经济效益及施工条件等,先检查各施工项目之间的施工顺序是否合理、工期是否满足要求、劳动力等资源需要量是否均衡,然后进行调整,直至满足要求,最后编制正式施工计划。

(1) 整体进度是否满足工期要求;持续时间、起止时间是否合理。

(2) 技术、工艺、组织上是否合理;各施工过程之间的相互衔接穿插是否符合施工工艺和安全生产的要求;技术与组织上的停歇时间是否考虑;有立体交叉或平行搭接者在工艺、质量、安全上是否正确。

(3) 各主要资源的需求关系是否与供给相协调;劳动力的安排是否均衡;有无劳动力、材料、机械使用过分集中或冲突现象。

(4) 修改或调整某一项工作可能影响若干项,故其他工作也需调整。

知识链接

劳动力消耗的均衡性可用均衡系数来表示,用下式计算:

$$K = \frac{高峰出工人数}{平均出工人数} \qquad (5-6)$$

式中的平均出工人数即为施工总工日数除以总工期所得人数。

劳动力均衡系数 K 接近于 1。一般认为 K 在 2 以内为好,超过 2 不正常。

初始方案经过检查,对不符合要求的部分需进行调整。调整方法一般有:增加或缩短某些施工过程的施工持续时间;在符合工艺关系的条件下,将某些施工过程的施工时间向前或向后移动。必要时,还可以改变施工方法。

应当指出,上述编制施工进度计划的步骤不是孤立的,而是互相依赖、互相联系的,有的可以同时进行。还应看到,由于建筑施工是一个复杂的生产过程,受周围客观条件影响的因素很多,在施工过程中,由于劳动力和机械、材料等物资的供应及自然条件等因素的影响,使其经常不符合原计划的要求,因此我们不但要有周密的计划,而且必须善于使自己的主观认识随着施工过程的发展而转变,并在实际施工中不断修改和调整,以适应新的情况变化。同时在制订计划的时候要充分留有余地,以免在施工过程发生变化时,陷入被动的处境。

【工程案例 5-10】

某高校图书馆工程,地下二层,地上五层,建筑面积约 35 000 m²,现浇钢筋混凝土框架结构,部分屋面为正放抽空四角锥网架结构,施工单位与建设单位签订了施工总承包合同,合同工期为 21 个月。

在工程开工前,施工单位按照收集依据、划分施工过程(段)、计算劳动量、优化并绘制正式进度计划图等步骤编制了施工进度计划,并通过了总监理工程师的审查与确认。项目部在开工后进行了进度检查,发现施工进度拖延,其部分检查结果如图5-5所示。

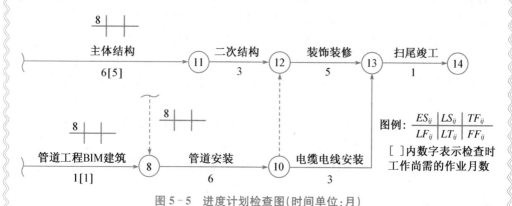

图5-5 进度计划检查图(时间单位:月)

项目部为优化工期,通过改进装饰装修施工工艺,使其作业时间缩短为4个月,据此调整的进度计划通过了总监理工程师的确认。

管道安装按照计划进度完成后,因甲供电缆电线未按计划进场,导致电缆电线安装工程最早开始时间推迟了1个月,施工单位按规定提出索赔工期1个月(2018年一建)。

【问题】 (1)单位工程进度计划编制步骤还应包括哪些内容?

(2)图5-4中,工程总工期是多少?管道安装的总时差和自由时差分别是多少?

(3)施工单位提出的工期索赔是否成立?并说明理由。

【案例解析】 (1)还应包括的内容:确定施工顺序,计算工程量,计算台班需用量,确定持续时间,绘制可行的施工进度计划图。

(2)① 工程总工期:22个月。理由:计划工期23个月,项目部为优化工期通过改进装饰装修施工工艺使其作业时间缩短为4个月,并通过总监理工程师的确认,因此为22个月。

② 总时差1个月,自由时差0个月。

(3)否,施工单位提出的工期索赔不成立。理由:甲供电缆电线未按计划进场,导致电缆电线安装工程虽是甲方责任,但电缆电线安装工程有3个月的总时差和3个月的自由时差,最早开始时间推迟了1个月,并未对施工单位工期造成影响。

5.5.3 各项资料需要量计划的编制

单位工程施工进度计划编出后,即可着手配置资源计划,应包括劳动力计划和物资配置计划等。它们是做好劳动力与物资的供应、平衡、调度、落实的依据,也是施工单位编制施工作业计划的主要依据之一。

1. 劳动力需要量计划

劳动力需要量计划,主要是作为安排劳动力的平衡、调配和衡量劳动力耗用指标、安排生活福利设施的依据,其编制方法是将施工进度计划表内所列各施工过程每天(或旬、月)所需工人人数按工种汇总而得。其表格形式见表 5-4。

表 5-4　劳动力需要量计划表

序号	工种名称	人数	××月			××月			××月			××月		
			上	中	下	上	中	下	上	中	下	上	中	下

2. 主要材料需要量计划

主要根据工程量及预算定额统计计算并汇总的施工现场需要的各种主要材料用量。作为组织供应材料、拟定现场堆放场地及仓库面积需用量及运输计划提供依据。编制时,应提出各种材料的名称、规格、数量、使用时间等要求,其计划表格形式见表 5-5。

表 5-5　主要材料需要量计划

序号	材料名称	规格	需要量		需要时间											
					××月			××月			××月			××月		
			单位	数量	上	中	下	上	中	下	上	中	下	上	中	下

3. 施工机械、主要机具需要量计划

主要根据单位工程分部(分项)施工方案及施工进度计划要求,提出各种施工机械、主要机具的名称、规格、型号、数量及使用时间,其表格见表 5-6。

表 5-6　施工机械、主要机具需要量计划表

序号	机械及机具名称	规格型号	需要量		机械来源	使用起止日期		备注
			单位	数量		月/日	月/日	

4. 预制构件、半成品需要量计划

构件和半成品需要量计划是根据施工图、施工方案及施工进度计划要求编制,主要反映施工中各种预制构件的需要量及供应日期,并作为预制构件加工单位按所需规格、数量和使用时间组织构件进场的依据,表格见表 5-7。

表 5-7　预制构件需要量计划表

序号	构件名称	规格	图号	需要量		使用部位	加工单位	进场日期	备注
				单位	数量				

任务5.6 单位工程施工平面图的设计

工 作 任 务 单

施工现场场地布置任务
（第八届全国高校BIM毕业设计创新大赛）

项目背景

工程名称：某办公楼

在施楼层：共计6层，在施2层，层高均为4.2米

施工阶段：主体和二次结构穿插阶段

结构形式：钢筋混凝土框架剪力墙结构

任务内容

完成案例项目的三维场地布置工作，如图5-6所示，并制作场地漫游动画，成果评价标准见表5-8。

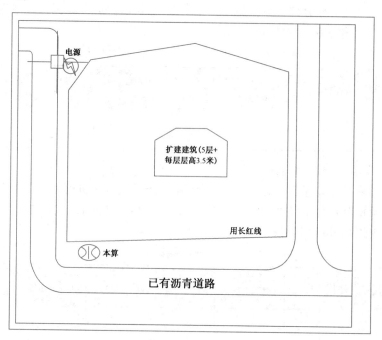

图5-6 案例项目

主要布置内容及相关要求：

（1）拟建建筑（需考虑外脚手架布置）。

（2）施工用机械设备（塔吊、施工电梯）。

（3）工程主材加工、堆放场地（木方、模板、钢筋、装配式构件）。

（4）办公用房（房间种类、间数、面积满足办公需要和相关规范要求）。

（5）变配电设施、消防设施（种类、位置、数量满足施工、消防要求）。

（6）场内道路、围墙、工地大门（道路宽度、围墙高度、大门宽度满足规定）。

（7）文明施工、绿色施工措施布置。

表 5-8　成果评价标准

名称	评分项目	分值	名称	评分项目	分值
施工区（30）	出入口	2	生活办公区（10分）	工人宿舍	2
	围墙	2		食堂	2
	门卫	1		浴室	1
	起重机械	5		厕所	1
	施工电梯	2		办公室	2
	施工道路	3		会议室	2
	材料构件堆场	3	消防（8分）	消防栓	2
	钢筋木工加工棚	3		灭火器	2
	脚手架	2		消防架	2
	仓库	1		蓄水池	2
	安全通道	2	其它（2分）	五牌一图	1
	水电接驳口	2		安全体验区	1
	防护棚	2			

单位工程施工平面图是施工组织设计的重要组成部分。它是根据拟建工程的规模、施工方案、施工进度及施工生产中的需要，结合现场的具体情况和条件，对施工现场做出的规划、部署和具体安排。

施工平面图是施工方案在现场空间上的体现，反映已建工程和拟建工程之间，以及各种临时建筑、临时设施之间的合理位置关系。现场布置得好，就可以使现场管理得好，为文明施工创造条件；反之，如果现场施工平面布置得不好，施工现场道路不畅通，材料堆放混乱，就会对工程进度、质量、安全、成本产生不良后果。因此，施工平面图设计是施工组织设计中一个很重要的内容。

典型考题 5 - 5

关于施工组织设计中施工平面图的说法中,正确的有( )。(2015 年二建)

A. 反映了最佳施工方案在时间上的安排

B. 反映了施工机具等资源的供应情况

C. 反映了施工方案在空间上的全面安排

D. 反映了施工进度计划在空间上的全面安排

E. 使整个现场能有组织地进行文明施工

正确答案:CDE。

5.6.1 单位工程施工平面图设计内容

微课

施工平面布置
图的设计内容、
原则和依据

单位工程施工平面图设计内容主要包括:

(1) 施工现场内已建和拟建的地上和地下的一切建筑物、构筑物及其他设施。

(2) 塔式起重机位置、运行轨道,施工电梯或井架位置,混凝土和砂浆搅拌站位置。

(3) 测量轴线及定位线标志,测量放线桩及永久水准点位置。

(4) 为施工服务的一切临时设施的位置和面积,主要有以下几方面:

① 场内外的临时道路,可利用的永久道路;

② 各种材料、构配件、半成品的堆场及仓库;

③ 装配式结构构件制作和拼装地点;

④ 行政、生产、生活用的临时设施,如办公室、加工车间、食堂、宿舍、门卫、围墙等;

⑤ 临时水电管线;

⑥ 一切安全和消防设施的位置,如高压线、消防栓的位置等。

典型考题 5 - 6

把施工所需的各种资源、生产、生活活动场地及各种临时设施合理地布置在施工现场,使整个现场能有组织地进行文明施工,属于施工组织设计中( )的内容。

A. 施工部署   B. 施工方案   C. 安全施工专项方案   D. 施工平面图

正确答案:D。

5.6.2 施工平面图设计原则

(1) 在尽可能的条件下,平面布置力求紧凑,尽量少占施工用地。

(2) 在保证工程顺利进行的条件下,尽量减少临时设施用量。

(3) 最大限度缩短场内运输距离,减少场内二次搬运。

(4) 临时设施布置,应有利于施工管理和工人的生产和生活。

(5) 施工平面布置要符合劳动保护、技术安全和消防要求。

设计施工平面图除考虑上述基本原则外,还必须结合施工方法、施工进度,设计几个施工平面布置方案,通过对施工用地面积、临时道路和管线长度、临时设施面积和费用等技术经济指标进行比较,择优选择方案。

5.6.3 单位工程施工平面图设计依据

(1)设计资料,包括建筑总平面图、地形图、区域规划图、建设项目范围内一切已有的和拟建的地下管网位置资料等。

(2)现场踏勘资料,包括施工场地状况及场地主要出入口交通状况。

(3)建设地区及建设项目的概况,包括建设地区的自然条件和技术经济条件,建设项目拟采用的施工工艺、施工程序及施工进度计划等。

(4)各种资源需要量计划,包括工人、建筑材料、施工机械及机具等在各个施工阶段的需要量。

(5)各种生产、生活临时设施需要量。

(6)国家及地方关于施工现场文明、安全施工的法律、法规等。

5.6.4 单位工程施工平面图设计步骤

微课

施工平面图的
设计步骤

建筑施工是一个复杂而多变的生产过程,各种施工机械、材料、构件在工地上的实际布置情况是随着工程的进展改变的,所以在布置各阶段的施工平面图时,就需要按不同施工阶段分别设计几张施工平面图,以便能把不同施工阶段的合理布置具体反映出来。在布置各阶段的施工平面图时,对整个施工期间使用的一些主要道路、水电管线和临时房屋等,不易轻易变动,以节省费用。对较小的建筑物,一般按主要施工阶段的要求布置施工平面图,但同时考虑其他施工阶段对场地如何周转使用。

一般情况下,单位工程施工平面图布置步骤为:确定起重机的位置→确定搅拌站、仓库、材料和构件堆场、加工厂的位置→确定运输道路的布置→布置行政、文化、生活、福利等临时设施→布置水电管线。

5.6.4.1 确定垂直运输机械的位置

垂直运输设备的位置直接影响仓库、材料、砂浆和混凝土搅拌站的位置,以及场内运输道路和水电线路的布置等,因此,应予以首先考虑。

微课

垂直运输机
械的布置

常用的垂直运输机械有建筑施工电梯、塔式起重机、井架、门架等,选择时主要根据机械性能,建筑物平面形状和大小,施工段划分情况、起重高度、材料和构件的重量、材料供应和已有运输道路等情况来确定。其目的是充分发挥起重机械的能力,做到使用安全、方便,便于组织流水施工,并使地面与楼面的水平运输距离最短。一般来讲,多层房屋施工中,多采用轻型塔吊、井架等;而高层房屋施工,一般采用建筑电梯和自升式或爬升式塔吊等作为垂直运输机械。

1. 起重机械数量的确定

起重机械的数量应根据工程量大小和工期要求,考虑到起重机的生产能力,按经验公式进行确定:

$$N = \frac{1}{TCK} \times \sum \frac{Q_i}{S_i} \qquad (5-7)$$

式中：N 为起重机台数；T 为工期（天）；C 为每天工作班次；K 为时间利用参数，一般取 $0.7\sim0.8$；Q_i 为各构件（材料）的运输量；S 为每台起重机械每班运输产量。

常用起重机械的台班产量见表 5-9。

表 5-9　常用起重机械台班产量一览表

起重机械名称	工作内容	台班产量
履带式起重机	构件综合吊装，按每吨起重能力计	5～10 t
轮胎式起重机	构件综合吊装，按每吨起重能力计	7～14 t
汽车式起重机	构件综合吊装，按每吨起重能力计	8～18 t
塔式起重机	构件综合吊装	80～120 吊次
卷扬机	构件提升，按每吨牵引力计	30～50 t
	构件提升，按提升次数计（四、五层楼）	60～100 次

2. 起重机械的布置

由于各种起重机械的性能不同，其布置位置也不相同。

（1）塔式起重机

塔式起重机是集起重、垂直运输和水平运输三种功能为一身的机械设备。按其在工地上使用、架设的要求不同可分为轨道式、固定式、附着式和内爬式。

轨道式起重机可沿轨道两侧全幅作业范围内进行吊装，占用施工场地大，铺设路基工作量大，且使用高度受到限制，一般沿建筑物长向布置，但由于其稳定性差已经逐渐淘汰。

固定式塔式起重机不需敷设轨道，但作业范围小，布置时要考虑其混凝土基础距建筑物应保持一定的距离，同时考虑机械性能、建筑物的平面形状和尺寸、施工段划分的情况、材料来向和已有运输道路情况而定。其布置原则是：充分发挥起重机械的能力，并使地面和楼面的水平运距最小。其布置时应考虑以下几个方面：

① 当建筑物各部位的高度相同时，应布置在施工段的分界线附近；当建筑物各部位的高度不同时，应布置在高低分界线较高部位一侧，以使楼面上各施工段的水平运输互不干扰。

② 塔式起重机的装设位置应具有相应的装设条件。如具有可靠的基础并设有良好的排水措施，可与结构可靠拉结和水平运输通道条件等。

附着式塔式起重机占地面积小，且起重量大，可自行升高，但对建筑物有附着力。其塔身中心至建筑物外墙边缘的附着距离，一般为 $4.1\sim6.5$ m，有时也可大至 $10\sim15$ m。

内爬式起重机布置在建筑物中间，其作用的有效范围大，适用于高层建筑施工。

3. 布置塔式起重机的注意事项

（1）复核塔式起重机的工作参数

塔式起重机的平面布置确定后，应当复核其主要工作参数，使其满足施工需要。主要参数包括工作幅度（R）、起重高度（H）、起重量（Q）和起重力矩。

① 工作幅度（R）为塔式起重机回转中心至吊钩中心的水平距离。最大工作幅度 R_{max} 为最远吊点至回转中心的距离。

塔式起重机的工作幅度(回转半径)要满足式(5-8)的要求。

$$R \geqslant B + A \tag{5-8}$$

式中:R 为塔式起重机的最大回转半径(m);B 为建筑物平面的最大宽度(m);A 为塔吊中心线至外墙外边线的距离(m)。

一般当无阳台时,A＝安全网宽度＋安全网外侧至塔机回转中心线距离;

当有阳台时,A＝阳台宽度＋安全网宽度＋安全网外侧至塔机回转中心线距离。

② 起重高度(H)应不小于建筑物总高度加上构件(或吊斗料笼)吊索(吊物项面至吊钩)和安全操作高度(一般为 $2 \sim 3$ m)。当塔式起重机需要超越建筑物顶面的脚手架、井架或其他障碍物时,其超越高度一般不小于 1 m。

塔式起重机的起重高度 H 应满足式(5-9)。

$$H \geqslant H_0 + h_1 + h_2 + h_3 \tag{5-9}$$

式中:H_0 为建筑物的总高度;h_1 为吊运中的预制构件或起重材料与建筑物之间的安全高度;h_2 为预制构件或起重材料底边至吊索绑扎点(或吊环)之间的高度;h_3 为吊具、吊索的高度。

③ 起重量(Q)包括吊物(包括笼斗和其他容器)、吊具(铁扁担、吊架)和索具等作用于塔机起重吊钩上的全部重量,起重力矩为起重量乘以工作幅度。因此,塔机的技术参数中一般都给出最小工作幅度时的最大起重量和最大工作幅度时的最大起重量。应当注意,塔式起重机一般宜控制在其额定起重力矩的 75％ 以下,以保证塔吊本身的安全,延长使用寿命。

④ 塔式起重机的起重力矩 M 要大于或等于吊装各种预制构件时所产生的最大力矩 $M_{\max}$,其计算公式为

$$M \geqslant M_{\max} = \max\{(Q_i + q) \times R_i\} \tag{5-10}$$

式中:Q_i 为某一预制构件或起重材料的自重;R_i 为该预制构件或起重材料的安装位置至塔机回转中心的距离;q 为吊具、吊索的自重。

(2) 绘出塔式起重机服务范围

以塔基中心点为圆心,以最大工作幅度为半径画出一个圆形,该图形所包围的部分即为塔式起重机的服务范围。

塔式起重机布置的最佳状况应使建筑物平面尺寸均在塔式起重机服务范围之内,以保证各种材料与构件直接运到建筑物的设计部位上,尽可能不出现死角(建筑物处于塔式起重机服务范围以外的阴影部分称为死角)。如果难以避免,则要求死角越小越好,且使最重、最大、最高的构件不出现在死角,有时配合龙门架以解决死角问题。并且在确定吊装方案时,提出具体的技术和安全措施,以保证处于死角的构件顺利安装。此外,在塔式起重机服务范围内应考虑有较宽的施工场地,以便安排构件堆放、搅拌设备出料后能直接起吊,主要施工道路也应处于塔式起重机服务范围内。

(3) 与架空输电线的安全距离

施工场地范围有架空输电线时,高压线必须高出塔式起重机,塔机的定位应参照《塔式起重机安全规程》(GB 5144—2006)中塔机与架空线路边线的最小安全距离进行布置(见表 5-10),否则应采取安全防护措施。

表 5-10　塔吊和架空线边线的最小安全距离

电压 安全距离/m	电压/kV				
	<1	1~15	20~40	60~110	220
沿垂直方向	1.5	3.0	4.0	5.0	6.0
沿水平方向	1.5	2.0	3.5	4.0	6.0

（4）结合其他相邻塔式起重机布置

在群塔工作的情况下，任何一台塔式起重机的定位均应考虑相邻塔机的布置。在保证施工安全的前提下，结合项目自身情况，可在相邻塔机的定位上考虑现场塔机的协同作业和相互安装、拆卸关系。两台塔式起重机之间的最小架设距离应保证处于低位塔式起重机的起重臂端部与另一塔式起重机的塔身之间至少有 2 m 的距离。

（5）塔身与建筑物的安全距离

塔机应与建筑物保持一定的安全距离。定位时，需结合建筑物总体综合考虑，应考虑距离塔机最近的建筑物各层是否有外伸挑板、露台、雨棚、（错层）阳台、廊桥、幕墙或其他建筑造型等，防止其碰撞塔身。如建筑物外围设有外脚手架，则还需考虑外脚手架的设置与塔身的关系。按照《塔式起重机安全规程》（GB 5144—2006），塔机的尾部与周围建筑物及其外围施工设施之间的安全距离不小于 0.6 m。

（6）考虑塔机附墙的位置

严格参照塔机使用说明书中对附墙的要求，选择可以设置塔机附墙的位置布置塔机。

（7）考虑塔机通视良好

在高层建筑施工过程中塔机往往有视线盲区，塔机司机仅能通过信号工的指挥信号进行吊装施工，如果塔机通视良好，尽可能减少塔机司机的视线盲区，将在一定程度上有利于提高塔机的使用效率，并防范盲区吊装作业的施工安全风险。

（8）考虑当地的风向

在沿海地区，布置塔机时应适当考虑台风的影响，宜根据当地的风向，将塔机布置在建筑物的背风面。

（9）考虑塔机应易于拆除

在选定拟安装塔机的位置后，应考虑塔机是否易于拆除，应保证降节时塔机起重臂、平衡臂与建筑物无碰撞、有足够的安全距离。如果采用其他塔机辅助拆除，则应考虑该辅助塔机的起吊能力及范围；如果采用汽车吊等辅助吊装设备，应提前考虑拆除时汽车吊等设备的所在位置，是否有可行的行车路线与吊装施工场地。

4. 井字架、龙门架的布置

井字架和龙门架是固定式垂直运输机械，它的稳定性好、运输量大，是施工中最常用的，也是最为简便的垂直运输机械，采用附着式可搭设超过 100 m 的高度。井架内设吊盘（也可在吊盘下加设混凝土料斗），井架截面尺寸 1.5~2.0 m，可视需要设置拔杆，其起质量一般为 0.5~1.5 t，回转半径可达 10 m。

井字架和龙门架的布置，主要是根据机械性能，工程的平面形状和尺寸、流水段划分情况、材料来向和已有运输道路情况而定。布置的原则是：充分发挥起重机械的能力，并使地面和楼面的水平运输最短。布置时应考虑以下几个方面的因素。

（1）当建筑物呈长条形，层数、高度相同时，一般布置在流水段分界处或长度方向居中位置。

（2）当建筑物各部位高度不同时，应布置在高低分界线较高部位一侧。

（3）其布置位置以窗口处为宜，以避免砌墙留槎和减少井架拆除后的修补工作。

（4）一般考虑布置在现场较宽的一面，因为这一面便于堆放材料和构件，以达到缩短运距的要求。

（5）井架的高度应视拟建工程屋面高度和井架形式确定。一般不带悬臂拔杆的井架应高出屋面 3～5 m。

（6）井架的方位一般与墙面平行，当有两条进楼运输道路时，井架也可按与墙面呈 45°的方位布置。

（7）井字架、龙门架的数量要根据施工进度，提升的材料和构件数量，台班工作效率等因素计算确定，其服务范围一般为 50～60 m。

（8）卷扬机应设置安全作业棚，其位置不应距起重机械太近，以便操作人员的视线能看到整个升降过程，一般要求此距离大于建筑物高度，且最短距离不小于 10 m，水平距外脚手架 3 m 以上。

（9）井架应立在外脚手架之外并有一定距离为宜，一般为 5～6 m。

（10）缆风设置，高度在 15 m 以下时设一道，15 m 以上时每增高 10 m 增设一道，宜用钢丝绳，与地面夹角以 30°～45°宜，不得超过 60°，附着于建筑物时可不设缆风。

5. 建筑施工电梯的布置

建筑施工电梯（也称施工升降机、外用电梯）是高层建筑施工中运输施工人员及建筑器材的主要垂直运输设施，它附着在建筑物外墙或其他结构部位上，随着建筑物升高，架设高度可达 200 m 以上。

在确定建筑施工电梯的位置时，应考虑便于施工人员上下和物料集散；由电梯口至各施工处的平均距离应最短；便于安装附墙装置；接近电源，有良好的夜间照明。

6. 自行无轨式起重机械

自行无轨式起重机械分履带式、汽车式和轮胎式三种起重机，它移动方便灵活，能为整个工地服务，一般专门作为构件装卸和起吊之用。适用于装配式单层工业厂房主体结构的吊装。其吊装的开行路线及停机位置主要取决于建筑物的平面布置、构件重量、吊装高度和吊装方法等。

7. 混凝土泵和泵车

高层建筑施工中，混凝土的垂直运输量十分巨大，通常采用泵送方法进行。混凝土泵是在压力推动下沿管道输送混凝土的一种设备，它能一次连续完成水平运输和垂直运输，配以布料杆或布料机还可以有效地进行布料和浇筑。在泵送混凝土的施工中，混凝土泵和泵车的停放布置是一个关键，不仅影响混凝土输送管的配置，同时也影响到泵送混凝土的施工能否按质按量完成，其布置要求如下：

（1）混凝土泵设置处的场地应平整坚实，具有重车行走条件，且有足够的场地、道路畅通，使供料调车方便。

（2）混凝土泵应尽量靠近浇筑地点。

（3）其停放位置接近排水设施，供水、供电方便，便于泵车清洗。

（4）混凝土泵作业范围内，不得有障碍物、高压电线，同时要有防范高空坠物的措施。

（5）当高层建筑采用接力泵泵送混凝土时，其设置位置应使上、下泵的输送能力匹配，且验算其楼面结构部位的承载力，必要时采取加固措施。

5.6.4.2 确定搅拌站、加工厂、各种材料和构件的堆场或仓库的位置

1. 确定搅拌站的位置

搅拌站位置取决于垂直运输机械。布置搅拌机时，应考虑以下因素。

（1）根据施工任务大小和特点，选择适用的搅拌机及数量，然后根据总体要求，将搅拌机布置在使用地点和起重机附近，并与垂直运输机具协调，以提高机械的利用率。

（2）搅拌机的位置尽可能布置在运输道路附近，且与场外运输道路相连接，以保证大量的混凝土原材料顺利进场。

（3）搅拌机布置应考虑后台有上料的地方，砂石堆场距离它越近越好，并能在附近布置水泥库。

（4）特大体积混凝土施工时，其搅拌机尽可能靠近使用地点。

（5）混凝土搅拌台所需面积 $25 m^2$；砂浆搅拌机需 $15 m^2$ 左右，它们四周应有排水沟，避免现场积水。

2. 仓库和材料、构件的堆场与布置

（1）材料的堆放和仓库应尽量靠近使用地点，减少或避免二次搬运，并考虑到运输料方便。基础施工用的材料可堆放在基坑四周，但不宜离基坑（槽）太近，一般不小于 0.5m，以防压塌土壁。

（2）如用固定式垂直运输设备，则材料、构件堆场应尽量靠近垂直运输设备，以减少二次搬运，或布置在塔吊起重半径之内。

（3）预制构件的堆放位置要考虑到吊装顺序。一般将先吊的放在上面，吊装构件进场时间应密切与吊装进行配合，力求直接卸到就位位置，避免二次搬运。

（4）砂石应尽可能布置在搅拌站后台附近，石子的堆场更应靠近搅拌机一些，并按石子的不同粒径分别设置。如用袋装水泥，要设专门干燥、防潮的水泥库房；采用散装水时，则一般设置圆形贮罐。

（5）石灰、淋灰池要接近灰浆搅拌站布置。沥青堆放和熬制地点均应布置在下风向，要离开易燃、易爆库房。

（6）模板、脚手架等周转材料，应选择在装卸、取用、整理方便和靠近拟建工程的地方布置。

（7）钢筋应与钢筋加工厂统一考虑布置，并应注意进场、加工和使用的先后顺序，应按型号、直径、用途分门别类堆放。

（8）油库、氧气库和电石库，危险品库宜布置在僻静、安全之处。

（9）易燃材料的仓库设在拟建工程的下风方向。

加工厂（如木工棚、钢筋加工棚）的位置，宜布置在建筑物四周稍远处，且应有一定的材料、成品的堆放场地。

5.6.4.3　确定场内运输道路

施工现场的主要道路应进行硬化处理,主干道两侧应有排水措施。临时道路应把仓库、加工厂、堆场和施工点贯穿起来,按货运量大小和现场实际情况设计双行干道或单行循环道满足运输和消防要求。主干道宽度单行道不小于 4 m,双行道不小于 6 m。木材场两侧应有 6 m 宽通道,端头处应有 12 m×12 m 回车场,消防车道宽度不小于 4 m,载重车转弯半径不宜小于 15 m。现场条件不满足时根据实际情况处理并满足消防要求。

5.6.4.4　临时设施的布置

施工现场的临时设施可分为生产性与非生产性两大类。

生产性临时设施内容包括:在现场加工制作的作业棚,如木工棚、钢筋加工棚、薄钢板加工棚;各种材料库、棚,如水泥库、油料库、卷材库、沥青棚、石灰棚;各种机械操作棚,如搅拌机棚、卷扬机棚、电焊机棚;各种生产性用房,如锅炉房、烘炉房、机修房、水泵房、空气压缩机房等;其他设施,如变压器等。

非生产性临时设施内容包括:各种生产管理办公用房、会议室、文娱室、福利性用房、医务室、宿舍、食堂、浴室、开水房、警卫传达室、厕所等。

布置临时设施,应遵循使用方便、有利施工、尽量合并搭建、符合防火安全的原则;同时结合现场地形和条件、施工道路的规划等因素分析考虑它们的布置。各种临时设施均不能布置在拟建工程(或后续开工工程)、拟建地下管沟、取土、弃土等地点。

通常办公室应靠近施工现场,设在工地出入口处。工人休息室应设在工人作业区,宿舍应布置在安全的上风口。生产性与生活性临时设施应有明显的划分,不要互相干扰。

5.6.4.5　临时水电管网的布置

施工用的临时给水管,一般由建设单位的干管或施工单位自行布置的干管接到用水地点,有枝状、环状和混合状等布置方式。临时管线不要布置在后期将要修建的建(构)筑物或室外管沟处,以免这些项目开工时,切断了水源影响施工用水。

同时应按防火要求,设置室外消火栓,室外消火栓应沿在建工程、临时用房和可燃材料堆场及其加工场均匀布置,与在建工程、临时用房和可燃材料堆场及其加工场的外边线的距离不应小于 5 m,消火栓的间距不应大于 120 m,消火栓的最大保护半径不应大于150 m。

临时配电线路与供水管网相似。一般高压线采用环状布置,低压线采用支状布置,通常采用架空布置。架空线路应尽量设在道路一侧,不得妨碍交通和施工机械运转,塔吊工作区和交通频繁的道路电缆应埋在地下。

【工程案例 5－11】

　　一建筑施工场地,东西长 110 m,南北宽 70 m。拟建建筑物首层平面 80 m×40 m,地下 2 层,地上 6/20 层,檐口高 26/68 m,建筑面积约 48 000 m²。施工场地部分临时设施平面布置示意图见图 5－7。图中布置施工临时设施有:现场办公室,木工加工及堆场,钢筋加工及堆场,油漆库房,塔吊,施工电梯,物料提升机,混凝土地

泵,大门及围墙,车辆冲洗池(图中未显示的设施均视为符合要求)。(2018年一建)

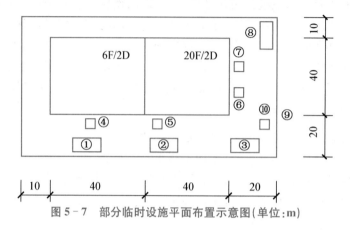

图5-7 部分临时设施平面布置示意图(单位:m)

【问题】 (1)写出图5-6中临时设施编号所处位置最宜布置的临时设施名称(如⑨大门与围墙)。

(2)简单说明布置理由。

(3)施工现场安全文明施工宣传方式有哪些?

【案例解析】 (1)① 木工加工及堆场;② 钢筋加工及堆场;③ 现场办公室;④ 物料提升机;⑤ 塔吊;⑥ 混凝土地泵;⑦ 施工电梯;⑧ 油漆库房;⑨ 大门与围墙;⑩ 车辆冲洗池。

(2)布置理由:

① 存放危险品类的仓库应远离现场单独设置,离在建工程距离不小于15 m。

② 建筑物需要距易燃材料(木工)房10 m以上。

③ 塔吊应布置在高层及建筑物长边一侧。

④ 塔吊应布置在钢筋加工及堆场边。

⑤ 施工电梯应布置在高层。

⑥ 物料提升机应布置在底层。

⑦ 混凝土地泵应布置在有泵车下料场地。

⑧ 车辆冲洗池应布置在大门口处。

(3)施工现场应设置宣传栏、报刊栏,悬挂安全标语和安全警示标志牌,加强安全文明施工宣传。

5.6.5 施工平面图绘制要求

现场布置内容确定后,即可着手绘制施工平面图,其绘图步骤如下:

(1)首先根据区域平面图或施工总平面图,选定应绘制的图幅和比例(常用施工平面图图例见表5-11)。图幅的大小应将拟建工程周围可供利用的空地和已有建筑、场外道路、围墙等均纳入其内,还应留出一定的空白图绘制指北针、图例、说明等,一般为一号图或二号图,比例一般采用 1∶200～1∶500。

(2)绘图时应先将拟建房屋轮廓绘在中心位置,再按选定的起重机类型,根据其布置原则和要求,画出起重机及其配套设施的轮廓线。

(3)根据其他临时设施的布置要求和计算的面积,逐一绘制其轮廓线。按布置要求绘制水电管网及相应设施。

(4)在进行各项布置后,经比较分析,调整修改,选定最佳布置方案,形成正式的施工平面布置图,并作必要的文字说明,表示图例、比例、指北针等。

绘制施工平面图应严格按《房屋建筑制图统一标准》(GB/T 50001—2017)绘图,图例要规范,线条粗细分明,字迹端正,图面整洁美观。

表 5 - 11　常用施工平面图图例

序号	名　称	图　例	序号	名　称	图　例
1	三角点	点名 高程	13	室内地面 水平标高	105.10
2	水准点	点名 高程	14	现有永久公路	
3	原有房屋		15	拟建永久道路	
4	施工期间利用的 拟建正式房屋		16	施工用临时道路	
5	将来拟建 正式房屋		17	现有大车道	
6	临时房屋:密闭式 敞篷式		18	临时露天堆场	
			19	施工期间利用 的永久堆场	
7	拟建的各种 材料围墙		20	土堆	
8	临时围墙	×　　×	21	砂堆	
9	建筑工地界线				
10	工地内的分区线		22	砾石、碎石堆	
11	水塔		23	块石堆	
12	房角坐标	$x=1\,530$ $y=2\,156$	24	砖堆	

（续表）

序号	名　称	图　例	序号	名　称	图　例
25	钢筋堆场		40	临时排水管线	—— P ——
26	型钢堆场		41	临时排水沟	
27	铁管堆场		42	原有化粪池	
28	钢筋成品场		43	拟建化粪池	
29	钢结构场		44	水源	
30	脚手、模板堆场		45	电源	
31	砌块存放场		46	变压器	
32	原有的上水管线		47	临时低压线路	— V — V —
33	临时给水管线	— S — S —	48	塔吊	
34	给水阀门（水嘴）		49	井架	
35	支管接管位置	— S —	50	门架	
36	消火栓（原有）		51	混凝土搅拌机	
37	消火栓（临时）		52	灰浆搅拌机	
38	消火栓		53	脚手架	
39	原有的排水管线	— \ — \ —	54	外用电梯	

【工程案例 5-12】

某高层建筑各施工阶段施工平面布置图（图 5-8～图 5-11）。

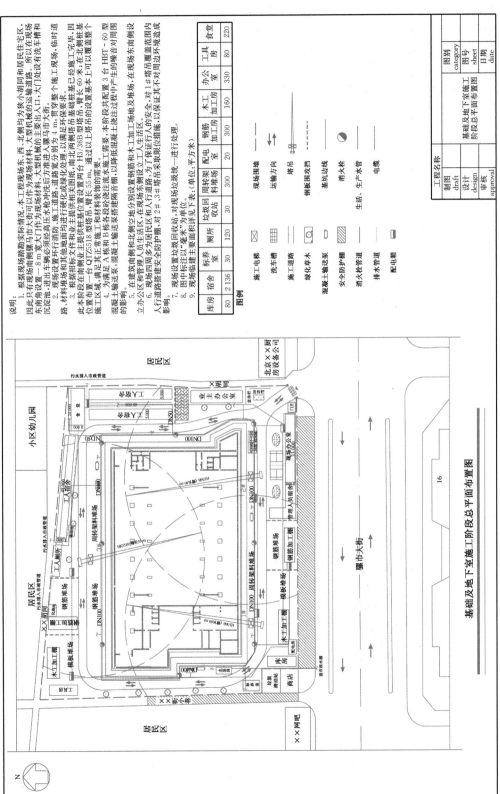

图 5-8　某高层建筑地下室施工平面布置图

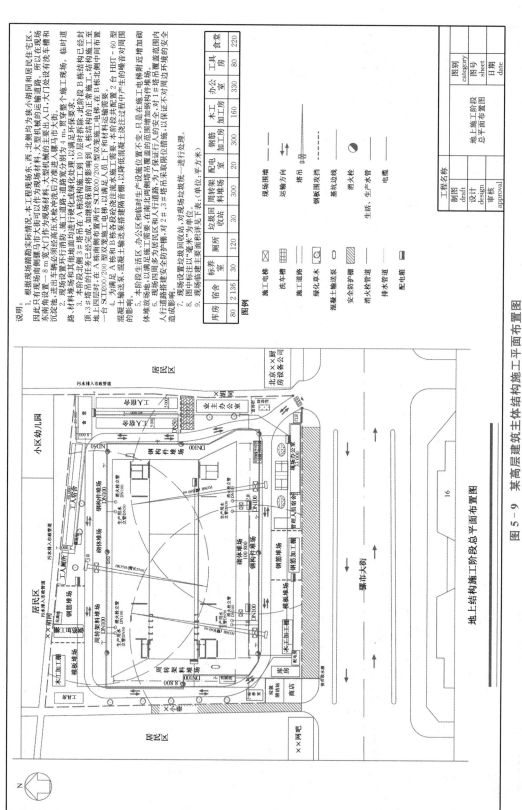

图 5-9 某高层建筑主体结构施工平面布置图

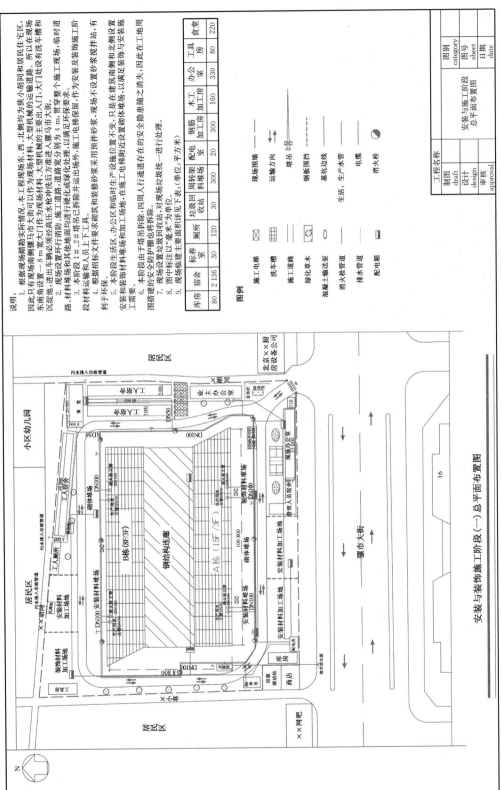

图 5-10 某高层建筑安装与装饰施工阶段（一）施工平面布置

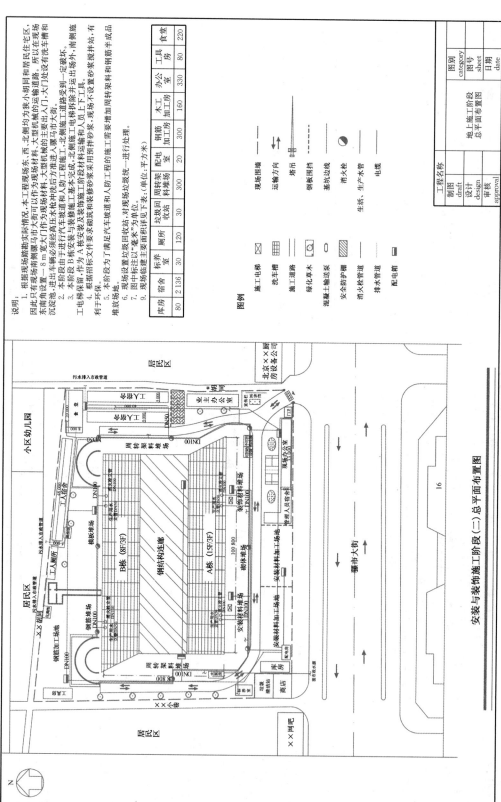

图 5-11 某高层建筑安装与装饰施工阶段（二）施工平面布置

说明：

1. 根据现场路勘的实际情况，本工程现场东、西、北侧均为为狭小胡同和居民住宅区，因此只有现场南侧骡马寺大街可以作为现场材料、大型机械的运输通道路，所以全在现场东南角设置一定车棚。进出车辆必须经高压水枪冲洗后方准进入骡马市大街。

2. 本阶段由于汽车坡道，大门口处设有洗车槽和沉淀池。进出车辆必须经高压水枪冲洗后方准进入骡马市大街。

3. 本阶段 B 栋安装及装饰施工基本完成，北侧施工电梯拆除并运出场外，南侧施工电梯保留，作为 A 栋安装及装饰施工阶段材料运输和人员上下工具。

4. 根据招标文件要求装饰砌筑和装修用预拌砂浆，现场不设置砂浆搅拌站，有利于环保。

5. 本阶段设置垃圾回收站，对现场统一进行处理。

6. 现场设置垃圾回收站，对现场统一进行处理。

7. 本阶段为了满足汽车坡道和人防工程的施工需要增加周转架用料和钢筋半成品堆放场地。

8. 图中标注以"毫米"为单位。

9. 现场临建主要面积详见下表：（单位：平方米）

库房	宿舍	标养室	厕所	垃圾回收站	配电室	周转架料堆场	钢筋加工房	木工加工房	办公室	工具房	食堂
80	2 136	30	120	30	20	300	300	160	330	80	220

图例

⋯⋯⋯ 现场围墙		⟶ 运输方向	
⟶ 施工道路		▨ 塔吊	
⟶ 钢板围挡		⊙ 基坑边线	
⊠ 施工电梯		○ 消火栓	
⊞ 洗车槽			
▭ 施工道路		⟶ 生活、生产水管	
▨ 绿化苗木		⟶ 排水管道	
▨ 混凝土输送泵		□ 配电箱	
▨ 安全防护棚			
⟶ 消火栓管道			

安装与装饰施工阶段（二）总平面布置图

图别 category		
图号 sheet		
日期 date		

工程名称	制图 draft		地上施工阶段
	设计 design		总平面布置图
	审核 approval		

16

N

小区幼儿园

居民区

居民区

××网吧

北京××厨房设备公司

骡市大街

商店

自测与案例

一、单项选择题

1. 施工组织总设计应由( )技术负责人审批。(2019 年一建)

　　A. 建设单位　　　B. 监理单位　　　C. 总承包单位　　D. 项目经理部

2. 针对建设工程项目中的基础工程编制的施工组织设计属于( )。(2019 年二建)

　　A. 施工组织总设计　　　　　　B. 单项工程施工组织设计

　　C. 单位工程施工组织设计　　　D. 分部工程施工组织设计

3. 需要编制单位工程施工组织设计的工程项目是( )。(2016 年二建)

　　A. 新建居民小区工程　　　　　B. 发电厂干灰库烟囱工程

　　C. 工厂整体搬迁工程　　　　　D. 拆除工程定向爆破工程

4. 根据施工组织总设计编制程序,编制施工总进度计划前需收集相关资料和图纸。计算主要工程量、确定施工的总体部署和( )。(2018 年二建)

　　A. 编制资源需求计划　　　　　B. 编制施工准备工作计划

　　C. 拟订施工方案　　　　　　　D. 计算主要技术经济指标

5. 施工单位在项目开工前编制的测量控制方案,一般应经( )批准后实施。(2020 年二建)

　　A. 项目经理　　　B. 业主代表　　　C. 施工员　　　　D. 项目技术负责人

6. 选择施工机械时,首先应该选择( )的机械。

　　A. 租赁　　　　　B. 大型　　　　　C. 主导工程　　　D. 进口

7. 单位工程施工平面图设计时应首先确定( )。

　　A. 运输道路

　　B. 搅拌站、仓库、材料和构件堆场、加工厂的位置

　　C. 垂直运输机械的位置

　　D. 水电管线的位置

8. 施工组织设计内容的核心内容是( )。

　　A. 工程概况、进度计划、技术经济指标

　　B. 施工方案、进度计划、技术经济指标

　　C. 进度计划、施工平面图、技术经济指标

　　D. 施工方案、进度计划、施工平面图

9. 施工现场运输道路若考虑消防车的要求,其宽度不小于( )。

　　A. 2 m　　　　　B. 4 m　　　　　C. 3.5 m　　　　D. 5 m

二、多项选择题

1. 下列新建小学办公楼的组成中,属于分部工程的有( )。(2022 年二建)

　　A. 办公楼的土建工程　　　　　B. 办公楼的基础工程

C. 办公楼的室外绿化工程　　　　D. 办公楼的屋面工程

E. 办公楼的装饰装修工程

2. 施工组织总设计、单位工程施工组织设计及分部(分项)工程施工组织设计都具备的内容有(　　)。(2016 年二建)

A. 施工进度计划　　　　　　　B. 各项资源需求量计划

C. 施工部署　　　　　　　　　D. 工程概况

E. 主要技术经济指标

3. 单位工程施工组织设计中,反映组织施工水平的技术经济指标有(　　)。(2022 年二建)

A. 项目施工工期　　　　　　　B. 机械设备利用程度

C. 项目施工成本降低率　　　　D. 建筑面积

E. 劳动生产率

4. 施工组织总设计的编制程序中,先后顺序不能改变的有(　　)。(2019 年二建)

A. 先拟订施工方案,再编制施工总进度计划

B. 先编制施工总进度计划,再编制资源需求量计划

C. 先确定施工总体部署,再拟定施工方案

D. 先计算主要工种工程的工程量,再拟定施工方案

E. 先计算主要工种工程的工程量,再确定施工总体部署

5. 根据《建设工程安全生产管理条例》,应组织专家进行专项施工方案论证、审查的分部分项工程有(　　)。(2016 年二建)

A. 起重吊装工程　　　　　　　B. 拆除工程

C. 深基坑工程　　　　　　　　D. 地下暗挖工程

E. 高大模板工程

6. 施工方根据项目特点和施工进度控制的需要,编制的施工进度计划有(　　)。(2020 年二建)

A. 建设项目总进度纲要　　　　B. 主体结构施工进度计划

C. 安装工程施工进度计划　　　D. 旬施工作业计划

E. 资源需求计划

7. 单位工程施工平面图设计时,对塔式起重机的布置要求包括(　　)。

A. 应布置在场地较宽阔的一侧

B. 多塔施工时应明确规定各自的工作范围和相互之间的最小距离

C. 按现场临时道路的位置考虑塔式起重机的位置

D. 服务范围尽量覆盖整个建筑物,避免死角

E. 要邻近现场变压器

三、案例题

1. 某市拟建一超五星级写字楼工程,设计采用钢管混凝土组合结构,共 38 层,层高 4 m,建筑总高度 152 m,总建筑面积 58 000 m²。建成后将成为该地段又一标志性建筑。某施工单位对本工程势在必夺,调集各部门主干技术力量对该工程进行投标。该施工单

位对技术标的编制要求比较高,尤其是对单位施工组织设计的编制要求很高。在投标时投入了大量的技术人员参加单位施工组织设计的编制工作。

问题:

(1) 施工进度计划一项中具体包括哪些内容?

(2) 简述单位工程施工组织设计编制的原则。

(3) 一般单位工程施工组织设计的编制内容有施工平面图、施工进度计划,除此之外还包括其他哪些主要内容?

(4) 施工平面图设计具体包括哪些内容?

2. 某施工单位承建了住宅小区的一栋住宅楼工程项目。设计采用钢筋混凝土剪力墙结构,共 28 层,层高 2.8 m,外墙采用聚苯板保温外贴砖。现主体结构已经完成,马上进入装修阶段,由于工期比较紧,装修工程的施工顺序的确定对工期会产生一定的影响。

问题:

(1) 确定分项工程施工顺序时要注意的几项原则是什么?

(2) 室内外装饰工程的施工顺序通常有先内后外、先外后内、内外同时进行三种顺序,选择这三种施工顺序时应注意的适用条件是什么?

(3) 请写出框架柱和顶板梁板在施工中各分项工程的施工顺序(包括钢筋分项工程、模板分项工程、混凝土分项工程)。

参考答案

项目 6　施工现场准备

【引言】

施工现场是施工的全体参加者为了夺取优质、高速、低耗的目标,而有节奏、均衡、连续地进行战术决战的活动空间。施工现场的准备工作及如何管理好施工现场,主要是为了给施工项目创造有利的施工条件,是保证工程按计划开工和顺利进行的重要环节。

【学习目标】

1. 掌握临时用水量、用电量的计算及线路布设;
2. 熟悉临时设施的布置及面积计算;
3. 能够科学合理布置施工现场;
4. 培养规范意识、法制意识、节约意识、安全文明施工及绿色环保意识。

项目任务单

任务背景

某施工单位承接了大学教学综合楼工程,建筑面积 38 000 m²,8 层框架结构,项目位于繁华闹市区。进场后,根据现场工况,项目经理部组织编制了现场临时用水和临时用电方案,并完成了临电、临水系统设施的布设。项目实施过程中,项目部严格按照文明施工、环境保护、安全防火、卫生防疫的要求管理施工现场。

任务内容

(1)施工现场临时用水包括哪些内容?如何计算?

(2)如何选择临时给水管的管径、管材?

(3)临时给水管线有几种布置方式?哪种布置方式既保证了供水的可靠性又降低了工程造价?

(4)什么情况下需要编制临时用电组织设计?谁编制、谁审批、谁签认后才可以实施?装饰装修施工阶段,可以参照原先的临时用电组织组织设计执行吗?

(5)文明施工检查评定包括保证项目和一般项目,分别包括哪些内容?

▶ 任务 6.1 三通一平 ◀

6.1.1 施工现场准备工作的范围及各方职责

1. 建设单位施工现场准备工作的内容

（1）办理土地征用、拆迁补偿、平整施工场地等工作，使施工场地具备施工条件。

（2）将施工所需水、电、电信线路从施工场地外部接至专用条款约定地点，保证施工期间的需要。

（3）开通施工场地与城乡公共道路的通道，以及专用条款约定的施工场地内的主要道路，满足施工运输的需要，保证施工期间的畅通。

（4）向承包人提供施工场地的工程地质和地下管线资料，对资料的真实准确性负责。

（5）办理施工许可证及其他施工所需证件、批件和临时用地、停水、停电、中断道路交通、爆破作业等的申请批准手续（证明承包人自身资质的证件除外）。

（6）确定水准点与坐标控制点，以书面形式交给承包人，进行现场交验。

（7）协调处理施工场地周围的地下管线和邻近建筑物、构筑物（包括文物保护建筑）、古树名木的保护工作，承担有关费用。

上述施工现场准备工作，承发包双方也可在合同专用条款内交由施工单位完成，其费用由建设单位承担。

2. 施工单位现场准备工作的内容

（1）根据工程需要，提供和维修非夜间施工使用的照明、围栏设施，并负责安全保卫。

（2）遵守政府有关主管部门对施工场地交通、施工噪声以及环境保护和安全生产等的管理规定，按规定办理有关手续，并以书面形式通知发包人，发包人承担由此发生的费用，因承包人责任造成的罚款除外。

（3）按专用条款约定做好施工场地地下管线和邻近建筑物、构筑物（包括文物保护建筑）、古树名木的保护工作。

（4）按专用条款约定的数量和要求，向发包人提供施工场地办公和生活的房屋及设施，发包人承担由此发生的费用。

（5）保证施工场地清洁符合环境卫生管理的有关规定。

（6）建立测量控制网。

（7）搭设现场生产和生活用的临时设施。

（8）工程用地范围内的"三通一平"，其中平整场地工作应由建设单位承担，但建设单位也可要求施工单位完成，费用仍由建设单位承担。

6.1.2 平整场地

1. 拆除障碍物

施工现场内的一切地上或地下障碍物，都应在开工前拆除。这项工作一般是由建设单位来完成,但也有委托施工单位来完成的。如果委托施工单位来完成这项工作,一定要事先摸清现场情况,尤其原有建筑物和构筑物情况复杂,而且资料不全,在拆除前应采取相应的措施,防止事故的发生。

架空、电线(电力、通信)、地下电缆(包括电力、通信)、自来水、污水、燃气、热力的拆除,都应与有关部门取得联系,办好手续后由专业公司来完成。

场地内若有树木,需报园林部门批准后方可砍伐。

2. 场地平整

场地平整是将需进行建筑范围内的自然地面,通过人工或机械挖填平整改造成为设计所需要的平面,以利现场平面布置和文明施工。在工程总承包施工中,"三通一平"工作常常是由施工单位来实施,因此场地平整也成为工程开工前的一项重要内容。

场地平整的过程的如下:

(1)施工测量。根据施工区域的测量控制点和自然地形,将场地划分为轴线正交的若干地块。选用间隔为 $20\sim25$ m 的方格网,并以方格网各交叉点的地面高程,作为计算工程量和组织施工的依据。

(2)土石方调配。对挖方、填方和土石方运输量三者综合权衡,制定出合理的调配方案。为了充分发挥施工机械的效率,便于组织施工,避免不必要的往返运输,还要绘制土石方调配图,明确各地块的工程量、填挖施工的先后顺序、土石方的来源和去向,以及机械、车辆的运行路线等。

(3)施工机械的选择。根据具体施工条件、运输距离以及填挖土层厚度、土壤类别,选择合适的施工机械。

(4)填方压实。填方要有足够的强度和稳定性,沉降量力求最小。慎重选择填筑材料,并采用科学的填筑方法。填方要分层进行,每层虚铺厚度应根据土壤类别、压实机械性能而定。填方的压实一般采用碾压、夯实、振动夯实等方法。

拓展知识

场地平整土方量的计算

提示:运距在 100 m 以内的场地平整以选用推土机最为适宜;地面起伏不大、坡度在 $20°$ 以内的大面积场地平整,当土壤含水量不超过 27%,平均运距在 800 m 以内时,宜选用铲运机;丘陵地带,土层厚度超过 3 m,土质为土、卵石或碎石渣等混合体,且运距在 1 km 以上时,宜选用挖掘机配合自卸汽车施工;当土层较薄,用推土机攒堆时,应选用装载机配合自卸汽车装土运土;当挖方地块有岩层时,应选用空气压缩机配合手风钻或车钻钻孔进行石方爆破作业。

3. 建立测量控制网

根据设计道路总平面图、施工现场地理环境、测量通视效果、测量便利程度和拟设导线控制点保护条件等因素综合考虑,合理布设测量控制桩。控制桩布好后再依据建设单位提供的坐标、高程控制点,将布设的导线控制点的坐标、高程测量出来,经复核无误后就形成完整的能直接指导测量施工的坐标、高程控制网体系,并形成文字记录。

控制网一般采用方格网,这些网点的位置应视工程范围的大小和控制精度而定。建筑方格网多由 $100\sim200$ m 的正方形或矩形组成,如果土方工程需要,还应测绘地形图,通常这项工作由专业测量队完成,但施工单位还要根据施工具体情况做一些加密网点的补充工作。

在测量放线时,应首先对所使用的经纬仪、水准仪、钢尺、水准尺等测量仪器和测量工具进行检验和校正,在此基础上制定切实可行的测量方案,包括平面控制、标高控制、沉降控制和竣工测量等工作。

工程定位放线是确定整个工程平面位置的关键环节,必须保证精度、杜绝错误。工程定位放线一般通过设计图中平面控制轴线来确定建筑物的位置,施工单位测定并经自检合格后提交有关部门和建设单位或监理人员验线,以保证定位的准确性。沿建筑红线放线后还要由城市规划部门验线,以防止建筑物压红线或超红线,为正常顺利施工创造条件。

6.1.3　施工道路

施工现场道路是组织物资进场的"动脉",拟建工程开工前,必须按照施工平面图的要求,修建必要的临时道路。为节约工程费用、缩短施工准备工作时间,尽量利用既有道路或拟建永久性道路解决现场道路问题,确保物资运输和消防用车等的行使畅通。临时道路的等级可根据交通量和所用车辆决定。

6.1.4　施工临时用水

建筑工地临时用水包括三种类型:生产用水、生活用水和消防用水。工地临时供水设计包括:计算用水量、选择水源和设计配水管网。

微课

施工用水量的计算

6.1.4.1　用水量计算

1. 生产用水

包括工程施工用水和施工机械用水。

(1)工程施工用水量(q_1)

工程施工用水量是指施工高峰的某一天或高峰时期内平均每天需要的最大用水量,可按下式计算:

$$q_1 = K_1 \frac{\sum Q_1 N_1}{T_1 \times t} \times \frac{K_2}{8 \times 3\,600} \tag{6-1}$$

式中:q_1 为工程施工用水量(L/s);K_1 为未预计的施工用水系数(1.05~1.15);Q_1 为年(季、月)度工程(以实物计量单位表示);N_1 为施工用水定额(查表6-1);T_1 为年(季、月)度有效工作日;t 为每天工作班数;K_2 为用水不均衡系数。现场施工用水取 $K_2=1.5$,附属生产企业用水,取 $K_2=1.25$。

> 提示:Q_1/T_1:指最大用水日时,白天一个台班所完成的实物工程量;
> 　　　$Q_1 \times N_1$:指在最大用水日那一天各施工项目的工程量与其相应用水定额的乘积之和。

表 6-1 施工用水参考定额

序号	用水对象	单位	耗水量(N_1)	备注
1	浇注混凝土全部用水	L/m³	1 700~2 400	
2	搅拌普通混凝土	L/m³	250	
3	混凝土养护（自然养护）	L/m³	200~400	
4	冲洗模板	L/m²	5	
5	搅拌机清洗	L/台班	600	
6	人工冲洗石子	L/m³	1 000	
7	机械冲洗石子	L/m³	600	
8	砌砖工程全部用水	L/m³	150~250	
9	抹灰工程全部用水	L/m²	30	
10	浇砖	L/千块	200~250	
11	抹面	L/m²	4~6	不包括调制用水
12	楼地面	L/m²	190	主要是找平层
13	搅拌砂浆	L/m³	300	

（2）施工机械用水量（q_2）

施工机械用水量可按下式计算

$$q_2 = K_1 \sum Q_2 N_2 \times \frac{K_3}{8 \times 3\,600} \qquad (6-2)$$

式中：q_2 为施工机械用水量（L/s）；K_1 为未预计施工用水系数，取 1.05~1.15；Q_2 为同一种机械台数（台）；N_2 为施工机械台班用水定额，参考表 6-2 中的数据换算求得；K_3 为施工机械用水不均衡系数，见表 6-3。

表 6-2 机械用水工参考定额

序号	用水机械名称	单位	耗水量/L	备注
1	内燃挖土机	m³·台班	200~300	以斗容量 m³ 计
2	内燃起重机	t·台班	15~18	以起重机吨数计
3	蒸汽起重机	t·台班	300~400	以起重机吨数计
4	蒸汽打桩机	t·台班	1 000~1 200	以锤重吨数计
5	拖拉机	台·昼夜	200~300	
6	汽车	台·昼夜	400~700	
7	点焊机 25 型	台·h	100	
	50 型	台·h	150~200	
	75 型	台·h	250~300	

序号	用水机械名称	单位	耗水量/L	备注
8	对焊机	台·h	300	
9	冷拔机	台·h	300	
10	木工场	台班	20~25	

表 6-3　施工用水不均衡系数

编号	用水名称	系数
K_2	现场施工用水	1.5
	附属生产企业用水	1.25
K_3	施工机械、运输机械用水	2.00
	动力设备用水	1.05~1.10
K_4	施工现场生活用水	1.30~1.50
K_5	生活区生活用水	2.00~2.50

2. 生活用水

包括施工现场生活用水和生活区生活用水。

(1) 施工现场生活用水量(q_3)

生活用水量是指施工现场人数最多时,职工及民工的生活用水量,可按下述计算

$$q_3 = \frac{P_1 \cdot N_3 \cdot K_4}{t \times 8 \times 3\,600} \qquad (6-3)$$

式中:q_3 为施工现场生活用水量(L/s);P_1 为施工现场高峰昼夜人数(人);N_3 为施工现场生活用水定额,主要视当地天气情况而定,一般取 20~60(L/人·班);K_4 为施工现场用水不均衡系数,见表 6-3;t 为每天工作班数。

(2) 生活区生活用水量计算(q_4)

$$q_4 = \frac{P_2 \cdot N_4 \cdot K_5}{24 \times 3\,600} \qquad (6-4)$$

式中:q_4 为生活区活用水量(L/s);P_2 为生活区居民人数(人);N_4 为居住区昼夜生活用水定额,每一居民每昼夜的平均用水定额是随地区的不同和有无室内卫生设备而变化的,见表 6-4;K_5 为生活区生活用水不均衡系数,见表 6-3。

表 6-4　施工用水量(N_3,N_4)定额

用水名称	单位	耗水量/L	用水名称	单位	耗水量/L
盥洗、饮用水	L/人×日	20~40	学校	L/学生×日	10~30
食堂	L/人×日	10~20	幼儿园、托儿所	L/幼儿×日	75~100
淋浴带大池	L/人×次	50~60	医院	L/病床×日	100~150
洗衣房	L/kg×干衣	40~60	施工现场生活用水	L/人×班	20~60
理发室	L/人×次	10~25	生活区全部生活用水	L/人×日	80~120

3. 消防用水量(q_5)

消防用水主要是满足发生火灾时消防栓用水的要求。《建设工程施工现场消防安全技术规范》(GB 50720—2011)规定消防用水量应为临时室外消防用水量与临时室内消防用水量之和;临时室外消防用水量应按临时用房和在建工程的临时室外用水量的较大者确定,施工现场火灾次数可按同时发生一次确定。临时用房的临时室外消防用水量不应小于表6-5的规定;在建工程的临时室外消防用水量不应小于表6-6;在建工程的临时室内消防用水量不应小于表6-7的规定。消防用水量最小取10 L/s。

GB 50720—2011

《建设工程施工现场
消防安全技术规范》

表6-5　临时用房的临时室外消防用水量

临时用房的建筑面积之和	火灾延续时间/h	消火栓用水量 /(L·s⁻¹)	每支水枪最小流量 /(L·s⁻¹)
1 000 m² <面积≤5 000 m²	1	10	5
面积>5 000 m²	1	15	5

表6-6　在建工程的临时室外消防用水量

在建工程(单体)体积	火灾延续时间/h	消火栓用水量 /(L·s⁻¹)	每支水枪最小流量 /(L·s⁻¹)
10 000 m³ <体积≤30 000 m³	1	10	5
体积>30 000 m³	2	15	5

表6-7　在建工程的临时室内消防用水量

建筑高度、在建工程体积(单体)	火灾延续时间/h	消火栓用水量 /(L·s⁻¹)	每支水枪最小流量 /(L·s⁻¹)
24 m<建筑高度≤50 m 或 30 000 m³ <体积≤50 000 m³	1	10	5
建筑高度>50 m 或体积>50 000 m³	1	15	5

4. 工地总用水量(Q)

(1) 当$(q_1+q_2+q_3+q_4)\leqslant q_5$ 时,$Q=q_5+(q_1+q_2+q_3+q_4)/2$。

(2) 当$(q_1+q_2+q_3+q_4)>q_5$ 时,则 $Q=q_1+q_2+q_3+q_4$

(3) 当工地面积小于5 000 m²,而且当$(q_1+q_2+q_3+q_4)<q_5$,$Q=q_5$。

最后计算出的总用量,还应增加10%,以补偿不可避免的水管漏水损失,即 $Q_总=1.1Q$。

> 提示:总用水量计算并不是所有用水量的总和,因为施工用水是间断的,生活用水时多时少,而消防用水又是偶然的。

典型考题 6-1

施工现场计算临时总用水量应包括（　　）。（2017年一建）

A. 施工用水量　　　　　B. 消防用水量　　　　　C. 施工机械用水量

D. 商品混凝土拌合用水量　　E. 临水管道水量损失量

正确答案：ABCE。

6.1.4.2　水源选择及临时给水系统

1. 水源选择

微课

水源选择及
临时给水系统

建筑工程的临时供水水源有如下几种形式：已有的城市或工业供水系统；自然水域（如江、河、湖、蓄水库等）；地下水（如井水、泉水等）；利用运输器具（如供水运输车）。

水源的确定应首先利用已有的供水系统，并注意其供水量能否满足工程用水需要。减少或不建临时供水系统，在新建区域若没有现成的供水系统时，应尽量先建好永久性的给水系统，至少是能使该系统满足工程用水及部分生产用水的需要。当前述条件不能实现或因工程要求（如工期、技术经济条件）无必要先建永久性给水系统时，应设立临时性给水系统，即利用天然水源，但其给水系统的设计应注意与永久性给水系统相适应，如供水管网的布置。

选择水源应考虑下列因素：水量要能满足最大用水量的需要。生活饮用水质应符合国家及当地的卫生标准；其他生活用水及施工用水中的有害及侵蚀性物质的含量不得超过有关规定的限制；否则，必须经软化及其他处理后，方可使用。与农业、水资源综合利用；蓄水、取水、输水、净水、贮水设施要安全经济；施工、运转、管理、维修方便。

2. 管径的选择

（1）计算法

根据工地总用水量，按式6-5计算干管管径。

$$D=\sqrt{\frac{4Q}{1\,000\pi v}} \tag{6-5}$$

式中：D 为配水管直径（m）；Q 为管段的用水量（L/s）；v 为管网中水流速度（m/s），临时水管经济流速范围可参照表6-8，一般生活及施工用水取 1.5 m/s，消防用水取 2.5 m/s。

表6-8　临时水管经济流速参考表

管径/(d·mm⁻¹)	流速/(m·s⁻¹)	
	正常时间	消防时间
<100 mm	0.5~1.2	—
100~300 mm	1.0~1.6	2.5~3.0
>300 mm	1.5~2.5	2.5~3.0

（2）查表法

为了减少计算工作，只要确定管段流量 Q 和流速范围，可直接查表6-9和表6-10，

选择管径 D。埋入地下的永久性水管应选用供水铸铁管。

表 6-9　给水铸铁管计算表

流量 /(L·s⁻¹)	管径/mm									
	75		100		150		200		250	
	i	v	i	v	i	v	i	v	i	v
2	7.98	0.46	1.94	0.26						
4	28.4	0.93	6.69	0.52						
6	61.5	1.39	14	0.78	1.87	0.34				
8	109	1.86	23.9	1.04	3.14	0.46	0.765	0.26		
10	171	2.33	36.5	1.30	4.59	0.57	1.13	0.32		
12	246	2.76	52.6	1.56	6.55	0.69	1.58	0.39	0.529	0.25
14			71.6	1.82	8.71	0.80	2.08	0.45	0.695	0.29
16			93.5	2.08	11.1	0.92	2.64	0.51	0.886	0.33
18			118	2.34	13.9	1.03	3.28	0.58	1.09	0.37
20			146	2.60	16.9	1.15	3.97	0.64	1.32	0.41
22			177	2.86	20.2	1.26	4.73	0.71	1.57	0.45
24					24.1	1.38	5.56	0.77	1.83	0.49
26					28.3	1.49	6.64	0.84	2.12	0.53
28					32.8	1.61	7.38	0.90	2.42	0.57
30					37.7	1.72	8.4	0.96	2.75	0.62
32					42.8	1.84	9.46	1.03	3.09	0.66
34					84.3	1.95	10.6	1.09	4.35	0.70
36					54.2	2.06	11.8	1.16	3.83	0.74
38					60.4	2.18	13.0	1.22	4.23	0.78

注：v——流速(m/s)；i——压力损失(m/km 或 mm/m)。

表 6-10　给水钢管计算表

流量 /(L·s⁻¹)	管径/mm									
	25		40		50		70		80	
	i	v	i	v	i	v	i	v	i	v
0.1										
0.2	21.3	0.38								
0.4	74.8	0.75	8.98	0.32						

(续表)

流量 /(L·s⁻¹)	管径/mm									
	25		40		50		70		80	
	i	v	i	v	i	v	i	v	i	v
0.6	159	1.13	18.4	0.48						
0.8	279	1.51	31.4	0.64						
1.0	437	1.88	47.3	0.8	12.9	0.47	3.76	0.28	1.61	0.2
1.2	629	2.26	66.3	0.95	18	0.56	3.18	0.34	2.27	0.24
1.4	856	2.64	88.4	1.11	23.7	0.66	6.83	0.4	2.97	0.28
1.6	1 118	3.01	114	1.27	30.4	0.75	8.7	0.45	3.76	0.32
1.8			144	1.43	37.8	0.85	10.7	0.51	4.56	0.36
2.0			178	1.59	46	0.94	13	0.57	5.62	0.40
2.6			301	2.07	74.9	1.22	21	0.74	9.03	0.52
3.0			400	2.39	99.8	1.41	27.4	0.85	11.7	0.60
3.6			577	2.86	144	1.69	38.4	1.02	16.3	0.72
4.0					177	1.88	46.8	1.13	19.8	0.81
4.5					235	2.17	61.2	1.3	25.7	0.93
5.0					277	2.35	72.3	1.42	30	1.01
5.6					348	2.64	90.7	1.59	37	1.13
6.0					399	2.82	104	1.7	42.1	1.21

（3）经验法

单位工程施工供水也可以根据经验进行安排，一般 5 000～10 000 m² 的建筑物，施工用水的总管管径为 100 mm，支管管径为 40 mm 或 25 mm。直径 100 mm 管能够供一个消防龙头的水量。

典型考题 6-2

关于某临时用水支管耗水量 $Q=1.92$ L/s，管网水流速度 $V=2$ m/s，则该水管直经 D 为（　　）。（2019 年一建）

　　A. 25 mm　　　　B. 30 mm　　　　C. 35 mm　　　　D. 50 mm

正确答案：C。

3. 管材的选择

（1）工地输水主干管常用铸铁管和钢管；一般露出地面用钢管；埋入地下用铸铁管；支管采用钢管。

（2）为了保证水的供给，必须配备各种直径的给水管。施工常用管材见表 6-11。

硬聚氯乙烯管、铝塑复合管、聚乙烯管、镀锌钢管的公称直径 15 mm、20 mm、25 mm、32 mm、40 mm、50 mm、70 mm、80 mm、100 mm 的管使用比较普遍。铸铁管有 125 mm、150 mm、200 mm、250 mm、300 mm。

表 6-11　施工常用管材选用表

管材	介绍参数		使用范围
	最大工作压力/MPa	温度范围/(℃)	
硬聚氯乙烯管、铝塑复合管	0.25～0.6	−15～60	给水
聚乙烯管	0.25～1.0	40～60	室内外给水
镀锌钢管	≤1	<100	室内外给水

4. 配水管网的布置

（1）供水管网的布置方式

供水管网的布置方式有环状管网、枝状管网和混合管网等三种方式，如图 6-1 所示。

环状管网的供水可靠性强，当管网某处发生故障，仍能保障供水不断；但管线长，造价高。它适用于对供水的可靠性要求较高的建设项目或重要的用水区域。

枝状管网的供水可靠性差，但管线短，造价低，适用于一般中小型工程。

混合管网是指主要用水区及供水干管采用环状管网，其他用水区和支管采用枝状管的一种综合供水方式。它兼有环状管网和枝状管网的优点，一般适用于大型工程。

（2）供水管网的铺设方式

管网的铺设方式有明铺和暗铺两种。由于暗铺是埋在地下，不会影响地面上的交通运输，因此多采用暗铺，但要增加铺设费用。寒冷地区冬期施工时，暗铺的供水管应埋设在冰冻线以下。明铺是置于地面上，其供水管应视情况采取保暖防冻措施。

管线穿路时均要套以铁管，并埋入地下 0.6 m 处，以防重压。

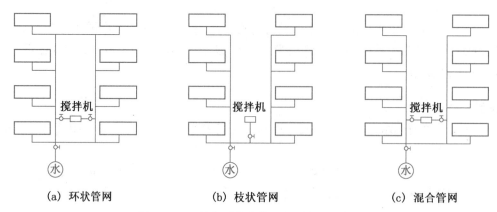

（a）环状管网　　　　　（b）枝状管网　　　　　（c）混合管网

图 6-1　工地临时供水管网布置方式示意图

（3）供水管网的布置原则

① 在保证不间断供水的情况下，管道铺设越短越好；

② 考虑施工期间管网具有移动的可能性；

③ 主要供水管线采用环状,孤立点可采用枝状;

④ 利用或提前修建永久管线;

⑤ 管径要经过计算确定。

（4）供水管网布置的其他要求

① 应尽量利用已有的提前修建的永久管道。

② 供水管网的铺设要与土方平整规划协调一致,以防重复开挖;管网的布置要避开拟建工程和室外管沟的位置,以防二次拆迁改建。

③ 有高层建筑的施工工地,一般要设置水塔、蓄水池或高压水泵,以便满足高空施工与消防用水的要求。高度超过 24 m 的建筑工程,应安装临时消防竖管,管径不得小于 75 mm,严禁消防竖管作为施工用水管线。

④ 供水管网应按防火要求布置室外消防栓。室外消防栓应靠近十字路口、工地出入口,并沿道路布置,距路边应不大于 2 m,距建筑物的外墙应不小于 5 m,为兼顾拟建工程防火而设置的室外消防栓与拟建工程的距离也不应大于 25 m,消防栓的间距不应超过 120 m,工地室外消防栓必须设有明显标志,消防栓周围 3 m 的范围内不准堆放物品等;消防栓供水干管的直径不得小于 100 mm。

施工现场的排水也十分重要,特别在雨期,如场地排水不畅,会影响到施工和运输的顺利进行。排水沟沿道路布置,纵坡不小于 0.2%,过路处需设涵管,在山地建设时应有防洪设施。

【工程案例 6 - 1】

某科技产业大厦工程,单体体积 16 120 m³,建筑高度 45 m,施工现场占地面积 1 000 m²,地下一层,筏板基础,现浇混凝土框架结构,水源从现场北侧引入,施工现场未设生活区,要求保证施工、生活及生产用水。

【问题】　（1）设施工用水系数 $K_1 = 1.15$,年混凝土浇筑量 11 639 m³,施工用水定额 2 400 L/m³,年持续有效工作日为 150 天,两班作业,用水不均衡系数 $K_2 = 1.5$,要求计算现场的工程施工用水。

（2）施工机械主要是钢筋混凝土搅拌机,共 6 台,包括输送泵的清洗用水、进场施工现场运输车辆冲洗等,用水定额平均为 $N_2 = 300$ L/台,未预计施工用水系数 $K_1 = 1.15$,施工不均衡系数 $K_3 = 2.0$,求施工机械的用水量。

（3）设现场生活高峰人数 $P_1 = 350$ 人,施工现场生活用水定额 $N_3 = 40$ L/班,施工现场生活用水不均衡系数 $K_4 = 1.5$,每天用水两个班,要求计算施工现场生活用水量。

（4）确定消防用水量。

（5）计算总用水量。

（6）选择管径。

【解】 (1) 计算工程施工用水 q_1

$$q_1 = K_1 \frac{\sum Q_1 N_1}{T_1 \times t} \times \frac{K_2}{8 \times 3600} = 1.15 \times \frac{11639 \times 2400}{150 \times 2} \times \frac{1.5}{8 \times 3600} = 5.577\,\text{L/s}$$

(2) 计算施工机械用水量

$$q_2 = K_1 \sum Q_2 N_2 \cdot \frac{K_3}{8 \times 3600} = 1.15 \times 6 \times 300 \times \frac{2.0}{8 \times 3600} = 0.14\,\text{L/s}$$

(3) 计算施工现场生活用水量

$$q_3 = \frac{P_1 \cdot N_3 \cdot K_4}{t \times 8 \times 3600} = \frac{350 \times 40 \times 1.5}{2 \times 8 \times 3600} = 0.365\,\text{L/s}$$

由于工地没有设生活区,故不考虑生活区的用水量。

(4) 计算消防用水量

查表 6-6 和表 6-7,取 $q_5 = 10 + 10 = 20\,\text{L/s}$。

(5) 总用水量确定

$q_1 + q_2 + q_3 = 5.577 + 0.14 + 0.365 = 6.082\,\text{L/s} < q_5$,故总用水量按消防用水量考虑,即总用水量 $Q = q_5 = 20\,\text{L/s}$。若考虑 10% 的漏水损失,则总用水量 $Q_{总} = 1.1Q = 22\,\text{L/s}$。

(6) 管径的确定

$$D = \sqrt{\frac{4Q}{1000\pi v}} = \sqrt{\frac{4 \times 22}{1000 \times 3.14 \times 1.5}} = 136\,\text{mm}$$

故本工程临时给水干管选用 $D = 150\,\text{mm}$ 管径。

6.1.5 施工临时用电

微课

临时用电

建筑工地临时供电,包括动力用电与照明用电。建筑工地临时供电系统包括:计算用电量、选择电源、确定导线截面面积并布置配电线路。

6.1.5.1 确定供电数量

总用电量可按以下公式计算:

$$P = \phi\left(K_1 \frac{\sum P_1}{\cos\phi} + K_2 \sum P_2 + K_3 \sum P_3 + K_4 \sum P_4\right) \qquad (6-6)$$

式中:P 为总用电量(kW);ϕ 为用电不均衡系数(1.05~1.1);$\sum P_1$ 为全部施工用电设备中电动机额定功率之和(kW);$\sum P_2$ 为全部施工用电设备中电焊机额定容量之和(kV·A);$\sum P_3$ 为室内照明设备额定容量之和;$\sum P_4$ 为室外照明设备额定容量之和;$\cos\phi$ 为工地上所有电动机的平均功率因数,施工现场最高为 0.75~0.78,一般为 0.65~

0.75,临时电网系统可取 0.7～0.75;K_1,K_2,K_3,K_4 为需要系数,见表 6-12。

表 6-12　需要系数(K 值)

用电名称	数量	需要系数		备注
		K	数值	
电动机	3～10 台	K_1	0.7	如施工中需要电热时,应将其用电量计算进去。为使计算结果接近实际,式中各项动力和照明用电,应根据不同工作性质分类计算
	11～30 台		0.6	
	30 台以上		0.5	
加工厂动力设备			0.5	
电焊机	3～10 台	K_2	0.6	
	10 台以上		0.5	
室内照明		K_3	0.8	
室外照明		K_4	1.0	

综合考虑动力用电约占总用电量的 90%,室内外照明用电约占 10%,式(6-6)可进一步简化为:

$$P = 1.24\left(K_1 \frac{\sum P_1}{\cos\varphi} + K_2 \sum P_2\right) \tag{6-7}$$

【工程案例 6-2】

某高层建筑施工工地,在结构施工阶段主要施工机械配备为:QT100 附着式塔式起重机 1 台,电动机总功率为 63 kW;SCD100/100 A 建筑施工外用电梯 1 台,电动机功率为 11 kW;HB-15 型混凝土输送泵 1 台,电动机功率为 32.2 kW;ZX50 型插入式振动器 4 台,电动机功率为 1.1×4 kW;GT3/9 钢筋调直机、QJ40 钢筋切断机、CJW40 钢筋弯曲机各 1 台,电动机功率分别为 7.5 kW、5.5 kW 和 3 kW;UN-100 钢筋对焊机 1 台,额定容量为 100 kV·A;BX3-300 电焊机 3 台,额定持续功率为 24.3×3 kV·A;高压水泵 1 台,电动机功率为 55 kW。试估算该工地用电总量。

【解】 施工现场所用全部电动机总功率:

$$\sum P_1 = 63+11+32.2+1.1\times4+7.5+5.5+3+55 = 181.6 \text{ kW}$$

电焊机和对焊机的额定容量:

$$\sum P_2 = 24.3\times3+100 = 170.2 \text{ kV·A}$$

查表 6-12,取 $K_1=0.6$,$K_2=0.6$,并取 $\cos\varphi=0.75$。

考虑室内外照明用电后,按式(6-7)得:

$$P = 1.24\left(K_1\frac{\sum P_1}{\cos\varphi}+K_2\sum P_2\right) = 1.24\left(0.6\times\frac{181.6}{0.75}+0.6\times170.2\right)$$
$$= 306.8 \text{ kW}$$

6.1.5.2 选择电源

选择临时供电电源通常是完全由工地附近的电力系统供电,若没有电力系统时,电力完全由临时发电站供给。最经济的方案是,将附近的高压电,经设在工地的变压器降压后,引入工地。

6.1.5.3 确定供电系统

1. 配电导线截面的选择

(1)按机械强度选择:导线必须具有足够的机械强度,以防止受拉或机械损伤折断。

(2)按允许电流强度选择导线截面:导线必须能承受负载电流长时间通过,而其最高温升不超过规定值。

(3)按允许电压降选择导线截面。配电导线上的电压降必须限制在一定限度之内,否则距变压器较远的机械设备会因电压不足而难以启动,或经常停机而无法正常使用;即使能够使用,也由于电动机长期处在低压运转状态,会造成电动机电流过大、升温过高而过早地损坏或烧毁。

所选用的导线截面应同时满足以上三项要求,即以求得的三个截面中的最大者为准,从电线产品目录中选用线芯截面。实际上,配电导线截面面积计算与选择的通常方法是:当配电线路比较长、线路上的负荷比较大时,往往以允许电压降为主确定导线截面;当配电线路比较短时,往往以允许电流强度为主确定导线截面;当配电线路上的负荷比较小时,往往以导线机械强度要求为主选择导线截面。当然,无论以哪一种为主选择导线截面,都要同时复核其他两种要求,以求无误。

2. 供电线路的布置要求

(1)为了维修方便,施工现场一般采用架空配电线路,并尽量使其线路最短。

(2)各用电点必须配备与用电设备功率相匹配的、由闸刀开关、熔断保险、漏电保护器和插座等组成的配电器,其高度与安装位置应以操作方便、安全为准;每台用电机械或设备均应分设闸刀开关和熔断器,实行单机单闸,严禁一闸多机。

(3)设置在室外的配电箱应有防雨措施,严防漏电,短路及触电事故的发生。

(4)线路应布置在起重机的回转半径之外。否则应搭设防护栏,其高度要超过线路 2 m,机械运转时还应采取相应措施,以确保安全。现场机械较多时,可采用埋地电缆,以减少互相干扰。

JGJ 46—2005

《施工现场临时用电安全技术规范》

GB 50194—2014

《建设工程施工现场供用电安全规范》

6.1.5.4 施工用电管理

施工用电管理须遵守以下原则:

(1)施工现场操作电工必须经国家现行标准考核后,持证上岗。

(2)用电人员必须通过相关安全教育培训和技术交底,掌握安全用电基本知识和所用设备的性能,考核合格后方可上岗工作。

(3)施工现场临时用电设备在 5 台及以上或设备总容量在 50 kW 及以上者,应编制用电组织设计;装饰装修工程或其他特殊施工阶段,应补充编制单项施工用电方案。

（4）临时用电施工组织设计及变更必须由电气工程技术人员编制,相关部门审核、具有法人资格企业的技术负责人批准、经现场监理确认后实施。

（5）配电系统应采用配电柜或总配电箱、分配电箱、开关箱三级配电方式。

（6）总配电箱应设在靠近电源的区域,分配电箱应设在靠近用电设备或负荷相对集中的区域,分配电箱与开关箱的距离不得超过 30 m,开关箱与其控制的固定式用电设备的水平距离不宜超过 3 m。

（7）每台用电机械或设备必须有各自专用的开关箱,严禁用同一个开关箱控制 2 台及以上的用电设备(含插座)。

（8）配电箱、开关箱的电源进线严禁采用插头和插座做活动连接。

（9）配电箱、开关箱应装设端正、牢固。固定式配电箱和开关箱的中心点与地面的垂直距离应为 1.4～1.6 m。移动式配电箱和开关箱应装设在固定、稳定的支架上。其中心点与地面的垂直距离宜为 0.8～1.6 m。

（10）下列特殊场所应使用安全特低电压照明器:

① 隧道、人防工程、高温、有导电灰尘、比较潮湿或灯具离地面高度低于 2.5 m 等场所的照明,电源电压不应大于 36 V;

② 潮湿和易触及带电场所的照明,电源电压不得大于 24 V;

③ 特别潮湿场所、导电良好的地面、锅炉或金属容器内的照明,电源电压不得大于 12 V。

典型考题 6-3

关于施工现场临时用电管理的说法,正确的是（　　　）。（2018 年一建）

A. 现场电工必须经相关部门考核合格后,持证上岗

B. 用电设备拆除时,可由安全员完成

C. 用电设备总容量在 50 kW 及以上的,应制定用电防火措施

D. 装饰装修阶段用电参照用电组织设计执行

正确答案:A。

【工程案例 6-3】

【背景资料】 某新建综合楼工程,现浇钢筋混凝土框架结构,地上一层,地上十层,建筑檐口高度 45 m,某建筑工程公司中标后成立项目部进场组织施工。

在施工过程中,发生了下列事件:根据施工组织设计的安排,施工高峰期现场同时使用机械设备达到 8 台。项目土建施工员仅编制了安全用电和电气防火措施报送给项目监理工程师。监理工程师认为存在多处不妥,要求整改。（2017 年二建）

【问题】 事件中,存在哪些不妥之处?并分别说明理由。

【案例解析】 （1）不妥之处一:8 台施工机械,项目土建施工员仅编制了安全用电和电气防火措施。

理由:安全用电和电气防火措施应该由电气工程技术人员编制。且施工机械设

备超过 5 台或者设备总容量在 50 KW 以上时,还应该编制用电施工组织设计。

（2）不妥之处二:报送给项目监理工程师。

理由:临时用电的施工组织设计应由具有法人资格企业的技术负责人批准,还应报送施工企业技术负责人批准,再报送给项目监理工程师。

任务 6.2　搭设临时设施

微课

临时设施搭设

临时设施主要指施工期间临时搭建、租赁的为建设工程施工服务的各种非永久性建筑物。临时设施必须合理选址,正确用材,确保满足使用功能和安全、卫生、环保、消防等要求。现场临时设施应按照施工平面布置图的要求进行布置,临时建筑平面图及主要房屋结构图都应报请城市规划、市政、消防、交通、环境保护等有关部门审查批准。临时建筑应有专业技术人员编制施工组织设计,并应经企业技术负责人批准后实施。

1. 临时设施的种类

施工现场的临时设施较多,按照使用功能可分为:

（1）办公设施,包括办公室、会议室、资料室、门卫值班室。

（2）生活设施,包括宿舍、食堂、厕所、淋浴室、阅览室、娱乐室、卫生保健室。

（3）生产设施,包括材料仓库、防护棚、加工棚（如混凝土搅拌、砂浆搅拌、木材加工、钢筋加工、金属加工和机械维修厂站）、操作棚。

（4）辅助设施,包括道路、现场排水设施、围墙、大门、供水处、吸烟处。

2. 临时设施的设计

施工现场搭建的生活设施,办公设施,两层以上、大跨度及其他临时房屋建筑物应当进行结构计算,绘制简单施工图纸并经审批方可搭建。临时建筑的结构安全等级不应低于三级。结构重要性系数不应小于 0.9。临时建筑的抗震设防类别应为丁类。临时建筑物使用年限为 5 年。

3. 临时设施的选址

办公生活临时设施的选址,首先应考虑与作业区相隔离,保持安全距离。其次是位置的周边环境必须具有安全性,例如不得设置在高压线下,也不得设置在沟边、崖边、河流边、强风口处、高墙下以及滑坡、泥石流等灾害地质带上和山洪可能冲击到的区域。安全距离是指在施工坠落半径和高压线放电距离之外。如因条件限制,办公区和生活区设置在坠落半径区域内,必须有防护措施。

4. 临时设施的布置原则

（1）合理布局,协调紧凑,充分利用地形,节约用地。

（2）尽量利用建设单位在施工现场或附近能提供的现有房屋和设施。

（3）临时房屋应本着厉行节约、减少浪费的精神,充分利用当地材料,尽量采用活动式容易拆装的房屋。

（4）临时房屋布置应方便生产和生活。

（5）临时房屋的布置应符合安全、消防和卫生、环保要求。

（6）生活性临时房屋可布置在工地现场以外，生产性临时设施应按照生产的需要在工地选择适当的位置，行政管理的办公室等应靠近工地，或是在工地现场出入口。

（7）生活性临时房屋设在工地现场以内时，一般应布置在现场的四周或集中于一侧。

（8）生产性临时设施，如混凝土搅拌站、钢筋加工场、木材加工场等，应全面分析比较确定位置。

5. 临时房屋的结构类型

（1）活动式临时房屋，如钢骨架活动房屋、彩钢板房。

（2）固定式临时房屋，主要为砖木结构、砖石结构和砖混结构。

临时房屋应优先选用钢骨架彩板房。

6.2.1 生产设施

生产用房面积的大小，取决于设备的尺寸、工艺过程、建筑设计及安全与防火等的要求。各类加工厂、作业棚等所需面积参考指标见表 6-13 和表 6-14。

表 6-13 临时加工厂所需面积参考指标

序号	加工厂名称	年产量		单位产量所需建筑面积	占地总面积/m²	备注
		单位	数量			
1	混凝土搅拌站	m³	3 200	0.022(m²/m³)	按砂石堆场考虑	400 L 搅拌机 2 台
		m³	4 800	0.021(m²/m³)		400 L 搅拌机 3 台
		m³	6 400	0.020(m²/m³)		400 L 搅拌机 4 台
	综合木工加工厂	m³	200	0.30(m²/m³)	100	加工门窗、模板、地板、屋架等
		m³	500	0.25(m²/m³)	200	
		m³	1 000	0.20(m²/m³)	300	
		m³	2 000	0.15(m²/m³)	420	
2	钢筋加工厂	t	200	0.35(m²/t)	280～560	加工、成型、焊接
		t	500	0.25(m²/t)	380～750	
		t	1 000	0.20(m²/t)	400～800	
		t	2 000	0.15(m²/t)	450～900	
3	现场钢筋调直或冷拉拉直场	所需场地(长×宽)(70～80)×(3～4)(m)				按一批加工数量计算
	钢筋冷加工剪断机 弯曲机 φ12 以下 弯曲机 φ40 以下	所需场地(m²/台) 30～40 50～60 60～70				

表 6-14 现场作业棚所需面积参考指标

序号	名称	单位	面积/m²	备注
1	木工作业棚	m²/人	2	占地为建筑面积的 2~3 倍
2	电锯房	m²/	80	34~36 mm 圆锯 1 台
3	电锯房	m²/	40	小圆锯 1 台
4	钢筋作业棚	m²/人	3	占地为建筑面积的 3~4 倍
5	搅拌棚	m²/台	10~18	
6	卷扬机棚	m²/台	6~12	
7	烘炉房	m²	30~40	
8	焊工房	m²	20~40	

6.2.2 仓储库房

在建筑工程的施工过程中,工地上需运进并存储较多的建筑材料、半成品和成品。因此,必须搭设临时性仓库。

1. 库房的分类

按保管材料的方法不同,建筑工地上临时性仓库可分为下列几种:

(1)露天仓库,用于堆放不因自然气候影响而损坏质量的材料。例如,石料、砖瓦和装配式钢筋混凝土构件等的堆场。

(2)库棚,用于储存防阳光直接侵蚀的材料。例如,油毛毡、面砖、细木作零件和沥青等的仓库。

(3)封闭式仓库,用于储存防止大气侵蚀而发生质变的建筑物品、贵重材料以及细巧容易损坏或散失的材料。例如,储存水泥、石膏、五金零件及贵重设备,器具和工具的仓库。

2. 各种仓库及堆场所需面积的确定

(1)按材料储备期计算

$$A = \frac{Q}{nqk} \qquad (6-8)$$

式中:A 为仓库或材料堆场面积;Q 为各种材料在现场的总用量;n 为该材料分期分批进场的次数;q 为该材料每平方米储存定额;k 为堆场、仓库面积利用系数(表 6-15)。

表 6-15 常用材料仓库或堆场面积计算中有关系数参考表

序号	材料、半成品名称	单位	每平方米储存定额(q)	面积利用系数(k)	备注	库存货堆场
1	水泥	t	1.2~1.5	0.7	堆高 12~15 袋	封闭库存
2	生石灰	t	1.0~1.5	0.8	堆高 1.2~1.7 m	棚
3	砂子(人工堆放)	m³	1.0~1.2	0.8	堆高 1.2~1.5 m	露天

(续表)

序号	材料、半成品名称	单位	每平方米储存定额(q)	面积利用系数(k)	备注	库存货堆场
4	砂子(机械堆放)	m³	2.0~2.5	0.8	堆高 2.4~2.8 m	露天
5	石子(人工堆放)	m³	1.0~1.2	0.8	堆高 1.2~1.5 m	露天
6	石子(机械堆放)	m³	2.0~2.5	0.8	堆高 2.4~2.8 m	露天
7	块石	m³	0.8~1.0	0.7	堆高 1.0~1.2 m	露天
8	卷材	卷	40~50	0.7	堆高 2.0m	库
9	木模板	m²	4~6	0.7		露天
10	红砖	千块	0.8~1.2	0.8	堆高 1.2~1.8 m	露天
11	混凝土砌块	m³	1.5~2.0	0.7	堆高 1.5~2.0 m	露天

（2）按系数计算

适用于规划估算仓库面积的可按下式估算：

$$A = \varphi \cdot m \tag{6-9}$$

式中：A 为所需仓库面积（m²）；φ 为系数；m 为计算基数（表 6-16）。

表 6-16   按系数计算仓库面积参考资料

序号	名称	计算基数(m)	单位	系数(φ)
1	仓库(综合)	按年平均全员人数(工地)	m²/人	0.7~0.8
2	水泥库	按当年水泥用量的 40%~50%	m²/t	0.7
3	其他仓库	按当年工作量	m²/万元	2~3
4	五金杂品库	按年建安工作量计算时	m²/万元	0.2~0.3
		按年平均在建建筑面积计算时	m²/100 m²	0.5~1
5	土建工具库	按高峰年(季)平均全员人数	m²/人	0.1~0.2
6	水暖器材库	按年平均在建建筑面积	m²/100 m²	0.2~0.4
7	电器器材库	按年平均在建建筑面积	m²/100 m²	0.3~0.5
8	化工油漆危险品仓库	按年建安工作量	m²/万元	0.1~0.15
9	三大工具堆场(脚手、跳板、模板)	按年平均在建建筑面积	m²/万元	1~2
		按年建安工作量	m²/万元	0.3~0.5

3. 仓库的布置

仓库的面积确定后，还需决定仓库的结构形式，然后按建筑平面图选定最合适的布置位置。仓库位置的选定要做方案比较，论证其技术上的可能性和经济上的合理性。布置仓库时，应注意以下几个问题：

（1）仓库要有坚实的场地；

（2）地势较高而平坦；

（3）位置距各使用地点适中,以便缩短运输距离;

（4）尽量利用永久性仓库,减少临时建筑面积;

（5）要注意技术和安全防火的要求。

6.2.3 临时行政、生活用房

1. 临时行政、生活用房设计规定

《施工现场临时建筑物技术规范》(JGJ/T 188—2009)对临时建筑物的设计规定如下。

（1）总平面

① 办公区、生活区和施工作业区应分区设置;

② 办公区、生活区宜位于塔吊等机械作业半径之外;

③ 生活房宜集中建设、成组布置,并设置室外活动区域;

④ 厨房、卫生间宜设置在主导风向的下风侧。

（2）办公设施

① 办公室的人均使用面积不宜小于 4 m²,会议室使用面积不宜小于 30 m²;

② 办公用房室内净高不应低于 2.5 m。

（3）宿舍设施

① 宿舍应当选择在通风、干燥的位置,防止雨水、污水流入;

② 不得在尚未竣工建筑物内设置员工集体宿舍;

③ 宿舍人均使用面积不宜小于 2.5 m²,室内净高不应低于 2.5 m,通道宽度不得小于 0.9 m,每间宿舍居住人数不宜超过 16 人;

④ 宿舍内应当设置单人铺,床铺不得超过 2 层,床铺应高于地面 0.3 m,床铺间距不得小于 0.5 m,严禁使用通铺。

（4）食堂设施

① 食堂应当选择在通风、干燥、清洁、平整的位置,防止雨水、污水流入,应当保持环境卫生,距离厕所、垃圾站(场)、有毒有害场所等污染源不宜小于 15 m,且不应设在污染源的下风侧,装修材料必须符合环保、消防要求;

② 食堂应设置独立的制作间、储藏间和燃气罐存放间;

③ 食堂制作间灶台及其周边应贴瓷砖,瓷砖的高度不宜小于 1.5 m。地面应做硬化和防滑处理,按规定设置污水排放设施;

④ 食堂外应设置密闭式泔水桶,并应及时清运,保持清洁。

（5）厕所、盥洗室、浴室设施

① 施工现场应设置水冲式或移动式厕所;

② 蹲坑间宜设置隔板,隔板高度不宜低于 0.9 m,蹲位男厕每 50 人一位,女厕每 25 人一位。男厕每 50 人设 1 m 长小便槽;

③ 盥洗间应设置盥洗池和水嘴。水嘴与员工的比例为 1:20,水嘴间距不小于 700 mm;

④ 淋浴间的淋浴器与员工的比例为 1:20,淋浴器的间距不小于 1 000 mm;

⑤ 厕所、盥洗室、淋浴间的地面应做硬化和防滑处理。

（6）文体活动场所设置

施工现场宜设置单独的文体活动室，使用面积不小于 $50\ m^2$。

2. 临时行政、生活用房建筑面积计算

在工程项目施工时，必须考虑施工人员的办公、生活用房及车库、修理车间等设施的建设。这些临时性建筑物建筑面积需要数量应视工程项目规模大小、工期长短、施工现场条件、项目管理机构设置类型等，依据建筑工程劳动定额，先确定工地年（季）高峰平均职工人数，然后根据现行定额或实际经验数值，按下式计算：

$$A = N \cdot P \tag{6-10}$$

式中：A 为建筑面积（m^2）；N 为人数；P 为建筑面积参考指标，见表 6-17。

表 6-17 生活用房屋设施参考指标

序号	临时房屋名称	指标使用方法	参考指标/（$m^2 \cdot 人^{-1}$）
1	办公室	按使用人数	3~4
2	工人休息室	按工地平均职工人数	0.15
3	双层床	按工地居住人数	2.0~2.5
4	单层床	按工地居住人数	3.5~4
5	食堂	按高峰年平均职工人数	0.5~0.8
6	浴室	按高峰年平均职工人数	0.07~0.1
7	医务室	按高峰年平均职工人数	0.05~0.07
8	其他公用	按高峰年平均职工人数	0.05~0.10
9	厕所	按高峰年平均职工人数	0.02~0.07

【工程案例6-4】

【背景资料】 进入夏季后，公司项目管理部对该项目工人宿舍和食堂进行了检查。个别宿舍内床铺均为 2 层，住有 18 人，设置有生活用品专用柜，窗户为封闭式窗户，防止他人进入，通道宽度为 0.8 米，食堂办理了卫生许可证，3 名炊事人员均有健康证，上岗符合个人卫生相关规定。检查后项目管理部对工人宿舍的不足提出了整改要求，并限期达标。（2020 年一建）

【问题】 指出工人宿舍管理的不妥之处并改正。在炊事员上岗期间，从个人卫生角度还有哪些具体管理？

【案例解析】 （1）不妥之处一：个别宿舍住有 18 人。整改措施：每间宿舍居住人员不得超过 16 人；

不妥之处二：通道宽度为 0.8 m。整改措施：通道宽度不得小于 0.9 m；

不妥之处三：窗户为封闭式窗户。整改措施：现场宿舍必须设置可开启式窗户。

（2）上岗应穿戴洁净的工作服、工作帽和口罩，应保持个人卫生，不得穿工作服出食堂。

▷ 任务 6.3　施工物资进场 ◁

施工物资是指施工中必要的劳动手段(施工机械、工具)和劳动对象(材料、配件、构件)等,施工物资准备和进场是一项较为复杂而又细致的工作,建筑施工所需的材料、构(配)件、机具和设备品种多且数量大,能否保证按计划供应,对整个施工过程的工期、质量和成本,有着举足轻重的作用。各种施工物资只有运到现场并有必要的储备后,才具备必要的开工条件。因此,要将这项工作作为施工准备工作的一个重要方面来抓。

6.3.1　建筑材料进场

材料管理是在施工过程中对各种材料的计划、订购、运输、验收、保管、发放和使用所进行的一系列组织与管理工作。它的特点是材料供应的多样性和多变性、材料消耗的不均衡性、受运输方式和运输环节的影响。但是建筑材料占工程造价的2/3左右,抓好材料管理,合理使用,节约材料,减少消耗,是降低工程成本提高工程质量的主要途径。

6.3.1.1　材料采购管理

从实物形态来看,材料在企业的运动过程是从采购开始的,因此,采购是项目活动的重要一环,在项目成本管理中处于重要地位。在材料的采购管理过程中需要注意以下问题:

1. 确定采购计划

按照工程施工图纸及施工组织设计方案,材料部门应编制好项目材料采购计划,并根据施工进度及耗材量及时对采购计划做出变更,保证工程施工用材。主要材料的采购,应把施工预算用量和施工实际用量结合起来,合理采购,防止多购或少购,造成材料的积压和资金的占用,增加工程成本。同时,还要健全和完善物料凭证、物料统计、购销合同、台账等管理工作。

2. 进行市场调研,做出合理选择

一是审核查验材料生产经营单位的各类生产经营手续是否完备齐全;二是实地考察企业的生产规模、诚信观念、销售业绩、售后服务等情况;三是重点考察企业的质量控制体系是否具有国家及行业的产品质量认证,以及材料质量在同类产品中的地位;四是从建筑业界的同行中了解,获得更准确、更细致、更全面的信息;五是组织对采购报价进行有关技术和商务的综合评审,并制订选择、评审和重新评审的准则。

3. 材料价格的控制

企业应通过市场调研或者咨询机构了解材料的市场价格,在保证质量的前提下,货比三家,选择较低的材料采购价格。同时,对材料采购时的运费进行控制,要合理地组织运输,在材料采购进行价格比较时要把运输费用考虑在内。在材料价格相同时,就近购料,选用最经济的运输方法,以降低运输成本。要合理地确定进货的批次和批量,还要应用技术经济学相关知识考虑资金的时间价值,确定经济采购批量。

4. 材料的进场检验

建筑材料验收入库时必须向供应商索要国家规定的有关质量合格及生产许可的证

明。项目采用的材料应经检验合格,并符合设计及相应现行标准要求。采购产品在检验、运输、移交和保管等过程中,应按照职业健康安全和环境管理要求,避免对职业健康安全、环境造成影响。

6.3.1.2　材料的现场管理

材料的现场管理是项目材料管理的关键,尤其是对钢材、水泥、木材等主要施工用材的管理。在材料现场管理中,应依照 ISO 9001 质量管理体系的要求,对进入施工现场的材料进行严格监测,做到勤检查、严把关,杜绝劣质材料进入施工现场。

1. 材料储存与保管

建筑材料应根据材料的不同性质储存于符合要求的专门材料库房或简易设施,应避免潮湿、雨淋,注意防爆、防腐蚀。各种材料应标识清楚、分类存放。实物保管与材料核算要定期进行账实核对,材料账与财务账要账账核对,按月及时进行对账、对物。

2. 材料发放与使用管理

建立限额领料制度,严格根据材料消耗定额使用材料。材料的发放实行"先进先出,推陈储新"的原则,项目部的物资耗用应结合分部、分项工程的核算,严格实行限额领料制度,在施工前必须由项目施工人员开签限额领料单,限额领料单必须按栏目要求填写,不可缺项。对贵重和用量较大的物品,可以根据使用情况,凭领料小票分多次发放。对易破损的物品,材料员在发放时需做较详细的验交,并由领用双方在凭证上签字认可。

3. 施工中的组织管理

这是现场材料管理和管理目标的实施阶段,其主要内容如下:

(1) 现场材料平面布置规划,做好场地、仓库、道路等设施的准备。

(2) 履行供应合同,保证施工需要,合理安排材料进场,对现场材料进行验收。

(3) 掌握施工进度变化,及时调整材料配套供应计划。

(4) 加强现场物资保管,减少损失和浪费,防止物资丢失。

(5) 施工收尾阶段,将多余料具退库,做好废旧物资的回收和利用。

从实践看,提高资源、能源利用效率的关键在于管理,要大力推进建筑过程的资源、能源节约和综合循环利用,严格执行建筑节能、节地、节水、节材要求,优化建筑施工方案,采用新技术、新工艺、新标准。施工现场要合理堆置材料,避免和减少二次搬运,严格执行材料进场验收和领料制度,减少各个环节的损耗,节约采购费用,合理使用材料,这些对提高工程质量、降低材料损耗和节约工程成本都起到事半功倍的作用。

6.3.1.3　材料节约管理的新途径

1. 加强材料管理

采用行政的、制度的、经济的管理措施和手段,调动使用者的积极性和主动性,规范使用者的行为,改变使用者的消极和无关心态,达到合理使用材料的目的。例如,建立和执行限额领料责任制度、节约和浪费材料的监督考核办法和奖励机制。同时,重视材料的存储优化问题,即确定经济存储量、经济采购批量、安全存储量、合理定购点等。

2. 改进材料的组织方式

改进材料的组织方式,如进行集中加工、修旧利废、集中配料等。组织方式比技术方式见效快、效果大。因此,要特别注意施工组织设计中对材料节约措施的设计和月度组织措施计划的编制和贯彻。

3. 采用 ABC 分类法找出材料管理的重点

ABC 分类法是一种常用的材料分类管理法,将库存材料按一定标准分为 ABC 三类(见表 6-18),对重要材料进行重点管理。

表 6-18　材料 ABC 分类表

材料分类	品种数占全部品种数(%)	资金额占总资金额(%)
A 类	5～10	70～75
B 类	20～25	20～25
C 类	60～70	5～10
合计	100	100

ABC 分类法分类步骤:

(1) 计算每一种材料的金额。

(2) 按照金额由大到小排序并列成表格。

(3) 计算每一种材料金额占库存总金额的比率。

(4) 计算累计比率。

(5) 分类。

A 类材料占用资金比重大,是重点管理的材料,要按品种计算经济库存量和安全库存量,并对库存量随时进行严格盘点,以便采取相应措施。对 B 类材料可按大类控制其库存;对 C 类材料,可采用简化的方法管理,如定期检查库存,组织在一起订货运输等。

【工程案例 6-5】

某学校教学楼为 7 层建筑,结构形式为框架结构,建筑高度 26 m,建筑面积 19 120 m²,其中教学楼工程中的多媒体教室的装饰装修任务由新星建筑装饰公司承担,为做好装饰材料的质量管理工作,在建筑装饰装修工程施工前,根据材料清单购买材料如下表 6-19,计算表格中的 10 类材料中,哪些属于 A 类材料?

表 6-19　材料的数量及价格

序号	材料名称	计量单位	消耗量	单价(元)	总价	占总价(%)
1	细木工板	m³	12	930	11 160	14.89
2	砂	m³	32	24	768	1.02
3	实木装饰门扇	m²	120	200	24 000	32.02
4	铝合金窗	m²	100	130	13 000	17.34
5	白水泥	kg	9 000	0.4	3 600	4.80

(续表)

序号	材料名称	计量单位	消耗量	单价(元)	总价	占总价(%)
6	乳白胶	kg	220	5.6	1 232	1.64
7	石膏板	m	350	12.0	4 200	5.60
8	地板	m²	93	62	5 766	7.69
9	醇酸磁漆	kg	80	17.08	1 366.4	1.82
10	瓷砖	m²	290	34	9 860	13.16

【案例解析】 (1)计算材料资金占用总金额的百分比,并按大小排列,计算其累计百分比,见表 6 - 20。

表 6 - 20 材料价格累计百分比

序号	材料名称	价款	所占比例(%)	累计百分比
1	实木装饰门扇	24 000	32.02	32.02
2	铝合金窗	13 000	17.34	49.36
3	细木工板	11 160	14.89	64.25
4	瓷砖	9 842	13.16	77.41
5	地板	5 766	7.69	85.10
6	白水泥	3 600	5.60	90.71
7	石膏板	1 800	4.80	95.51
8	醇酸磁漆	1 366	1.82	97.33
9	乳白胶	1 232	1.64	98.98
10	砂	768	1.02	100.00

(2)判断:累计总比重占 70~75% 的材料是 A 类材料,本例中的 1~3 种,应重点管理;累计比重在 75~95 之间的材料是 B 类材料,本例中的 4~6 种,应控制其库存;7~10 三种材料为 C 类材料,只需定期检查其库存。

4. 应用价值分析理论进行管理优化

价值分析理论所说的"价值",是指某种产品的功能与成本的相对关系,把二者的比值叫做产品的价值,价值分析的目的是以尽可能少的费用支出,可靠地实现必要的功能。由于材料成本所占比重较大,其成本降低的潜力最大,故有必要认真研究价值分析理论在材料管理中的应用。

5. 改进设计及研究材料代用

按价值分析理论,提高价值的有效途径之一就是改进设计和使用代用材料,它比改进工艺的效果好得多。因此,在项目实施过程中应大力进行科学研究,开发新技术,以改进设计寻找代用材料,从而实现大幅度降低成本的目标。

6.3.1.4 一些特殊材料的管理

1. 周转材料的管理

周转材料是指在施工过程中能够多次使用,不构成产品实体,但有助于产品形成的各种材料。例如:模板、脚手架、安全网等。周转材料具有价值量较高、用量大、使用周期长、在使用中基本保持原有形态、其价值逐步转移到产品中去的特点。对周转材料,项目一般采用租赁的方式,使用时向租赁部门租赁,用毕退回。对周转材料的管理,原则是避免闲置、加强维护、延长使用寿命、降低成本。具体说来,应采取如下措施:

(1)按工程量、施工方案、施工进度计划编报需用计划。

(2)签订租赁合同,根据合同及时组织进场并验收质量、数量。

(3)按规格分别码放,阳面朝上,垛位见方,露天存放的周转材料应夯实场地并垫高,有排水措施,垛间留有通道。

(4)周转材料的发放和回收必须建立台账,发放时要明确回收率、损耗率、周转次数及奖罚标准。

(5)建立维修制度。

(6)按周转材料报废规定进行报废处理。

(7)周转材料用毕要及时办理退租和结算,同时结算施工班组实际回收量、损耗量,按规定进行奖罚。

2. 低值易耗品的管理

所谓低值易耗品,指施工过程中经常用到的、易于消耗的小件工具或材料。例如:手套、扫把、壁纸刀等。这类材料或工具具有品种多、数量大、价值低和易于消耗等特点,因此,在管理上可采用定额承包的管理方法。

3. 临时设施材料的管理

临时设施材料是指在工程项目建设过程中必须搭建的生产和生活用临时建筑。例如:房屋、水源、电源、道路、仓库、围墙等所需用的材料。其费用按直接费的一定比例计取。其特点是:价值量小、可拆除、能够再利用。对临时设施材料的管理应控制用量、强化回收,主要应抓好以下环节:

(1)根据施工组织设计合理规划临时设施,厉行节约。

(2)严格控制用料。

(3)抓好临时设施材料的退库、整修、回收和再利用。

(4)建立临时设施材料管理台账。

6.3.2 施工机械设备的进场

机械设备是施工企业进行生产必不可少的物质与技术基础。加强对机械设备的管理,正确选择机械设备,合理使用、及时维修机械设备,不断提高机械设备的完好率、利用率,提高机械效率,并及时地对现有设备进行技术改造和更新,对多快好省地完成施工任务和提高企业的经济效益具有十分重要的意义。

1. 工程项目机械设备的获取

施工项目机械设备的来源主要有以下四种方式：

（1）从设备租赁市场上租赁。

（2）从本企业设备租赁公司租用。

（3）分包工程的施工队伍自带。

（4）企业为施工项目专购。

2. 工程项目机械设备选择依据和原则

施工机械设备选择的依据是施工条件、工程特点、工程量多少及工期要求等；选择的原则是适应性、高效性、稳定性、经济性和安全性。

3. 工程项目机械设备的使用管理

（1）机械设备的使用"三定"制度。是指主要机械在使用中实行定人、定机、定岗位责任的制度。

（2）交接班制度。在采用多班制作业、多人操作机械时，要执行交接班制度，内容包括：

① 交接工作完成情况；

② 交接机械运转情况；

③ 交接备用料具、工具和附件；

④ 填写本班的机械运行记录

⑤ 交接双方签字；

⑥ 管理部门检查交接情况。

（3）安全交底制度。是指项目机械管理人员要对机械操作人员进行安全技术书面交底，并有机械操作人签字。

（4）技术培训制度。通过进场培训和定期的过程培训，使操作人员做到"四懂三会"，即懂机械原理、懂机械构造、懂机械性能、懂机械用途，会操作、会维修、会排除故障；使维修人员做到"三懂四会"，即懂技术要求、懂质量标准、懂验收规范，会拆检、会组装、会调试、会鉴定。

（5）检查制度。在机械使用前和使用中的检查内容包括：

① 制度的执行情况；

② 机械的正常操作情况；

③ 机械的完整与受损情况；

④ 机械的技术与运行状况，维修及保养情况；

⑤ 各种机械管理资料的完整情况。

（6）操作证制度。机械操作人员必须持证上岗；操作人员应随身携带操作证；严禁无证操作；审核操作证的年度审查情况。

4. 工程项目机械设备的保养与维修

机械设备保养的目的是保持机械设备的良好技术状态，提高设备运转的可靠性和安全性，减少零件的磨损，延长使用寿命，降低消耗，提高机械施工的经济效益。作业人员严格遵守操作规程，机械操作人员负责机械设备的日常保养，做好"十字"（清洁、润滑、调整、紧固、防腐)作业,填写机械设备运转和交接班记录。

机械设备的保养分为例行保养和强制保养。例行保养属于正常使用管理工作,它不占用机械设备的运转时间,由操作人员在机械运转间隙进行;而强制保养是间隔一定周期需要占用机械设备运转时间而停工进行的保养。

机械设备的修理是指对机械设备的自然损耗进行修复,排除机械运行的故障,对损坏的零部件进行更换、修复。机械设备的预检和修理,可以保证机械的使用效率,延长使用寿命。机械设备的修理可分为大修、中修和零星小修。

微课

文明施工要求

任务 6.4　施工现场管理

6.4.1　文明施工要求

文明施工是指保持施工场地整洁、卫生,施工组织科学,施工程序合理的一种施工活动。实现文明施工,不仅要着重做好现场的场容管理工作,而且还要相应做好现场材料、机械、安全、技术、保卫、消防和生活卫生等方面的管理工作。一个工地的文明施工水平是该工地乃至所在企业各项管理工作水平的综合体现。

1. 文明施工主要内容

(1)规范场容、场貌,保持作业环境整洁卫生。

(2)创造文明有序安全生产的条件和氛围。

(3)减少施工对居民和环境的不利影响。

(4)落实项目文化建设。

2. 文明施工管理基本要求

建筑工程施工现场应当做到围挡、大门、标牌标准化、材料码放整齐化(按照现场平面布置图确定的位置集中、整齐码放)、安全设施规范化、生活设施整洁化、职工行为文明化、工作生活秩序化。

建筑工程施工要做到工完场清、施工不扰民、现场不扬尘、运输无遗撒、垃圾不乱弃,努力营造良好的施工作业环境。

3. 文明施工检查评定的内容

文明施工检查评定保证项目应包括:现场围挡、封闭管理、施工场地、材料管理、现场办公与住宿、现场防火。一般项目应包括:综合治理、公示标牌、生活设施、社区服务。

(1)现场围挡

① 市区主要路段的工地应设置高度不小于 2.5 m 的封闭围挡;

② 一般路段的工地应设置高度不小于 1.8 m 的封闭围挡;

③ 围挡应坚固、稳定、整洁、美观。

(2)封闭管理

① 施工现场进出口应设置大门,并应设置门卫值班室;

② 应建立门卫职守管理制度,并应配备门卫职守人员;

③ 施工人员进入施工现场应佩戴工作卡;

④ 施工现场出入口应标有企业名称或标识,并应设置车辆冲洗设施。

（3）施工场地

① 施工现场的主要道路及材料加工区地面应进行硬化处理;

② 施工现场道路应畅通,路面应平整坚实;

③ 施工现场应有防止扬尘措施;

④ 施工现场应设置排水设施,且排水通畅无积水;

⑤ 施工现场应有防止泥浆、污水、废水污染环境的措施;

⑥ 施工现场应设置专门的吸烟处,严禁随意吸烟;

⑦ 温暖季节应有绿化布置。

（4）材料管理

① 建筑材料、构件、料具应按总平面布局进行码放;

② 材料应码放整齐,并应标明名称、规格等;

③ 施工现场材料码放应采取防火、防锈蚀、防雨等措施;

④ 建筑物内施工垃圾的清运,应采用器具或管道运输,严禁随意抛掷;

⑤ 易燃易爆物品应分类储藏在专用库房内,并应制定防火措施。

（5）现场办公与住宿

① 施工作业、材料存放区与办公、生活区应划分清晰,并应采取相应的隔离措施;

② 在施工程、伙房、库房不得兼做宿舍;

③ 宿舍、办公用房的防火等级应符合规范要求;

④ 宿舍应设置可开启式窗户,床铺不得超过 2 层,通道宽度不应小于 0.9 m;

⑤ 宿舍内住宿人员人均面积不应小于 2.5 m²,且不得超过 16 人;

⑥ 冬季宿舍内应有采暖和防一氧化碳中毒措施;

⑦ 夏季宿舍内应有防暑降温和防蚊蝇措施;

⑧ 生活用品应摆放整齐,环境卫生应良好。

（6）现场防火

① 施工现场应建立消防安全管理制度、制定消防措施;

② 施工现场临时用房和作业场所的防火设计应符合规范要求;

③ 施工现场应设置消防通道、消防水源,并应符合规范要求;

④ 施工现场灭火器材应保证可靠有效,布局配置应符合规范要求;

⑤ 明火作业应履行动火审批手续,配备动火监护人员。

（7）综合治理

① 生活区内应设置供作业人员学习和娱乐的场所;

② 施工现场应建立治安保卫制度、责任分解落实到人;

③ 施工现场应制定治安防范措施。

（8）公示标牌

① 大门口处应设置公示标牌,主要内容应包括:工程概况牌、消防保卫牌、安全生产牌、文明施工牌、管理人员名单及监督电话牌、施工现场总平面图;

② 标牌应规范、整齐、统一;

③ 施工现场应有安全标语；

④ 应有宣传栏、读报栏、黑板报。

（9）生活设施

① 应建立卫生责任制度并落实到人；

② 食堂与厕所、垃圾站、有毒有害场所等污染源的距离应符合规范要求；

③ 食堂必须有卫生许可证，炊事人员必须持身体健康证上岗；

④ 食堂使用的燃气罐应单独设置存放间，存放间应通风良好，并严禁存放其他物品；

⑤ 食堂的卫生环境应良好，且应配备必要的排风、冷藏、消毒、防鼠、防蚊蝇等设施；

⑥ 厕所内的设施数量和布局应符合规范要求；

⑦ 厕所必须符合卫生要求；

⑧ 必须保证现场人员卫生饮水；

⑨ 应设置淋浴室，且能满足现场人员需求；

⑩ 生活垃圾应装入密闭式容器内，并应及时清理。

（10）社区服务

① 夜间施工前，必须经批准后方可进行施工；

② 施工现场严禁焚烧各类废弃物；

③ 施工现场应制定防粉尘、防噪音、防光污染等措施；

④ 应制定施工不扰民措施。

> 提示：建筑施工分几个阶段，各阶段的噪声限值如下：
> 土石方阶段，昼间噪声限值是 75 分贝，夜间噪声限值是 55 分贝；
> 打桩阶段，昼间噪声限值是 85 分贝，夜间禁止施工；
> 结构阶段，昼间噪声限值是 70 分贝，夜间噪声限值是 55 分贝；
> 装修阶段，昼间噪声限值是 65 分贝，夜间噪声限值是 55 分贝。

【工程案例 6-6】

某新建高层住宅，该工程地处繁华闹市区，由于施工场地狭小，施工单位安排大量施工人员住在了刚施工完成的地下室；施工过程中交叉作业多，协调施工、成品保护、安全文明施工难度大，投入的设备及劳动力多。项目部加强了现场的安全防护和文明施工管理的投入，在现场主要出入口设置了"五牌一图"。

【问题】（1）在建工程内是否可以安排工人居住？

（2）施工现场的"五牌一图"指什么？

（3）按照文明施工的管理要求，施工现场场地四周的围挡应如何设置？

【案例分析】（1）不可以住进在建工程中。

（2）"五牌一图"指施工现场总平面图、安全生产牌、消防保卫牌、文明施工牌、管理人员名单及监督电话牌、工程概况牌。

（3）"五牌一图"指施工现场必须实施封闭管理，现场出入口应设门卫室，场地四周必须采用封闭围挡，围挡的设置必须沿工地四周连续进行。一般路段的围挡高度不得低于 1.8 m，市区主要路段的高度不得低于 2.5 m。

6.4.2　现场防火要求

1. 施工现场防火的一般规定

（1）现场的消防安全工作应以"预防为主、防消结合、综合治理"为方针，健全防火组织，认真落实防火安全责任制。

（2）现场应明确划分固定动火区和禁火区，施工现场动火必须严格履行动火审批程序，并采取可靠的防火安全措施，指派专人进行安全监护。

（3）现场使用的安全网、防尘网、保温材料等必须符合防火要求，不得使用易燃、可燃材料。

（4）现场严禁工程明火保温施工。

（5）现场应配备足够的消防器材，并应指派专人进行日常维护和管理，确保消防设施和器材完好、有效。

 **知识链接**

动火等级的划分

1. 凡属下列情况之一的动火，均为一级动火。

（1）禁火区域内。

（2）油罐、油箱、油槽车和储存过可燃气体、易燃液体的容器及与其连接在一起的辅助设备。

（3）各种受压设备。

（4）危险性较大的登高焊、割作业。

（5）比较密封的室内、容器内、地下室等场所。

（6）现场堆有大量可燃和易燃物质的场所。

2. 凡属下列情况之一的动火，均为二级动火。

（1）在具有一定危险因素的非禁火区域内进行临时焊、割等用火作业。

（2）小型油箱等容器。

（3）登高焊、割等用火作业。

3. 在非固定的、无明显危险因素的场所进行用火作业，均属三级动火作业。

2. 消防器材的配备

（1）一般临时设施区，每 100 m² 配备两个 10 L 的灭火器，大型临时设施总面积超过

$1\ 200\ m^2$ 的,应备有消防专用的消防桶、消防锹、消防钩、盛水桶(池)、消防砂箱等器材设施。

（2）临时木工加工车间、油漆作业间等,每 $25\ m^2$ 应配置一个种类合适的灭火器。

（3）仓库、油库、危化品库或堆料厂内,应配备足够组数、种类的灭火器,每组灭火器不应少于四个,每组灭火器之间的距离不应大于 30 m。

（4）高度超过 24 m 的建筑工程,应保证消防水源充足,设置具有足够扬程的高压水泵,安装临时消防竖管,管径不得小于 75 mm,每层必须设消火栓口,并配备足够的水龙带。

3. 灭火器的摆放

（1）灭火器应摆放在明显和便于取用的地点,且不得影响到安全疏散。

（2）灭火器应摆放稳固,其铭牌必须朝外。

（3）手提式灭火器应使用挂钩悬挂,或摆放在托架上、灭火箱内,其顶部离地面高度应小于 1.5 m,底部离地面高度宜大于 0.15 m。

（4）灭火器不应摆放在潮湿或强腐蚀性的地点,必须摆放时,应采取相应的保护措施。

（5）摆放在室外的灭火器应采取相应的保护措施。

（6）灭火器不得摆放在超出其使用温度范围以外的地点,灭火器的使用温度范围应符合规范规定。

【工程案例 6－7】

【背景资料】 某新建办公楼工程,总建筑面积 $68\ 000\ m^2$,地下 2 层,地上 30 层,人工挖孔桩基础,设计桩长 18 m,基础埋深 8.5 m,地下水为－4.5 m;裙房 6 层,檐口高 28 m;主楼高度 128 m,钢筋混凝土框架-核心筒结构。建设单位与施工单位签订了施工总承包合同。施工单位制定的主要施工方案有:排桩＋内支撑式基坑支护结构;裙房用落地式双排扣件式钢管脚手架,主楼布置外附墙式塔吊,核心筒爬模施工,结构施工用胶合板模板。施工中,木工堆场发生火灾。紧急情况下值班电工及时断开了总配电箱开关,经查,火灾是因为临时用电布置和刨花堆放不当引起。部分木工堆场临时用电现场布置剖面示意图见6－2。

施工单位为接驳市政水管,安排人员在夜间挖沟、断路施工,被主管部门查处,要求停工整改。(2017 年一建)

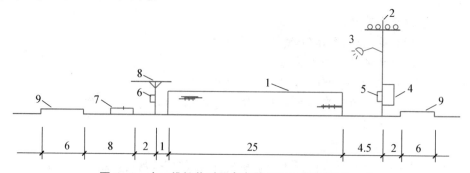

图 6－2 木工堆场临时用电布置剖面示意图(单位:m)
1. 模板堆　2. 电杆(高 5 m)　3. 碘钨灯　4. 堆场配电箱　5. 灯开关箱
6. 电锯开关箱　7. 电锯　8. 木工棚　9. 场内道路

【问题】 (1) 背景资料中,需要进行专家论证的专项施工方案有哪些?

(2) 指出图 6-2 中措施做法的不妥之处。正常情况下,现场临时配电系统停电的顺序是什么?

(3) 对需要市政停水封路而影响环境时的正确做法是什么?

【案例解析】 (1) 需要进行专家论证的专项施工方案有:人工挖孔灌注桩;开挖超过 5 m 的基坑的开挖、支护、降水;核心筒爬模。

(2) ① 不妥之处 1:电锯的开关箱距离堆场配电箱 30.5 m,距离模板堆垛 1 m;

正确做法:开关箱和配电箱的间距不得大于 30 m,距离现场堆垛外缘不得小于 1.5 m。

不妥之处 2:图 6-2 中,3 是碘钨灯;

正确做法:仓库或堆料场严禁使用碘钨灯,以防碘钨灯引起火灾。

不妥之处 3:电杆高度为 5 m,电杆距离模板堆垛为 4.5 m;

正确做法:架空电力线与露天易燃物堆垛的最小水平距离,不应小于电杆高度的 1.5 倍,图片中电杆应当距离模板堆垛不小于 7.5 m(5×1.5=7.5)。

② 现场停电的顺序为:开关箱→分配电箱→总配电箱。

(3) 承包人在施工过程中临时要求停水、停电、中断道路交通,应提前 10 日通知发包人办理相关申请批准手续。并按发包人的要求,提供需要承包人提供的相关文件、资料、证件等。经主管部门同意后,方可进行断路施工。同时,夜间施工时施工单位还应当申领夜间施工许可证,并公告附近居民。

6.4.3 现场成品保护

1. 成品保护的范围

在施工过程中,对已完成或部分完成的检验批、分项、分部工程及安装的设备、五金件等成品、半成品都必须做好保护工作。成品保护的范围主要包括:

(1) 结构施工时的测量控制桩;制作和绑扎的钢筋、模板、浇筑的混凝土构件(尤其是楼梯踏步、结构墙、梁、板、柱及门窗洞口的边、角等部位);砌体等。地下室、卫生间、盥洗室、厨房、屋面等部位的防水。

(2) 装饰施工时的墙面、顶棚、楼地面、地毯、石材、木作业、油漆及涂料、门窗及玻璃、幕墙、五金、楼梯饰面及扶手等工程。

(3) 安装的消防箱、配电箱、配电柜、插座、开关、烟感、喷淋、散热器、空调风口、卫生洁具、厨房器具、灯具、阀门、管线、水箱、设备配件等。

(4) 安装的高低压配电柜、空调机组、电梯、发电机组、冷水机组、冷却塔、通风机、水泵、强弱电配套设施、风机盘管、智能照明设备、中水设备、厨房设备等。

2. 现场成品保护的要点

(1) 合理安排施工顺序。主要是根据工程实际,合理安排不同工序间施工先后顺序,防止后道工序损坏或污染前道工序。例如,采取房间内先刷浆或喷涂后安装灯具的施工顺序可防止浆料污染损害灯具;先做顶棚装修,后做地面,也可避免顶棚装修施工对地面造成污染和损害。

(2)根据产品的特点,可以分别对成品、半成品采取护、包、盖、封等具体保护措施。

①"护"即提前防护。针对被保护对象采取相应的防护措施。例如,对楼梯踏步,可以采取钉上木板进行防护;对于进出口台阶可以采取垫砖或搭设通道板的方法进行防护;对于门口、柱角等易碰部位,可以钉上防护条或包角等措施进行防护。

②"包"即进行包裹。将被保护物包裹起来,以防损伤或污染。例如,对镶面大理石柱可用立板包裹捆扎保护;铝合金门窗可用塑料布包扎保护等。

③"盖"即表面覆盖。用表面覆盖的办法防止堵塞或损伤。例如,对地漏、排水管落水口等安装就位后加以覆盖,以防异物落入而被堵塞;门厅、走道部位等大理石块材地面,可以采用木(竹)胶合板覆盖加以保护等。

④"封"即局部封闭。采取局部封闭的办法进行保护。例如,房间水泥地面或地面砖铺贴完成后,可将该房间局部封闭,以防人员进入损坏地面。

(3)建立成品保护责任制,加强对成品保护工作的巡视检查,发现问题及时处理。

6.4.4 施工现场的环境保护

施工单位在施工现场的施工活动中,会产生各种泥浆、污水、粉尘、废气、固体废弃物、噪声和振动等对环境造成污染和危害。施工单位应根据国家有关环境保护的法律、法规、标准(如《环境保护法》《环境噪声污染防治法》《固体废物污染环境防治法》《建筑施工场界噪声限值》等),采取有效措施控制施工现场对环境造成各种污染和危害。

1. 建筑施工一些常见的重要环境影响因素

(1)施工机械作业、模板支拆、清理与修复作业、脚手架安装与拆除作业等产生的噪声排放。

(2)施工场地平整作业、土、灰、砂、石搬运及存放、混凝土搅拌作业等产生的粉尘排放。

(3)现场渣土、商品混凝土、生活垃圾、建筑垃圾、原材料运输等过程中产生的遗撒。

(4)现场油品、化学品库房、作业点产生的油品、化学品泄漏。

(5)现场废弃的涂料桶、油桶、油手套、机械维修保养废液、废渣等产生的有毒有害废弃物排放。

(6)城区施工现场夜间照明造成的光污染。

(7)现场生活区、库房、作业点等处发生的火灾、爆炸。

(8)现场食堂、厕所、搅拌站、洗车点等处产生的生活、生产污水排放。

(9)现场钢材、木材等主要建筑材料的消耗。

(10)现场用水、用电等能源的消耗。

2. 建筑施工环境保护实施要点

(1)现场必须建立环境保护、环境卫生管理和检查制度,并应做好检查记录。对施工现场作业人员的教育培训、考核应包括环境保护、环境卫生等有关法律、法规的内容。

(2)在城市市区范围内从事建筑工程施工,项目必须在工程开工前15日向工程所在地县级以上地方人民政府环境保护管理部门申报登记。施工期间的噪声排放应当符合国家规定的建筑施工场界噪声排放标准。夜间施工的,需办理夜间施工许可证明,并公告附近社区居民。

(3)施工现场污水排放要与所在地县级以上人民政府市政管理部门签署污水排放许可协议、申领《临时排水许可证》。雨水排入市政雨水管网,污水经沉淀处理后二次使用或排入市政污水管网。现场产生的泥浆、污水未经处理不得直接排入城市排水设施、河流、湖泊、池塘。

(4)现场产生的固体废弃物应在所在地县级以上地方人民政府环卫部门申报登记,分类存放。建筑垃圾和生活垃圾应与所在地垃圾消纳中心签署环保协议,及时清运处置。有毒有害废弃物应运送到专门的有毒有害废弃物中心消纳。

(5)现场的主要道路必须进行硬化处理,土方应集中堆放。裸露的场地和集中堆放的土方应采取覆盖、固化或绿化等措施。现场土方作业应采取防止扬尘措施。

(6)拆除建筑物、构筑物时,应采用隔离、洒水等措施,并应在规定期限内将废弃物清理完毕。建筑物内施工垃圾的清运,必须采用相应的容器倒运,严禁凌空抛掷。

(7)现场使用的水泥和其他易飞扬的细颗粒建筑材料应密闭存放或采取覆盖等措施。混凝土搅拌场所应采取封闭、降尘措施。

(8)除有符合环保要求的设施外,施工现场内严禁焚烧各类废弃物,禁止将有毒有害废弃物作土方回填。

(9)在居民和单位密集区域进行爆破、打桩等施工作业前,施工单位除按规定报告申请批准外,还应将作业计划、影响范围、程度及有关情况向周边居民和单位通报说明,取得协作和配合。对于施工机械噪声与振动扰民,应有相应的降噪减振控制措施。

(10)施工时发现的文物、爆炸物、不明管线电缆等,应当停止施工,保护好现场,及时向有关部门报告,按照有关规定处理后方可继续施工。

6.4.5 安全警示牌的布置

1. 安全警示牌的类型和基本形式

安全标志分为禁止标志、警告标志、指令标志和提示标志四大类型。

禁止标志是用来禁止人们不安全行为的图形标志。基本形式是红色带斜杠的圆边框,图形是黑色,背景为白色。

警告标志是用来提醒人们对周围环境引起注意,以避免发生危险的图形标志。基本形式是黑色正三角形边框,图形是黑色,背景为黄色。

指令标志是用来强制人们必须做出某种动作或必须采取一定防范措施的图形标志。基本形式是黑色圆形边框,图形是白色,背景为蓝色。

提示标志是用来向人们提供目标所在位置与方向性信息的图形标志。基本形式是矩形边框,图形文字是白色,背景是所提供的标志,为绿色。

> **提示:**消防设备提示标志的红色。

2. 安全警示牌的设置原则

(1)"标准":图形、尺寸、色彩、材质应符合标准。

(2)"安全":设置后其本身不能存在潜在危险,保证安全。

(3)"醒目":设置的位置应醒目。

(4)"便利":设置的位置和角度应便于人们观察和捕获信息。

(5)"协调":同一场所设置的各标志牌之间应尽量保持其高度、尺寸及与周围环境协调统一。

(6)"合理":尽量用适量的安全标志反映出必要的安全信息,避免漏设和滥设。

3. 使用安全警示牌的基本要求

(1)现场存在安全风险的重要部位和关键岗位必须设置能提供相应安全信息的安全示牌。根据有关规定,现场出入口、施工起重机械、临时用电设施、脚手架、通道口、楼梯口、电梯井口、孔洞、基坑边沿、爆炸物及有毒有害物质存放处等属于存在安全风险重要部位,应当设置明显的安全警示标牌。例如,在爆炸物及有毒有害物质存放处设禁止烟火等禁止标志;在木工圆锯旁设置当心伤手等警告标志;在通道口处设置安全通道等提示标志等。

(2)安全警示牌应设置在所涉及的相应危险地点或设备附近的最容易被观察到的地方。

(3)安全警示牌应设置在明亮的、光线充分的环境中,如在应设置标志牌的位置附近光线较暗,则应考虑增加辅助光源。

(4)安全警示牌应牢固地固定在依托物上,不能产生倾斜、卷翘、摆动等现象,高度应尽量与人眼的视线高度相一致。

(5)安全警示牌不得设置在门、窗、架等可移动的物体上,警示牌的正面或其邻近不得有妨碍人们视读的固定障碍物,并尽量避免经常被其他临时性物体所遮挡。

(6)多个安全警示牌在一起布置时,应按警告、禁止、指令、提示类型的顺序,先左后右、先上后下进行排列。各标志牌之间的距离至少应为标志牌尺寸的0.2倍。

(7)有触电危险的场所,应选用由绝缘材料制成的安全警示牌。

(8)室外露天场所设置的消防安全标志宜选用由反光材料或自发光材料制成的警示牌。

(9)对有防火要求的场所,应选用由不燃材料制成的安全警示牌。

(10)现场布置的安全警示牌应进行登记造册,并绘制安全警示布置总平面图,按图进行布置,如布置的点位发生变化,应及时保持更新。

(11)现场布置的安全警示牌未经允许,任何人不得私自进行挪动、移位、拆除或拆换。

(12)施工现场应加强对安全警示牌布置情况的检查,发现有破损、变形、褪色等情况时,应及时进行修整或更换。

自测与案例

一、单项选择题

1. 关于建设工程施工现场文明施工措施的说法,正确的是( )。(2018年二建)

A. 施工现场要设置半封闭的围挡

B. 施工现场设置的围挡高度不得低于 1.5 m

C. 施工现场主要场地应硬化

D. 专职安全员为现场文明施工的第一责任人

2. 根据建设工程文明工地标准,施工现场必须设置"五牌一图",其中"一图"是指（　　）。(2018 年二建)

A. 施工进度横道图　　　　　　B. 大型机械布置位置图

C. 施工现场交通组织图　　　　D. 施工现场平面布置图

3. 施工现场文明施工"五牌一图"中,"五牌"是指（　　）。(2017 年二建)

A. 工程概况牌、管理人员名单和监督电话牌、消防保卫牌、安全生产牌、文明施工牌

B. 工程概况牌、管理人员名单和监督电话牌、现场平面布置牌、安全生产牌、文明施工牌

C. 工程概况牌、现场危险警示牌、现场平面布置牌、安全生产牌、文明施工牌

D. 工程概况牌、现场危险警示牌、消防保卫牌、安全生产牌、文明施工牌

4. 下列施工现场文明施工措施中,正确的是（　　）。(2015 年二建)

A. 市区主要路段设置围挡的高度不低于 2 m

B. 现场施工人员均佩戴胸卡,按工种统一编号管理

C. 项目经理任命专人为现场文明施工第一责任人

D. 建筑垃圾和生活垃圾集中一起堆放,并及时清运

5. 下列施工现场防治水污染的做法中,正确的是（　　）。(2022 年二建)

A. 乙炔发生罐产生的污水,用专用容器集中存放,然后倒入沉淀池处理

B. 将有毒有害废弃物作土方回填,避免污染水源

C. 化学药品采用封闭容器,集中露天存放

D. 100 人以上的临时食堂,污水经排水沟直接排入城市污水管

6. 下列施工现场文明施工措施中,属于组织措施的是（　　）。(2020 年二建)

A. 现场按规定设置标志牌　　　B. 结构外脚手架设置安全网

C. 建立各级文明施工岗位责任制　D. 工地设置符合规定的围挡

7. 下列施工现场的环境保护措施中,正确的是（　　）。(2020 年二建)

A. 在施工现场围挡内焚烧沥青

B. 将有害废弃物作为深层土方回填

C. 将泥浆水直接有组织排入城市排水设施

D. 使用密封的圆筒处理高空废弃物

8. 下列施工现场环境保护措施中,属于大气污染防治处理措施的是（　　）。(2019 年二建)

A. 工地临时厕所、化粪池采取防渗漏措施

B. 禁止将有毒、有害废弃物用于土方回填

C. 易扬尘处采用密目式安全网封闭

D. 机械设备安装消声器

9. 下列施工现场作业行为中,符合环境保护技术措施和要求的是(　　)。(2017 年二建)

A. 将未经处理的泥浆水直接排入城市排水设施

B. 在大门口铺设一定距离的石子路

C. 在施工现场露天熔融沥青或者焚烧油毡

D. 将有害废弃物用作深层土回填

10. 关于施工现场文明施工和环境保护的说法,正确的是(　　)。(2016 年二建)

A. 施工现场主要场地应硬化

B. 集体宿舍与作业区隔离,人均床铺面积不小于 1.5 m²

C. 沿工地四周连续设置高度不低于 1.5 m 的围挡

D. 施工现场要实行半封闭式管理

二、多项选择题

1. 施工现场文明施工应符合的要求有(　　)。(2022 年二建)

A. 施工现场应在划定的区域内焚烧沥青

B. 施工场地规划合理,符合环保、市容、卫生要求

C. 有健全的施工组织管理机构和指挥系统,岗位分工明确

D. 有严格的成品保护措施和制度,材料按平面布置堆放整齐

E. 施工作业符合消防和安全要求

2. 关于施工现场配电系统设置的说法,正确的有(　　)。(2013 年一建)

A. 配电系统应采用配电柜或配电箱、分配电箱、开关箱三级配电方式

B. 分配电箱与开关箱的距离不得超过 30 m

C. 开关箱与其控制的固定式用电设备的水平距离不宜超过 3 m

D. 同一开关箱最多只可以直接控制 2 台用电设备

E. 固定式配电箱的中心点与地面的垂直距离应为 0.8~1.6 m

3. 施工现场的通水包括(　　)。

A. 雨水通　　　　B. 污水通　　　　C. 给水通　　　　D. 排水通

E. 中水通

4. 施工现场生产用水有(　　)。

A. 工程施工用水　B. 施工机械用水　C. 生活用水　　　D. 环保用水

E. 消防用水

5. 供水管网的布置方式有(　　)。

A. 环状管网　　　B. 枝状管网　　　C. 混合管网　　　D. 直线管网

E. 综合管网

三、案例题

1. 某综合写字楼项目占地 10 000 m²,建筑高度 30 m,临时设施的建筑为 1 000 m²,工程抗震设防烈度为 8 度。施工现场主要用水量:混凝土和砂浆的搅拌用水(用水定额 250 L/m³)、内燃挖土机(用水定额 200 L/台班·m³)一台、现场生活用水(用水定额 100 L/人·班)、消防用水。根据施工总进度计划确定出施工高峰和用水高峰,主要工程量和施

工人数如下:日最大混凝土浇筑量为 1 000 m³;昼夜高峰人数 400 人。现场布置两个消火栓,间距 100 m,其中一个距拟建建筑物 4 m,另一个距临时道路 2.5 m。[提示:$K_1=1.05$,$K_2=1.5$,$K_3=2.0$,$K_4=1.5$]

问题:(1) 简述施工现场总用水量的计算规定。

(2) 计算该工程总用水量(不计漏水损失)。

(3) 计算供水管径(假设管网中水流速度 $v=1.5$ m/s)。

(4) 该工程消火栓设置是否妥当? 试说明理由。

2. 某学校投资兴建一教学楼工程,主体采用框架结构,地上由中部 5 层合班教室和南北对称的 6 层教学楼组成。地下 1 层为自行车车库。总建筑面积 18 982 m²,建筑占地面积 2 809 m²,建筑总高度 24 m。拟建的教学楼平面为 E 形,南北方向长 75.6 m,东西方向长为 55.92 m,其施工平面布置图如图 6-3 所示。

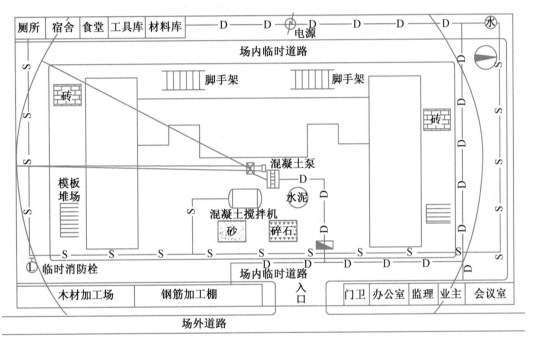

图 6-3　某教学楼的施工平面布置图

问题:(1) 简述现场施工道路的布置要求。

(2) 根据本工程特点说明仓库及材料堆场的布置要求?

(3) 常用材料的库房或堆场面积如何确定?

(4) 施工平面布置图中对消火栓布置和消防车道宽度有何规定?

参考答案

【引言】

为了保证施工项目能按合同规定的日期交工,实现建设投资预期的经济效益、社会效益和环境效益,施工单位需要对施工项目的进度进行管理以实现进度目标。

【学习目标】

1. 熟悉施工项目进度管理的原理和影响施工项目进度的因素;
2. 能够应用横道图比较法和前锋线进行进度控制;
3. 能够准确分析进度偏差对总工期的影响并采取正确控制措施;
4. 培养合理利用与支配各类资源的决策能力和应变能力。

项目任务单

任务背景

某建筑安装工程的网络计划见图 7-1,图中箭线之下括弧外的数字为正常持续时间;括弧内的数字是最短时间;箭线之上是每天的费用。当工程进行到第 95 天进行检查时,节点⑤之前的工作全部完成,工期耽误了 15 天。

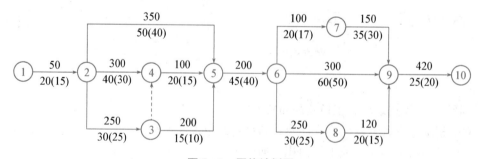

图 7-1 网络计划图

任务内容

(1) 施工方进度控制的任务是什么?
(2) 影响工程进度的因素有哪些?
(3) 施工进度控制的方法有哪几种?

（4）要在以后的时间进行赶工，确保按原工期目标完成，使工期不拖延，问怎样赶工才能使增加的费用最少？且增加了多少赶工费？

（5）进度控制的措施有哪些，并举例说明。

▶ 任务 7.1　进度管理概述 ◀

项目进度管理是根据工程项目的进度目标，编制经济合理的进度计划，并据以检查工程项目进度计划的执行情况，若发现实际执行情况与计划进度不一致，应及时分析原因，并采取必要的措施对原工程进度计划进行调整或修正的过程。工程项目进度管理的目的就是为了实现最优工期，多快好省地完成任务。

> 提示：施工方是工程实施的一个重要参与方，许许多多的工程项目，特别是大型重点建设项目，工期要求十分紧迫，施工方的工程进度压力非常大。施工进度控制不仅关系到施工进度目标能否实现，它还直接关系到工程的质量和成本。在工程施工实践中，必须树立和坚持一个最基本的工程管理原则，即在确保工程质量的前提下，控制工程的进度。

7.1.1　建设工程项目的总进度目标

1. 建设工程项目的总进度目标的内涵

建设工程项目总进度目标指的是整个项目的进度目标，它是在项目决策阶段项目定义时确定的，项目管理的主要任务是在项目的实施阶段对项目的目标进行控制。建设工程项目总进度目标的控制是业主方项目管理的任务（若采用建设项目总承包的模式，协助业主进行项目总进度目标的控制也是建设项目总承包方项目管理的任务）。在进行建设工程项目总进度目标控制前，首先应分析和论证目标实现的可能性。若项目总进度目标不可能实现，则项目管理者应提出调整项目总进度目标的建议，提请项目决策者审议。

在项目的实施阶段，项目总进度不仅只是施工进度，它包括：

（1）设计前准备阶段的工作进度；

（2）设计工作进度；

（3）招标工作进度；

（4）施工前准备工作进度；

（5）工程施工和设备安装工作进度；

（6）工程物资采购工作进度；

（7）项目动工前的准备工作进度等。

2. 建设工程项目进度计划系统

建设工程项目进度计划系统是由多个相互关联的进度计划组成的系统，它是项目进度控制的依据。由于各种进度计划编制所需要的必要资料是在项目进展过程中逐步形成的,因此,项目进度计划系统的建立和完善也有一个过程,它也是逐步完善的。如图 7 - 2 所示是一个建设工程项目进度计划系统的示例,这个计划系统有 4 个计划层次。

由于项目进度控制不同的需要和不同的用途,业主方和项目各参与方可以编制多个不同的建设工程项目进度计划系统。

(1) 由不同深度的计划构成的进度计划系统包括:

① 总进度规划(计划);

② 项目子系统进度规划(计划);

③ 项目子系统中的单项工程进度计划等。

(2) 由不同功能的计划构成的进度计划系统包括:

① 控制性进度规划(计划);

② 指导性进度规划(计划);

③ 实施性(操作性)进度计划等。

(3) 由不同项目参与方的计划构成的进度计划系统包括:

① 业主方编制的整个项目实施的进度计划;

② 设计进度计划;

③ 施工和设备安装进度计划;

④ 采购和供货进度计划等。

(4) 由不同周期的计划构成的进度计划系统包括:

① 5 年建设进度计划;

② 年度、季度、月度和旬计划等。

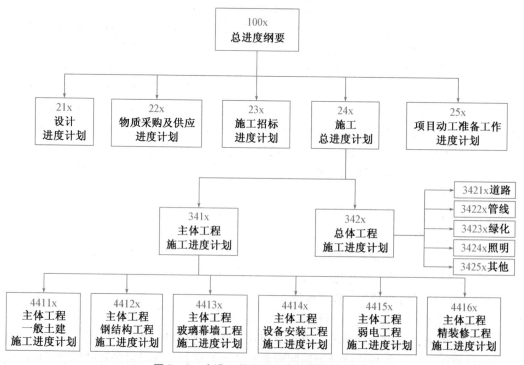

图 7 - 2　建设工程项目进度计划系统示例

7.1.2　建设工程项目进度控制的任务

微课

进度控制任务及影响进度的因素

进度是指工程项目实施结果的进展情况,项目实施过程中要消耗时间、劳动力、材料、成本等才能完成任务。建设工程进度控制是指对工程项目建设各阶段的工作内容、工作程序、持续时间和衔接关系根据进度总目标及资源优化配置的原则编制计划并付诸实施,然后在进度计划的实施过程中经常检查实际进度是否按计划要求进行,对出现的偏差情况进行分析,采取补救措施或调整、修改原计划后再付诸实施,如此循环,直到建设工程竣工验收交付使用。代表不同方利益的项目管理都有进度控制的任务,但是,其控制的目标和时间范畴是不相同的。

业主方进度控制的任务是控制整个项目实施阶段的进度,包括控制设计准备阶段的工作进度、设计工作进度、施工进度、物资采购工作进度以及项目动工前准备阶段的工作进度。

设计方进度控制的任务是依据设计任务委托合同对设计工作进度的要求控制设计工作进度,这是设计方履行合同的义务。另外,设计方应尽可能使设计工作的进度与招标、施工和物资采购等工作进度相协调。在国际上,设计进度计划主要是确定各设计阶段的设计图纸(包括有关的说明)的出图计划,在出图计划中标明每张图纸的出图日期。

施工方进度控制的任务是依据施工任务委托合同对施工进度的要求控制施工工作进度,这是施工方履行合同的义务。在进度计划编制方面,施工方应视项目的特点和施工进度控制的需要,编制深度不同的控制性和直接指导项目施工的进度计划,以及按不同计划周期编制的计划,如年度、季度、月度和旬计划等。

供货方进度控制的任务是依据供货合同对供货的要求控制供货工作进度,这是供货方履行合同的义务。供货进度计划应包括供货的所有环节,如采购、加工制造、运输等。

典型考题 7-1

某建设工程项目按施工总进度计划、各单位工程进度计划及相应分部工程进度计划组成了计划系统,该计划系统是由多个相互关联的不同(　　　)的进度计划组成。(2018 年一建)

　　A. 深度　　　　　B. 项目参与方　　C. 功能　　　　　D. 周期

正确答案:A。

典型考题 7-2

施工中可作为整个项目进度控制的纲领性文件,并且作为组织和指挥施工依据的是(　　　)。(2016 年二建)

　　A. 项目年度施工进度计划　　　　　B. 控制性施工进度计划

　　C. 施工承包合同　　　　　　　　　D. 实施性施工进度计划

正确答案:B。

7.1.3　施工项目进度管理的原理

微课

进度控制原理

1. 动态管理原理

施工项目进度管理是一个不断进行的动态管理,也是一个循环进行的过程。在进度计划执行中,由于各种干扰因素的影响,实际进度与计划进度可能会产生偏差,分析偏差的原因,采取相应的措施,调整原来计划,使实际工作与计划在新的起点上重合并继续按其进行施工活动。但是在新的干扰因素作用下,又会产生新的偏差,施工进度计划控制就是采用这种循环的动态控制方法的。

 **知识链接**

进度控制的动态管理过程

它由下列环节组成:(1)进度目标的分析和论证,以论证进度目标是否合理,目标是否可能实现。如果经过科学的论证,目标不可能实现,则必须调整目标;(2)在收集资料和调查研究的基础上编制进度计划;(3)定期跟踪检查所编制的进度计划执行情况,若其执行有偏差,则采取纠偏措施,并视必要调整进度计划。

2. 系统原理

为了对施工项目实行进度计划控制,首先必须编制施工项目的各种进度计划,形成施工项目计划系统,包括施工项目总进度计划、单位工程进度计划、分部分项工程进度计划,季度、月(旬)作业计划。这些计划编制时从总体到局部,逐层进行控制目标分解,以保证计划控制目标的落实。计划执行时,从月(旬)作业计划开始实施,逐级按目标控制,从而达到对施工项目整体进度目标的控制。

由施工组织各级负责人如项目经理、施工队长、班组长和所属全体成员共同组成的施工项目实施的完整组织系统,都按照施工进度规定的要求进行严格管理,落实和完成各自的任务。为了保证施工项目按进度实施,自公司经理、项目经理到作业班组都设有专门职能部门或人员负责检查汇报、统计整理实际施工进度的资料,并与计划进度比较分析和进行调整,形成一个纵横连接的施工项目控制组织系统。

3. 信息反馈原理

应用信息反馈原理,不断进行信息反馈,及时将施工的实际信息反馈给施工项目控制人员,通过整理各方面的信息,经比较分析做出决策,调整进度计划,使其符合预定工期目标。施工项目进度控制过程就是信息反馈的过程。

4. 弹性原理

项目进度计划工期长、影响进度的原因多,其中有的已被人们掌握,因此要根据统计经验估计出影响的程度和出现的可能性,并在确定进度目标时,进行实现目标的风险分析。在计划编制者具备了这些知识和实践经验之后,编制施工项目进度计划时就会留有余地,使施工进度计划具有弹性。在进行工程项目进度管理时,便可以利用这些弹性,缩短有关工作的时间,或者改变它们之间的搭接关系,如检查之前拖延了工期,通过缩短剩余计划工期的方法,仍能达到预期的计划目标。这就是工程项目进度管理中对弹性原理的应用。

5. 封闭循环原理

项目进度管理是从编制项目施工进度计划开始的,由于影响因素的复杂和不确定性,在计划实施的全过程中,需要连续跟踪检查,不断地将实际进度与计划进度进行比较,如果运行正常可继续执行原计划;如果发生偏差,应在分析其产生的原因后,采取相应的解决措施和办法,对原进度计划进行调整和修订,然后再进入一个新的计划执行过程。这个由计划、实施、检查、比较、分析、纠偏等环节组成的过程就形成了一个封闭循环回路,如图7-3所示。而建设工程项目进度管理的全过程就是在许多这样的封闭循环中得到有效的不断调整、修正与纠偏,最终实现总目标的。

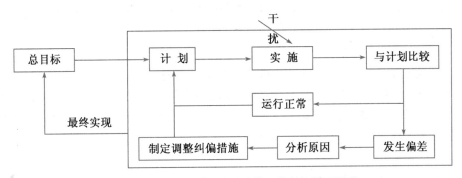

图 7-3 建设工程项目进度管理的封闭循环原理

7.1.4 影响施工项目进度的因素

为了对工程项目的施工进度有效地控制,必须在施工进度计划实施之前对影响工程项目施工进度的因素进行分析,进而提出保证施工进度计划实现成功的措施,以实现对工程项目施工进度的主动控制。

影响施工项目进度的因素很多,可归纳为人、技术、材料构配件、设备机具、资金、建设地点、自然条件、社会环境以及其他难以预料的因素。

1. 工程建设相关单位的影响

影响工程项目施工进度的单位不只是施工承包单位。事实上,只要是与工程建设有关的单位(如政府有关部门、业主,设计单位、物资供应单位、资金贷款单位,以及运输、通信、供电等部门等),其工作进度的拖后都将对施工进度产生影响。因此,控制施工进度仅仅考虑施工承包单位是不够的,必须充分发挥监理的作用,协调各相关单位之间的进度关系。而对于那些无法进行协调控制的进度关系,在进度计划的安排中应留有足够的机动时间。

2. 物资供应进度的影响

施工过程中需要的材料、构配件、机具和设备等如果不能按期运抵施工现场或者运抵施工现场后发现其质量不符合有关标准的要求,都会对施工进度产生影响。

3. 资金的影响

工程施工的顺利进行必须有足够的资金作保障。一般来说,资金的影响主要来自业主,或者是由于没有及时给足工程预付款,或者是由于拖欠了工程进度款,这些都会影响到承包单位流动资金的周转,进而殃及施工进度。

4. 设计变更的影响

在施工过程中,出现设计变更是难免的,或者是由于原设计有问题需要修改,或者是由于业主提出了新的要求。项目进度控制人员应加强图纸审查,严格控制随意变更,特别对业主的变更要求应引起重视。

5. 施工条件的影响

在施工过程中地质条件与勘察设计条件的不符,如地质断层,溶洞、地下障碍物、软弱地基等,使施工难度加大,从而会对施工进度产生影响,造成工期拖延。在施工过程中,还可能出现恶劣的天气,如大风、暴雨、高温和洪水等,这些因素也将影响施工项目进度,造成临时停工或破坏。

6. 各种风险因素的影响

风险因素包括政治、经济、技术及自然等方面的各种可预见或不可预见的因素。政治方面有战争、内乱、罢工、拒付债务、制裁等;经济方面有延迟付款、汇率浮动、换汇控制、通货膨胀、分包单位违约等;技术方面有工程事故、试验失败、标准变化等;自然方面有地震、洪水等。

拓展知识

工期延期的申报与审批及工程延期事件的处理

7. 承包单位自身管理水平的影响

施工现场的情况千变万化,如果承包单位的施工方案不当,计划不周,管理不善,解决问题不及时等,都会影响工程项目的施工进度。

> 提示:众多的影响因素中人的因素影响最多也最严重,是最大的干扰因素。

📚 知识链接

工程进度的推迟一般分为工程延误和工程延期,其责任及处理方法不同。

(1)工程延误。由于承包人自身的原因造成的工期延长,称之为工程延误。由于工程延误所造成的一切损失由承包人自己承担,包括承包人在监理工程师的同意下采取加快工程进度的措施所增加的费用。同时,由于工程延误所造成的工期延长,承包人还要向业主支付误期补偿费。工程延误所延长的时间不属于合同工期的一部分。

(2)工程延期。由于承包人以外的原因造成工期的延长,称之为工程延期。经过监理工程师批准的延期,所延长的时间属于合同工期的一部分,即工程竣工的时间等于标书中规定时间加上监理工程师批准的工程延期时间。可能导致工程延期的原因,有工程量增加、未给承包人提供图样、恶劣的气候条件、业主的干扰和阻碍等。判断工程延期总的原则就是除承包人自身以外的任何原因造成的工程延长或中断。

工程中出现的工程延长是否为工程延期对承包人和业主都很重要。因此应按照有关的合同条件,正确地区分工程延误与工程延期,合理的确定工程延期的时间。

▶ 任务 7.2　施工进度控制方法的选择与应用 ◀

实际进度与计划进度的比较是建设工程进度监测的主要环节。常用的进度比较方法有横道图比较法、前锋线比较法、S 曲线比较法、香蕉曲线比较法和列表比较法。

> 提示:进度控制的过程中常用的进度指标有:持续时间;按工程活动的结果状态数量描述;已完成工程的价值量,即用已经完成的工作量与相应的合同价格(单价),或预算价格计算;资源消耗指标等。

7.2.1　横道图比较法

横道图比较法是指将项目实施过程中检查实际进度收集到的数据,经加工整理后直接用横道线平行绘于原计划的横道线处,进行实际进度与计划进度的比较方法。采用横道图比较法,可以形象、直观地反映实际进度与计划进度的比较情况。

微课

横道图比较法

【工程案例 7-1】

某工程项目基础工程的计划进度和截止到第 8 天末的实际进度如图 7-4 所示,其中细实线表示工程计划进度,粗实线表示工程实际进度。

【问题】　用横道图法进行实际进度和计划进度的比较。

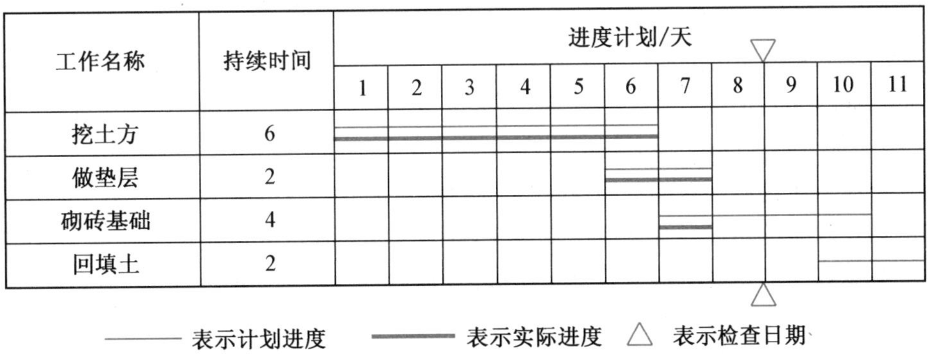

工作名称	持续时间	进度计划/天										
		1	2	3	4	5	6	7	8	9	10	11
挖土方	6											
做垫层	2											
砌砖基础	4											
回填土	2											

───── 表示计划进度　　━━━ 表示实际进度　　△ 表示检查日期

图 7-4　某基础工程实际进度与计划进度比较图

【案例解析】　从图中实际进度与计划进度的比较可以看出,到第 8 天末进行实际进度检查时,挖土方和做垫层两项工作已经完成;砌砖基础按计划应该完成 50%,但实际只完成 25%,任务量拖欠 25%。

根据各项工作的进度偏差,进度控制者可以采取相应的纠偏措施对进度计划进行调整,以确保该工程按期完成。

图7-4所表达的比较方法仅适用于工程项目中的各项工作都是均匀进展的情况,即每项工作在单位时间内完成的任务量都相等的情况。事实上,工程项目中各项工作的进展不一定是匀速的。根据工程项目中各项工作的进展是否匀速,可分别采用以下两种方法进行实际进度与计划进度的比较。

1. 匀速进展横道图比较法

匀速进展是指在工程项目中,每项工作在单位时间内完成的任务量都是相等的,即工作的进展速度是均匀的。此时,每项工作累计完成的任务量与时间呈线性关系,如图7-5所示。完成的任务量可以用实物工程量、劳动消耗量或费用支出表示。为了便于比较,通常用上述物理量的百分比表示。

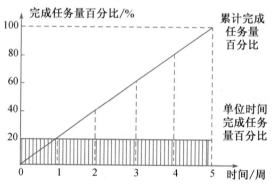

图7-5 工作进展时任务量与时间关系曲线

采用匀速进展横道图比较法时,其步骤如下:

(1)编制横道图进度计划;

(2)在进度计划上标出检查日期;

(3)将检查收集到的实际进度数据经加工整理后按比例用涂黑的粗线标于进度的计划下方,如图7-6所示。

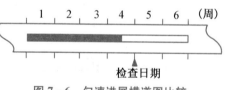

图7-6 匀速进展横道图比较

(4)对比分析实际进度与计划进度

① 如果涂黑的粗线右端落在检查日期左侧,表明实际进度拖后;

② 如果涂黑的粗线右端落在检查日期右侧,表明实际进度超前;

③ 如果涂黑的粗线右端与检查日期重合,表明实际进度与计划进度一致。

必须指出,该方法仅适用各工作从开始到结束的整个过程中,其进展速度均为固定不变的情况。如果工作的进展速度是变化的,则不能采用这种方法进行实际进度与计划进度的比较;否则,会得出错误的结论。

2. 非匀速进展横道图比较法

当工作在不同单位时间里的进展速度不相等时,累计完成的任务量与时间的关系就不可能是线性关系。此时,应采用非匀速进展横道图比较法进行工作实际进度与计划进度的比较。

非匀速进展横道图比较法在用涂黑粗线表示工作实际进度的同时,还要标出其对应时刻完成任务量的累计百分比,并将该百分比与其同时刻计划完成任务量的累计百分比相比较,判断工作实际进度与计划进度之间的关系。

采用非匀速进展横道图比较法时,其步骤如下:

(1) 编制横道图进度计划;

(2) 在横道线上方标出各主要时间工作的计划完成任务量累计百分比;

(3) 在横道线下方标出相应时间工作的实际完成任务量累计百分比;

(4) 涂黑粗线标出工作的实际进度,从开始之日标起,同时反映出该工作在实施过程中的连续与间断情况;

(5) 通过比较同一时刻实际完成任务量累计百分比和计划完成任务量累计百分比,判断工作实际进度与计划进度之间的关系:

① 同一时刻横道线上方累计百分比大于横道线下方累计百分比,表明实际进度拖后,拖欠的任务量为二者之差;

② 同一时刻横道线上方累计百分比小于横道线下方累计百分比,表明实际进度超前,超前的任务量为二者之差;

③ 同一时刻横道线上下方两个累计百分比相等,表明实际进度与计划进度一致。

可以看出,由于工作进展速度是变化的,因此,在图中的横道线,无论是计划的还是实际的,只能表示工作的开始时间、完成时间和持续时间,并不表示计划完成的任务量和实际完成的任务量。

此外,采用非匀速横道图比较法,不仅可以进行某一时刻(如检查日期)实际进度与计划进度的比较,而且还能进行某一时间段实际进度与计划进度的比较。当然,这需要实施部门按规定的时间记录当时任务的完成情况。

【工程案例 7-2】

某工程项目中的钢筋混凝土工程按施工进度计划安排需要 6 周完成,每周计划完成的任务量百分比如图 7-7 所示,绘制非匀速进展横道图。

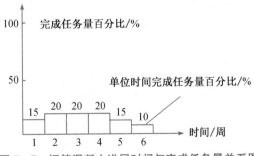

图 7-7　钢筋混凝土进展时间与完成任务量关系图

【解】　根据已知条件:

（1）编制横道图进度计划，如图7-8所示；

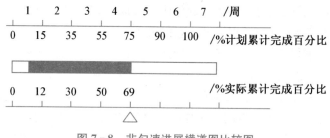

图7-8　非匀速进展横道图比较图

（2）在横道线上方标出钢筋混凝土工程每周计划累计完成任务量的百分比，分别15%、35%、55%、75%、90%和100%；

（3）在横道线下方标出第1周至检查日期（第4周末）每周实际累计完成任务量的百分比，分别为12%、30%、50%、69%；

（4）用涂黑粗线标出实际投入的时间。图7-8表明，该工作实际开始时间晚于计划开始时间，在开始后连续工作，没有中断。

（5）比较实际进度与计划进度。从图7-8中可以看出，该工作在第一周实际进度比计划进度拖后3%，以后各周末累计拖后分别为5%、5%和6%。

提示：横道图比较法虽有记录和比较简单、形象直观、易于掌握、使用方便等优点，但由于其以横道计划为基础，因而带有不可克服的局限性。在横道计划中，各项工作之间的逻辑关系表达不明确，关键工作和关键线路无法确定。一旦某些工作实际进度出现偏差时，难以预测其对后续工作和工程总工期的影响，也就难以确定相应的进度计划调整方法。因此，横道图比较法主要用于工程项目中某些工作实际进度与计划进度的局部比较。

典型考题7-3

某工程实际施工进度与计划进度横道图比较如图7-9所示，该图表明（　　　　）。

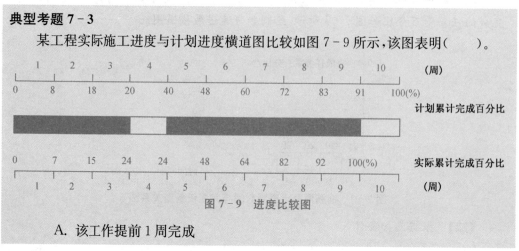

图7-9　进度比较图

A．该工作提前1周完成

B. 在第 7 周内实际完成的任务量超过计划任务量

C. 第 4 周停工 1 周

D. 在第 3 周内实际完成的任务量比计划任务量少 6％

E. 在第 5 周内实际进度与计划进度一致

解析:A 正确,第 9 周末就完成了任务量的 100％;B 正确,第 7 周计划完成 72－60＝12％,实际完成 82－64＝18％;C 正确,第 4 周停工 1 周;D 错误,在第 3 周计划完成 2％,实际完成 9％,超 7％;E 错误,计划与实际进度不一致。

正确答案:ABC。

7.2.2　前锋线比较法

微课

前锋线比较法

前锋线比较法是通过绘制某检查时刻工程项目实际进度前锋线,进行工程实际进度与计划进度比较的方法,它主要适用于时标网络计划。所谓前锋线,是指在原时标网络计划上,从检查时刻的时标点出发,用点划线依次将各项工作实际进展位置点连接而成的折线,如图 7-10 所示。前锋线比较法就是通过实际进度前锋线与原进度计划中各工作箭线交点的位置来判断工作实际进度与计划进度的偏差,进而判定该偏差对后续工作及总工期影响程度的一种方法。

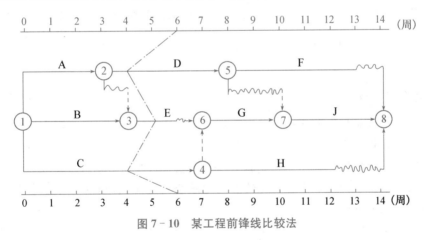

图 7-10　某工程前锋线比较法

采用前锋线比较法进行实际进度与计划进度的比较,其步骤如下。

1. 绘制时标网络计划图

工程项目实际进度前锋线是在时标网络计划图上标示,为清楚起见,可在时标网络计划图的上方和下方各设一时间坐标。

2. 绘制实际进度前锋线

一般从时标网络计划图上方时间坐标的检查日期开始绘制,依次连接相邻工作的实际进展位置点,最后与时标网络计划图下方坐标的检查日期相连接。

工作实际进展位置点的标定方法有两种:

（1）按该工作已完任务量比例进行标定

假设工程项目中各项工作均为匀速进展，根据实际进度检查时刻该工作已完任务量占其计划完成总任务量的比例，在工作箭线上从左至右按相同的比例标定其实际进展位置点。

（2）按尚需作业时间进行标定

当某些工作的持续时间难以按实物工程量来计算而只能凭经验估算时，可以先估算出检查时刻到该工作全部完成尚需作业的时间，然后在该工作箭线上从右向左逆向标定其实际进展位置点。

3. 进行实际进度与计划进度的比较

前锋线可以直观地反映出检查日期有关工作实际进度与计划进度之间的关系。对某项工作来说，其实际进度与计划进度之间的关系可能存在以下三种情况：

（1）工作实际进展位置点落在检查日期的左侧，表明该工作实际进度拖后，拖后的时间为二者之差；

（2）工作实际进展位置点与检查日期重合，表明该工作实际进度与计划进度一致；

（3）工作实际进展位置点落在检查日期的右侧，表明该工作实际进度超前，超前的时间为二者之差。

通过实际进度与计划进度的比较确定进度偏差后，还可根据工作的自由时差和总时差预测该进度偏差对后续工作及项目总工期的影响。由此可见，前锋线比较法既适用于工作实际进度与计划进度之间的局部比较，又可用来分析和预测工程项目整体进度状况。

> **提示**：以上比较是针对匀速进展的工作，对于非匀速进展的工作，比较方法较复杂。

【工程案例 7-3】

某工程项目时标网络计划如图 7-10 所示。该计划执行到第 6 周末检查实际进度时，发现工作 A 和 B 已经全部完成，工作 D、E 分别完成计划任务量的 20% 和 50%，工作 C 尚需 3 周完成，试用前锋线法进行实际进度与计划进度的比较。

【解】 根据第 6 周末实际进度的检查结果绘制前锋线，如图 7-10 中点划线所示。通过比较可看出：

（1）工作 D 实际进度拖后 2 周，将使其后续工作 F 的最早开始时间推迟 2 周，并使总工期延长 1 周；

（2）工作 E 实际进度拖后 1 周，既不影响总工期，也不影响其后续工作的正常进行；

（3）工作 C 实际进度拖后 2 周，将使其后续工作 G、H、J 的最早开始时间推迟 2 周，由于工作 G，J 开始时间的推迟，从而使总工期延长 2 周。

综上所述，如果不采取措施加快进度，该工程项目的总工期将延长 2 周。

典型考题 7-4

某分部工程时标网络计划如图 7-11 所示。当该计划执行到第五天结束时检查实际进展情况，实际进度前锋线表明（　　）。

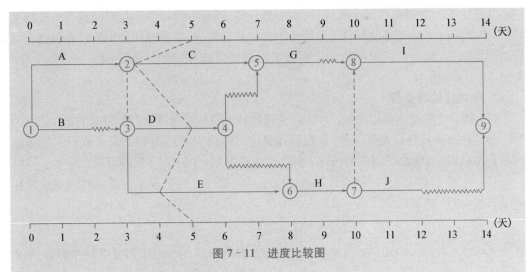

图 7-11 进度比较图

A. 工作 C 实际进度拖后，但不影响总工期

B. 工作 D 仍有总时差 2 天

C. 工作 E 仍有总时差 1 天

D. 工作 G 的最早开始时间将会受影响

E. 工作 H 的最早开始时间不会受影响

解析：A 错误，工作 C 拖后 2 天，将影响总工期 1 天；B 正确，工作 D 进度正常，仍有总时差 2 天；C 错误，工作 E 为关键工作，实际进度拖后 1 天，将影响总工期 1 天；D 正确、E 错误，由于工作 C 和工作 E 的实际进度拖后，将分别影响其紧后工作 G 和 H 的最早开始时间。

正确答案：BD。

7.2.3 S 曲线比较法

S 曲线比较法是以横坐标表示进度时间，纵坐标表示累计完成任务量，绘制出一条按计划时间累计完成任务量的 S 形曲线；然后，将工程项目实施过程中各检查时间实际累计完成任务量的 S 曲线也绘制在同一个坐标系中，进行实际进度与计划进度的比较。

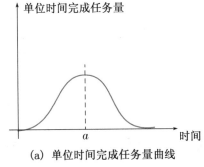

(a) 单位时间完成任务量曲线

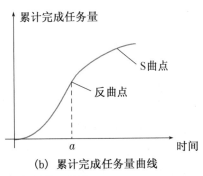

(b) 累计完成任务量曲线

图 7-12 时间与完成任务量关系曲线

从整个工程项目的实施全过程而言,一般是开始和结尾阶段,单位时间投入的资源量较少;中间阶段单位时间投入的资源量较多。与其相对应,单位时间完成的任务量也呈同样的变化曲线,如图 7-12(a)所示。而随工程进展累计完成的任务量则应呈 S 形变化,如图 7-12(b)所示。

1. S 曲线绘制步骤

(1) 确定工程进展速度曲线。在实际工程的计划进度曲线中,很难找到如图 7-12(a)所示的定性分析的连续曲线,但可以根据每单位时间内完成的实物工程量或投入的劳动力与费用,计算出单位时间的量值 q_i,这时 q_i 为离散型,如图 7-13(a)所示。

(2) 计算规定时间 j 计划累计完成的任务量。其计算方法等于各单位时间完成的任务量之和,可以按下式计算:

$$Q_j = \sum q_i \qquad (7-1)$$

式中:Q_j 为某时刻 j 计划累计完成的任务量;q_i 为单位时间 i 的计划完成任务量;j 为某规定计划时刻。

(3) 按各规定时间的 Q_j 值绘制 S 曲线,如图 7-13(b)所示。

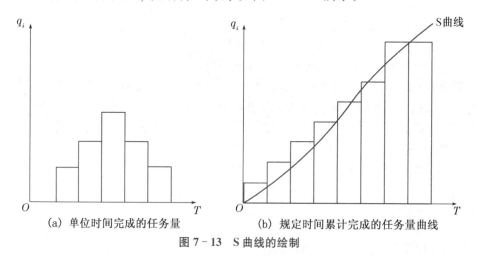

(a) 单位时间完成的任务量　　　　(b) 规定时间累计完成的任务量曲线

图 7-13　S 曲线的绘制

2. S 曲线比较

S 曲线比较法同横道图一样,是在图上直观进行工程项目实际进度与计划进度的比较。一般情况下,计划进度控制人员在计划实施前绘制出计划进度的 S 曲线。在项目实施过程中,按规定时间将检查的实际完成情况,与计划 S 曲线绘制在同一张图上,可以得出实际进度 S 曲线如图 7-14 所示,比较两条 S 曲线可以得到如下结论。

(1) 项目实际进度与计划进度比较:当实际工程进展点落在计划 S 曲线左侧,则表示此时实际进度比计划进度超前;若落在其右侧,则表示拖后;若刚好落在其上,则表示两者一致。

(2) 项目实际进度比计划进度超前或拖后的时间如图 7-14 所示,ΔT_a 表明 T_a 时刻进度超前的时间;ΔT_b 表示 T_b 时刻实际进度拖后的时间。

(3) 项目实际进度比计划进度超额或拖欠的任务量如图 7-14 所示,ΔQ_a 表示 T_a 时刻超额完成的任务量;ΔQ_b 表示 T_b 时刻拖欠完成的任务量。

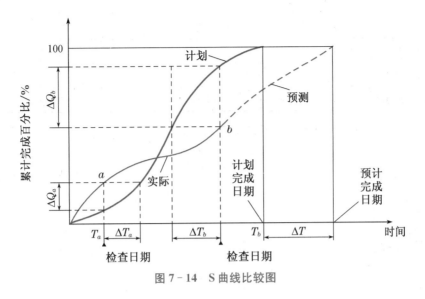

图 7-14　S 曲线比较图

（4）预测工程进度如图 7-14 所示，后续工程按原计划速度进行，则工期拖延预测值为 ΔT。

【工程案例 7-4】

某工程基础土方总量为 3 600 m³，按照施工方案，计划 11 个月完成，每月计划完成的土方量如图 7-15 所示，绘制该土方工程的 S 曲线。

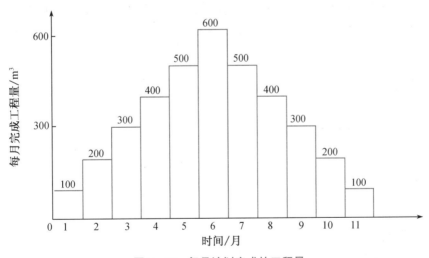

图 7-15　每月计划完成的工程量

【案例解析】（1）根据单位时间计划完成任务量，计算不同时间累计完成计划任务量，见表 7-1。

表 7-1 计划完成任务量与累计完成计划任务量

时间/月	1	2	3	4	5	6	7	8	9	10	11
每月完成量/m³	100	200	300	400	500	600	500	400	300	200	100
累计完成量/m³	100	300	600	1 000	1 500	2 100	2 600	3 000	3 300	3 500	3 600

（2）根据累计完成计划任务量绘 S 曲线，如图 7-16 所示。

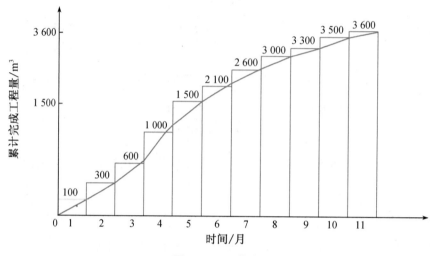

图 7-16 S 曲线

（3）实际进度与计划进度的比较。按照规定时间将检查收集到的实际累计完成任务量绘制在原计划 S 曲线图上，即可得到实际进度 S 曲线，如图 7-17 所示。

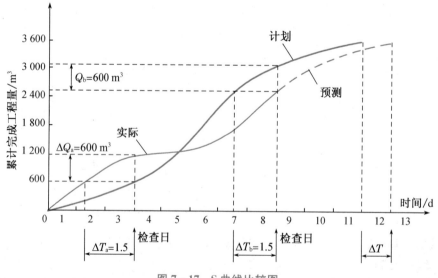

图 7-17 S 曲线比较图

① 检查工程项目实际进度超前或拖后的时间。从图 7-17 可以看出，在第一个检查日（3 月末），实际进度 S 曲线在计划进度 S 曲线的左侧，说明这时实际进度超前，超前时间约为 $\Delta T_a=1.5$ 月。在第二个检查日（8 月末），实际进度 S 曲线在计划进度 S 曲线的右侧，说明这时实际进度拖后，拖后时间约为 $\Delta T_a=1.5$ 个月。

② 检查工程项目实际超额或拖欠的工程量。从图 7-17 可以看出，在第一个检查日（3 月末）提前完成工程量约为 $\Delta Q_b=600 \text{ m}^3$。在第二个检查日（8 个月末），拖欠工程量约为 $\Delta Q_b=600 \text{ m}^3$。

③ 如果后期工程按原计划速度进行，预测工程可能在第 12 个月末完成，超过计划工期 1 个月（$\Delta T=1$ 个月）。

典型考题 7-5

某工程计划累计完成工程量的 S 曲线和每天实际完成的工程量如下图所示，则第 4 天下班时刻该工程累计拖欠的工程量为（　　）m^3。（2018 年二建）

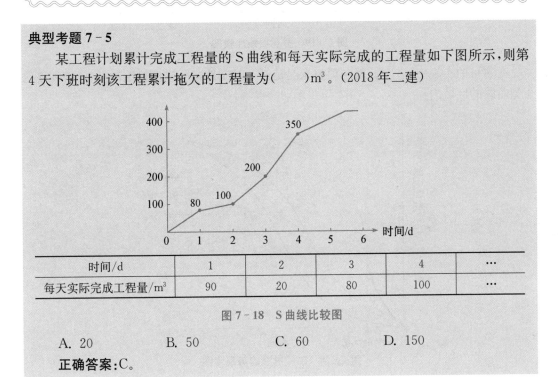

时间/d	1	2	3	4	...
每天实际完成工程量/m³	90	20	80	100	...

图 7-18 S 曲线比较图

A. 20　　　　　B. 50　　　　　C. 60　　　　　D. 150

正确答案：C。

7.2.4 香蕉曲线比较法

香蕉曲线是两种 S 曲线组合成的闭合曲线，其一是以网络计划中各工作任务的最早开始时间安排进度而绘制的 S 曲线，称 ES 曲线；其二是以各项工作计划的最迟开始时间安排进度绘制的 S 曲线，称为 LS 曲线。由于两条曲线都是同一项目，其计划开始时间和完成时间相同，因此，ES 曲线和 LS 曲线是闭合的，由于该闭合曲线形似"香蕉"，故称为香蕉曲线，如图 7-19 所示。

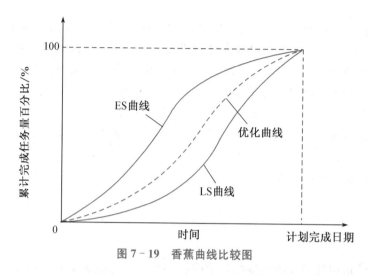

图 7-19　香蕉曲线比较图

在项目的实施中,进度控制的理想状况是任一时刻按实际进度描绘的点,应该在该香蕉型曲线的区域内。

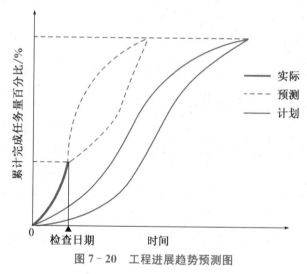

图 7-20　工程进展趋势预测图

▶ 任务 7.3　施工项目进度计划的实施和调整 ◀

工程施工进度计划的实施就是用施工进度计划指导施工活动、落实和完成进度计划,保证各进度目标的实现。

项目的施工进度计划应通过编制年、季、月、旬、周施工进度计划并应逐级落实,最终通过施工任务书或将计划目标层层分解、层层签订承包合同,明确施工任务、技术措施、质量要求等,由施工班组来实施。

提示：编制施工项目进度计划是在满足合同工期要求工期的情况下，对选定的施工方案、资源的供应情况、协作单位配合施工情况等所做的综合研究和周密部署，具体编制步骤见项目 5 中的相关内容。

7.3.1　施工进度计划的审核

在工程项目进度计划的实施之前，为了保证进度计划的科学合理性，必须对施工项目进度计划进行审核，其主要包括以下内容：

（1）进度安排是否符合施工合同确定的建设项目总目标和分目标的要求，是否符合其开工、竣工日期的规定；

（2）施工进度计划中的内容是否有遗漏，分期施工是否满足分批交工的需要和配套交工的要求；

（3）施工顺序安排是否符合施工程序的要求；

（4）资源供应计划是否能保证施工进度计划的实现，供应是否均衡，分包人供应的资源是否满足进度要求；

（5）施工图设计的进度是否满足施工进度计划要求；

（6）总分包之间的进度计划是否相协调，专业分工与计划的衔接是否明确、合理；

（7）对实施进度计划的风险是否分析清楚，是否有相应的对策；

（8）各项保证进度计划实现的措施设计得是否周到、可行、有效。

7.3.2　施工进度计划的实施

施工进度计划的实施指的是按进度计划的要求组织人力、物力和财力进行施工。在进度计划实施过程中，应进行下列工作：

（1）跟踪检查，收集实际进度数据；

（2）将实际进度数据与进度计划对比；

（3）分析计划执行的情况；

（4）对产生的偏差，采取措施予以纠正或调整计划；

（5）检查措施的落实情况；

（6）进度计划的变更必须与有关单位和部门及时沟通。

7.3.3　施工进度计划的检查和调整

1. 施工进度计划的检查

施工进度计划的检查应按统计周期的规定定期进行，并应根据需要进行不定期的检查。施工进度计划检查的内容包括：

（1）检查工程量的完成情况；

（2）检查工作时间的执行情况；

（3）检查资源使用及进度保证的情况；

微课

进度计划的调整

（4）前一次进度计划检查提出问题的整改情况。

施工进度计划检查后应按下列内容编制进度报告：

（1）进度计划实施情况的综合描述；

（2）实际工程进度与计划进度的比较；

（3）进度计划在实施过程中存在的问题及其原因分析；

（4）进度执行情况对工程质量、安全和施工成本的影响情况；

（5）将采取的措施；

（6）进度的预测。

2. 施工进度计划的调整

（1）调整关键线路的长度

拓展知识

① 当关键线路的实际进度比计划进度拖后时，应在尚未完成的关键工作中，选择资源强度小或费用低的工作缩短其持续时间，并重新计算未完成部分的时间参数，将其作为一个新计划实施。

进度调整的系统过程

② 当关键线路的实际进度比计划进度提前时，若不拟提前工期，应选用资源占用量大或者直接费用高的后续关键工作，适当延长其持续时间，以降低其资源强度或费用；当确定要提前完成计划时，应将计划尚未完成的部分作为一个新计划，重新确定关键工作的持续时间，按新计划实施。

（2）非关键工作时差的调整方法

非关键工作时差的调整应在其时差的范围内进行，以便更充分地利用资源、降低成本或满足施工的需要。每一次调整后都必须重新计算时间参数，观察该调整对计划全局的影响。可采用以下几种调整方法：

拓展知识

① 将工作在其最早开始时间与最迟完成时间范围内移动；

② 延长工作的持续时间；

③ 缩短工作的持续时间。

缩短工作持续时间的具体措施

（3）增、减工作项目时的调整方法

包括增减工作量或增减一些工作包（或分项工程）。增减工作内容应做到不打乱原计划的逻辑关系，只对局部逻辑关系进行调整。在增减工作内容以后，应重新计算时间参数，分析对原网络计划的影响。当对工期有影响时，应采取调整措施，保证计划工期不变。但这可能产生如下影响：

① 损害工程的完整性、经济性、安全性、运行效率，或提高项目运行费用；

② 必须经过上层管理者，如投资者、业主的批准。

（4）调整逻辑关系

在工作之间的逻辑关系允许改变的条件下，可改变逻辑关系，达到缩短工期的目的。例如可以把依次进行的有关工作改成平行的或互相搭接的，以及分成几个施工段进行流水施工等，都可以达到缩短工期的目的。这可能产生如下问题：

① 工作逻辑上的矛盾性；

② 资源的限制，平行施工要增加资源的投入强度；

③ 工作面限制及由此产生的现场混乱和低效率问题。

（5）调整工作的持续时间

当发现某些工作的原持续时间估计有误或实现条件不充分时,应重新估算其持续时间,并重新计算时间参数,尽量使原计划工期不受影响。

（6）调整资源的投入

当资源供应发生异常时,应采用资源优化方法对计划进行调整,或采取应急措施,使其对工期的影响最小。资源的调整有时会带来如下问题:

① 造成费用的增加。如增加人员的调遣费用、周转材料一次性费用、设备的进出场费;

② 由于增加资源造成资源使用效率的降低;

③ 加剧资源供应的困难。如有些资源没有增加的可能性,加剧项目之间或工序之间对资源激烈的竞争。

（7）提高劳动生产率

改善工具器具以提高劳动效率;通过辅助措施和合理的工作过程,提高劳动生产率。要注意如下问题:

① 加强培训,且应尽可能地提前;

② 注意工人级别与工人技能的协调;

③ 工作中的激励机制,例如奖金、小组精神发扬、个人负责制、目标明确;

④ 改善工作环境及项目的公用设施;

⑤ 项目小组时间上和空间上合理的组合和搭接;

⑥ 多沟通,避免项目组织中的矛盾。

（8）将部分任务转移

如分包、委托给另外的单位,将原计划由自己生产的结构构件改为外购等。当然这不仅有风险,产生新的费用,而且需要增加控制和协调工作。

（9）将一些工作包合并

特别是在关键线路上按先后顺序实施的工作包合并,与实施者一道研究,通过局部地调整实施过程和人力、物力的分配,达到缩短工期的目的。

> 提示:只有压缩关键路线上活动的持续时间,才能压缩总工期。压缩对象的选择一般考虑如下因素:一般首先选择持续时间相对长的活动;选择压缩成本低的活动;考虑压缩所引起的资源变化。

典型考题 7-6

当施工项目的实际进度比计划进度提前、但业主方不要求提前工期时,适宜采用的进度计划调整方法是（   ）。（2019 年二建）

    A. 适当延长后续关键工作的持续时间以降低资源强度

    B. 在时差范围内调整后续非关键工作的起止时间以降低资源强度

    C. 进一步分解后续关键工作以增加工作项目,调整逻辑关系

    D. 在时差范围内延长后续非关键工作中直接费率大的工作以降低费用

正确答案:A。

【工程案例7-5】

【背景资料】 某工程项目的施工进度计划如图7-21所示,图中箭线上方括号内数字为各工作的直接费用率(万元/周),箭线下方为工作的正常持续时间和最短的持续时间(以周为单位)。该计划执行到第6周末时进行检查,A、B、C、D工作均已完成,E工作完成了1周,F工作完成了3周。

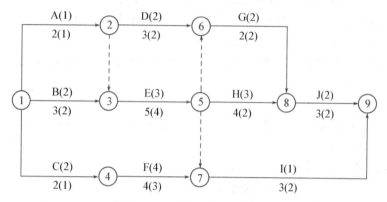

图7-21 某工程网络计划

根据背景资料,回答下列问题:

(1)试绘制实际进度前锋线;

(2)如果后续工作按计划进行,试分析D、E、F三项工作对后续工作和总工期的影响;

(3)如果工期允许拖延,试绘制检查之后的时标网络计划;

(4)如果工期不允许拖延,应如何选择赶工对象?该网络计划应如何赶工?并计算由于赶工所需增加的费用;

(5)试绘制调整之后的时标网络计划。

【解】 (1)实际进度前锋线如图7-22所示。

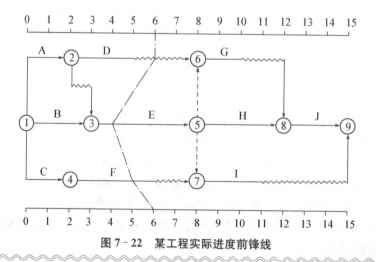

图7-22 某工程实际进度前锋线

（2）从图 7-22 中可以看出，工作 D 实际进度正常，既不影响后续工作，也不影响总工期；工作 E 实际进度拖后 2 周，由于是关键工作，故将使总工期延长 2 周，并使后续工作 G、H、I、J 的开始时间推迟 2 周；工作 F 实际进度拖后 1 周，由于其总时差为 6 周，自由时差为 2 周，故工作 F 既不影响后续工作，也不影响总工期。

（3）如果工期允许拖延，检查之后的时标网络计划如图 7-23 所示。

（4）如果工期不允许拖延，选择赶工对象的原则：选择有压缩潜力的、增加赶工费用最少的关键工作。该网络计划只能压缩关键工作 H、J，工作 J 直接费用率较小，但由于其只能压缩 1 周，故工作 H 也需压缩一周，才能使工期保持 15 周不变。赶工增加费用 3+2=5 万元。

（5）调整之后的时标网络计划如图 7-24 所示。

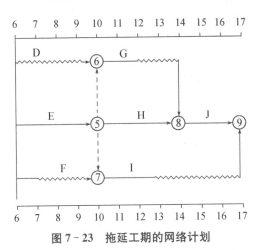

图 7-23　拖延工期的网络计划

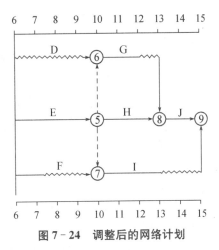

图 7-24　调整后的网络计划

7.3.4　施工方进度控制措施

施工方进度控制的措施主要包括组织措施、管理措施、经济措施和技术措施。

1. 施工方进度控制的组织措施

（1）组织是目标能否实现的决定性因素，因此，为实现项目的进度目标，应充分重视健全项目管理的组织体系。

（2）在项目组织结构中应有专门的工作部门和符合进度控制岗位资格的专人负责进度控制工作。

（3）进度控制的主要工作环节包括进度目标的分析和论证、编制进度计划、定期跟踪进度计划的执行情况、采取纠偏措施以及调整进度计划。这些工作任务和相应的管理职能应在项目管理组织设计的任务分工表和管理职能分工表中标示并落实。

（4）应编制施工进度控制的工作流程。

（5）进度控制工作包含了大量的组织和协调工作，而会议是组织和协调的重要手段，应进行有关进度控制会议的组织设计，以明确：① 会议的类型；② 各类会议的主持人和参加单位人员;③ 各类会议的召开时间;④ 各类会议文件的整理、分发和确认等。

2. 施工方进度控制的管理措施

施工进度控制在管理观念方面存在的主要问题是:

(1) 缺乏进度计划系统的观念,往往分别编制各种独立而互不关联的计划,这样就形成不了计划系统;

(2) 缺乏动态控制的观念,只重视计划的编制,而不重视及时地进行计划的动态调整;

(3) 缺乏进度计划多方案比较和选优的观念,合理的进度计划应体现资源的合理使用、工作面的合理安排、有利于提高建设质量、有利于文明施工和有利于合理地缩短建设周期。

施工方进度控制的管理措施如下:

(1) 施工进度控制的管理措施涉及管理的思想、管理的方法、管理的手段、承发包模式、合同管理和风险管理等。在理顺组织的前提下,科学和严谨的管理十分重要。

(2) 用工程网络计划的方法编制进度计划必须很严谨地分析和考虑工作之间的逻辑关系,通过工程网络的计算可发现关键工作和关键线路,也可知道非关键工作可使用的时差,工程网络计划的方法有利于实现进度控制的科学化。

(3) 承发包模式的选择直接关系到工程实施的组织和协调。为了实现进度目标,应选择合理的合同结构,以避免过多的合同交界面而影响工程的进展。工程物资的采购模式对进度也有直接的影响,对此应作比较分析。

(4) 为实现进度目标,不但应进行进度控制,还应注意分析影响工程进度的风险,并在分析的基础上采取风险管理措施,以减少进度失控的风险量。常见的影响工程进度的风险,如:组织风险、管理风险、合同风险、资源(人力、物力和财力)风险、技术风险等。

(5) 应重视信息技术(包括相应的软件、局域网、互联网以及数据处理设备等)在进度控制中的应用。虽然信息技术对进度控制而言只是一种管理手段,但它的应用有利于提高进度信息处理的效率、有利于提高进度信息的透明度、有利于促进进度信息的交流和项目各参与方的协同工作。

3. 施工方进度控制的经济措施

施工进度控制的经济措施涉及工程资金需求计划和加快施工进度的经济激励措施等。

(1) 为确保进度目标的实现,应编制与进度计划相适应的资源需求计划(资源进度计划),包括资金需求计划和其他资源(人力和物力资源)需求计划,以反映工程施工的各时段所需要的资源。通过资源需求的分析,可发现所编制的进度计划实现的可能性,若资源条件不具备,则应调整进度计划。

(2) 在编制工程成本计划时,应考虑加快工程进度所需要的资金,其中包括为实现施工进度目标将要采取的经济激励措施所需要的费用。

4. 施工方进度控制的技术措施

施工进度控制的技术措施涉及对实现施工进度目标有利的设计技术和施工技术的选用。

(1) 不同的设计理念、设计技术路线、设计方案会对工程进度产生不同的影响,在工程进度受阻时,应分析是否存在设计技术的影响因素,为实现进度目标有无设计变更的必要和是否可能变更。

（2）施工方案对工程进度有直接的影响,在决策其选用施工方案时,不仅应分析技术的先进性和经济合理性,还应考虑其对进度的影响。在工程进度受阻时,应分析是否存在施工技术的影响因素,为实现进度目标有无改变施工技术、施工方法和施工机械的可能性。

典型考题 7-7

下列施工方进度控制的措施中,属于组织措施的有（   ）。（2019 年二建）

A. 进行项目进度管理的职能分工　　B. 评价项目进度管理的组织风险

C. 学习进度控制的管理理念　　　　D. 优化计划系统的体系结构

E. 规范进度变更的管理流程

正确答案:AE。

自测与案例

一、单项选择题

1. 建设工程项目进度计划按编制的深度可分为（   ）。（2019 年二建）

   A. 指导性进度计划、控制性进度计划、实施性进度计划

   B. 总进度计划、单项工程进度计划、单位工程进度计划

   C. 里程碑表、横道图计划、网络计划

   D. 年度进度计划、季度进度计划、月进度计划

2. 下列施工方进度控制的工作中,首先应进行的工作是（   ）。（2022 年二建）

   A. 编制施工进度计划　　　　　　B. 进行施工进度计划交底

   C. 编制资源需求计划　　　　　　D. 进行施工进度检查和调整

3. 编制实施性施工进度计划的主要作用是（   ）。（2020 年二建）

   A. 论证施工总进度目标　　　　　B. 确定施工作业的具体安排

   C. 确定里程碑事件的进度目标　　D. 分解施工总进度目标

4. 下列进度控制工作中,属于业主方任务的是（   ）。（2020 年二建）

   A. 控制设计准备阶段的工作进度　B. 编制施工图设计进度计划

   C. 调整初步设计小组的人员　　　D. 确定设计总说明的编制时间

5. 编制控制性施工进度计划的主要目的是（   ）。（2018 年二建）

   A. 合理安排施工企业计划周期内的生产活动

   B. 具体指导建设工程施工

   C. 确定项目实施计划周期内的资金需求

   D. 对施工承包合同所规定的施工进度目标进行再论证

6. 关于施工进度计划调整的说法,正确的是（   ）。（2015 年一建）

   A. 当资源供应发生异常时,可调整工作的工艺关系

B. 当实际进度计划拖后时,可缩短关键工作持续时间

C. 为充分利用资源,降低成本,应减少资源的投入

D. 任何情况下均不允许增减工作项目

7. 下列建设工程施工方进度控制的措施中,属于技术措施的是(   )。(2018 年二建)

 A. 重视信息技术在进度控制中的应用

 B. 分析工程设计变更的必要性和可能性

 C. 采用网络计划方法编制进度计划

 D. 编制与进度相适应的资源需求计划

8. 下列施工进度控制措施中,属于组织措施的是(   )。(2020 年二建)

 A. 编制进度控制的工作流程 B. 选择适合进度目标的合同结构

 C. 编制资金使用计划   D. 编制和论证施工方案

9. 为确保建设工程项目进度目标的实现,编制与施工进度计划相适应的资源需求计划,以反映工程实施各阶段所需要的资源。这属于进度控制的(   )措施。(2017 年二建)

 A. 组织   B. 管理   C. 经济   D. 技术

10. 下列施工方进度控制的措施中,属于组织措施的是(   )。(2017 年二建)

 A. 优化工程施工方案   B. 应用 BIM 信息模型

 C. 制定进度控制工作流程 D. 采用网络计划技术

二、多项选择题

1. 由不同功能的计划所构成的建设工程进度计划系统一般包括(   )。(2022 年二建)

 A. 设计进度计划   B. 实施性进度计划

 C. 指导性进度规划   D. 总进度规划

 E. 单项工程进度计划

2. 下列与施工进度有关的计划中,属于施工方工程项目管理范畴的有(   )。(2021 年二建)

 A. 项目旬施工作业计划 B. 施工企业季度生产计划

 C. 单位工程施工进度计划 D. 施工企业年度生产计划

 E. 分部工程施工进度计划

3. 在项目实施阶段,项目总进度计划包括(   )。(2015 年二建)

 A. 招标工作进度   B. 设计工作进度

 C. 保修工作进度   D. 工程施工进度

 E. 物资采购工作进度

4. 建设工程项目实施性施工计划的主要作用有(   )。(2015 年二建)

 A. 确定施工作业的具体安排 B. 确定计划期内的人、机、料需求

 C. 确定计划期内的资金需求 D. 确定控制性进度计划的关键指标

 E. 确定里程碑计划节点

5. 下列建设工程项目施工进度控制的措施中,属于组织措施的有(　　)。(2022年二建)

　　A. 项目施工资源需求计划的编制

　　B. 进度控制工作流程的制订

　　C. 进度控制会议的组织设计

　　D. 专门控制部门和人员的设置

　　E. 进度控制任务分工表和管理职能分工表的编制

6. 根据建设工程施工进度检查情况编制的进度报告,其内容有(　　)。(2018年二建)

　　A. 进度计划实施过程中存在的问题分析

　　B. 进度执行情况对质量、安全和施工成本的影响

　　C. 进度的预测

　　D. 进度计划的完整性分析

　　E. 进度计划实施情况的综合描述

7. 根据《建设工程项目管理规范》,施工进度计划的检查内容有(　　)。(2018年二建)

　　A. 工程量的完成情况

　　B. 工作时间的执行情况

　　C. 前次检查提出问题的整改情况

　　D. 资源消耗的离散程度

　　E. 工程费用的优化情况

8. 若网络计划的计算工期不能满足要求工期,则选择拟压缩持续时间的关键工作时,宜考虑的因素有(　　)。(2022年二建)

　　A. 对质量影响不大的工作　　　　B. 对安全影响不大的工作

　　C. 有充足备用资源的工作　　　　D. 费用增加最少的工作

　　E. 持续时间最长的工作

9. 下列施工方进度控制的措施中,属于管理措施的有(　　)。(2017年二建)

　　A. 构建施工监督控制的组织体系

　　B. 用工程网络计划技术进行进度管理

　　C. 选择合理的合同结构

　　D. 采取进度风险的管理措施

　　E. 编制与施工进度相适应的资源需求计划

10. 施工进度计划检查的内容包括(　　)。(2016年二建)

　　A. 实际进度与计划进度的偏差　　B. 前一次检查提出问题的整改情况

　　C. 资源使用及进度保证的情况　　D. 工作时间的执行情况

　　E. 工程量的完成情况

三、案例题

1. 某高校新建新校区,包括办公楼、教学楼、科研中心、后勤服务楼、学生宿舍等多个

单体建筑,由某建筑工程公司进行该群体工程的施工建设。其中,科研中心工程为现浇钢筋混凝土框架结构,地上十层,地下二层,建筑檐口高度 45 m,由于有超大尺寸的特殊设备,设置在地下二层的试验室为两层通高;结构设计图纸说明中规定地下室的后浇带需待主楼结构封顶后才能封闭。在施工过程中,发生了下列事件:

事件一:施工单位进场后,针对群体工程进度计划的不同编制对象,施工单位分别编制了各种施工进度计划,上报监理机构审批后作为参建各方进度控制的依据。

事件二:施工单位针对两层通高试验室区域单独编制了模板及支架专项施工方案,方案中针对模板整体设计有模板和支架选型、构造设计、荷载及其效应计算,并绘制有施工节点详图。监理工程师审查后要求补充该模板整体设计必要的验算内容。

事件三:主体结构验收后,施工单位对后续工作进度以时标网络图形式做出安排,如图 7 - 25 所示(时间单位:周)

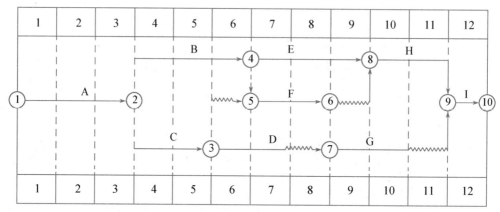

图 7 - 25　进度比较图

在第 6 周末时,建设单位要求提前一周完工,经测算工作 D、E、F、G、H 均可压缩一周(工作 I 不可压缩),所需增加的成本分别为 8 万元、10 万元、4 万元、12 万元、、13 万元。施工单位压缩工序时间,实现提前一周完工。(2016 年二建节选)

问题:事件一中,按照编制对象不同,本工程应编制哪些施工进度计划?

事件二中,按照监理工程师要求,针对模板及支架施工方案中模板整体设计,施工单位应补充哪些必要验算内容?

事件三中,施工单位压缩网络计划时,只能以周为单位进行压缩,其最合理的方式应压缩哪项工作? 为什么? 需增加成本多少万元?

2. 某工程各工作逻辑关系及工作持续时间见表 7 - 2。

表 7 - 2　某工程工序逻辑关系及作业持续时间表

本工作	A	B	C	D	E	F	G	H
工作持续时间/天	3	4	3	2	1	5	3	2
紧前工作		A	A	A	D	B	BCD	D

问题:(1)绘制时标网络计划图。

（2）施工进度计划调整的内容有哪些？

（3）该项目实施过程中，第 5 天末检查实际进度，B、D 工作均拖延 1 天，C 工作超前一天，试绘出实际进度前锋线。

（4）判断按此进度，如果后序工作按计划完成，工程能否如期完工，并说明原因。

（5）该工程施工进度出现偏差时，施工单位应按怎样的步骤进行调整？

参考答案

项目 8　施工项目成本管理

【引言】

成本控制是现代成本管理中最重要的环节,是成本管理的核心。一个企业如果成本控制工作没有做好,成本管理任务是很难完成的。只有抓住成本控制,才能落实其他成本管理环节,促使工程成本不断降低,获得较好的经济效益。

【学习目标】

1. 熟悉成本管理的任务与措施;
2. 具备编制成本计划的能力;
3. 能够应用赢得值法、价值工程原理进行成本控制;
4. 在实践中能自觉遵守职业道德和规范,树立勤俭节约及法律意识。

项目任务单

任务背景

某开发商投资兴建办公楼工程,建筑面积 9 600 m²,地下一层,地上八层,现浇钢筋混凝土框架结构。经公开招投标,某施工单位中标。中标清单部分费用分别是:分部分项工程费 3 793 万元,措施项目费 547 万元,脚手架费为 336 万元,暂列金额 100 万元,其他项目费 200 万元,规费及税金 264 万元。双方签订了工程施工承包合同。其中装饰装修工程合同总计 1 500 万元,工期为 6 个月。

施工单位为了保证项目履约,进场施工后立即着手编制项目管理规划大纲,实施项目管理实施规划,制定了项目部内部薪酬计酬办法,并与项目部签订项目目标管理责任书。项目部为了完成项目目标责任书的目标成本,采用技术与商务相结合的办法,分别制定了 A、B、C 三种施工方案:A 施工方案成本为 4 400 万元,功能系数为 0.34;B 施工方案成本为 4 300 万元,功能系数为 0.32;C 施工方案成本为 4 200 万元,功能系数为 0.34。项目部通过开展价值工程工作,确定最终施工方案。并进一步对施工组织设计等进行优化,制定了项目部责任成本,摘录数据如表 8-1。装饰装修施工时前 4 个月各月完成的工作费用情况如表 8-2 所示。

表 8-1　项目部责任成本额

相关费用	金额(万元)	相关费用	金额(万元)
人工费	477	企业管理费	280
机械费	2 585	利润	…
材料费	278	规费	80
措施费	220	税金	…

表 8-2　检查记录表

月份	计划工作预算费用 BCWS(万元)	已经完成工作量 (%)	已完工作实际费用 ACWP(万元)	挣值 BCWP (万元)
1	180	95	185	
2	220	100	205	
3	240	110	250	
4	300	105	310	

【问题】　(1) 施工单位签约合同价是多少万元？计算本项目的直接成本、间接成本各是多少万元？

(2) 为了完成项目部责任成本,应进行施工成本管理,成本管理的内容包括几个环节,分别是什么？相互之间的关系如何？

(3) 成本控制是成本管理的核心,控制依据有哪些？分为几个步骤？

(4) 赢得(挣)值法使用的三项成本值是什么？并根据表 8-2 数据计算：

① 各月的 BCWP 及 4 个月的 BCWP。

② 4 个月累计的 BCWS、ACWP。

③ 4 个月的 CV、SV,并分析成本和进度状况。

④ 4 个月的 CPI、SPI,并分析成本和进度状况。

(5) 当成本超支时,应采用哪些措施进行成本控制？

(6) 列式计算项目部三种施工方案的成本系数、价值系数(保留小数点后 3 位),并确定最终采用哪种方案。

(7) 在成本核算工作中要做到哪"三同步"？

任务 8.1　成本管理概述

施工成本管理应从工程投标报价开始,直至项目竣工结算,保修金返还为止,贯穿于项目实施的全过程。施工成本管理就是要在保证工期和质量满足要求的情况下,采取相应的措施,把成本控制在计划范围内,并进一步寻求最大限度地节约成本。

8.1.1　施工项目成本含义

施工成本是指在建设工程项目的施工过程中所发生的全部生产费用的总和,包括所消耗的原材料、辅助材料、构配件等的费用,周转材料的摊销费或租赁费等,施工机械的使用费或租赁费等,支付给生产工人的工资、奖金、工资性质的津贴等,以及进行施工组织与管理所发生的全部费用支出。建筑工程项目施工成本由直接成本和间接成本组成。

直接成本是指施工过程中耗费的构成工程实体或有助于工程实体形成的各项费用支出,是可以直接计入工程对象的费用,包括人工费、材料费和施工机具使用费等。间接成本是指准备施工、组织和管理施工生产的全部费用支出,是非直接用于也无法直接计入工程对象,但为进行工程施工所必须发生的费用,包括管理人员工资、办公费、差旅交通费等。

8.1.2　施工项目成本的形式

根据管理的需要,可将成本划分为不同的形式。

1. 按成本形成时间划分

施工项目成本按成本形成时间划分,可分为承包成本、计划成本和实际成本。

(1)承包成本

承包成本指根据工程量清单计算出来的工程量,企业的建筑、安装工程基础定额和各承包区的市场劳务价格、材料价格信息,并按有关取费的指导性费率进行计算。承包成本是反映企业竞争水平的成本,是确定工程造价的基础,也是编制计划成本和评价实际成本的依据。

(2)计划成本

施工项目计划成本是指施工项目经理部根据计划期的有关资料(如工程的具体条件和施工企业为实施该项目的各项技术组织措施),在实际成本发生前预先计算的成本,亦即施工企业考虑降低成本措施后的成本计划数,反映了企业在计划期内应达到的成本水平。它对于加强施工企业和项目经理部的经济核算,建立和健全施工项目成本管理责任制,控制施工过程中生产费用,降低施工项目成本具有十分重要的作用。

(3)实际成本

它是施工项目在报告期内实际发生的各项生产费用的总和。把实际成本与计划成本比较,可揭示成本的节约和超支,考核企业施工技术水平、技术组织措施的贯彻执行情况及企业的经营效果,反映出工程的盈亏情况。因此,计划成本和实际成本都是反映施工企业成本水平的,它受企业本身的生产技术、施工条件及生产经营管理水平所制约。

实际成本的计算程序为:归集人工费→归集材料费→归集机械使用费→归集措施费→归集间接成本→技术总成本。

以上三种成本的关系可用图8-1来说明。

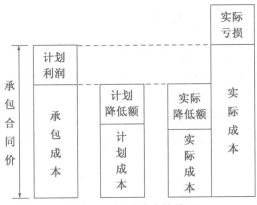

图 8-1 三种成本的关系

典型考题 8-1

施工成本动态控制过程中,在施工准备阶段,相对于工程合同价而言,施工成本实际值可以是(   )。(2020 年二建)

A. 施工成本规划的成本值   B. 投标价中的相应成本项

C. 招标控制价中的相应成本项   D. 投资估算中的建安工程费用

参考答案:A。

2. 按生产费用计入成本的方法划分

施工项目成本按生产费用计入成本的方法划分,可分为直接成本和间接成本。

(1)直接成本

直接成本是指直接耗用于并能直接计入工程对象的费用。

(2)间接成本

间接成本是指为非直接用于也无法直接计入工程对象,但为进行工程施工所必须所发生的费用,通常是按直接成本的比例来计算。

3. 按生产费用与工程量关系划分

施工项目成本按生产费用与工程量关系划分,可分为固定成本和变动成本。

(1)固定成本

固定成本是指在一定期间和一定的工程范围内,发生的成本额不受工程量增减变动的影响而相对固定的成本,如折旧费、管理人员工资等。固定成本是为了保持企业一定的生产经营条件而发生的。

(2)变动成本

指发生总额随着工程量的增减变动而成正比例变动的费用,如直接用于工程的材料费、实际计划工资制的人工费等。

8.1.3 施工成本管理的任务与措施

1. 施工成本管理的任务

施工成本管理的任务主要包括:施工成本预测、施工成本决策、施工成本计

微课

施工成本管理的
任务与措施

划、施工成本控制、施工成本核算、施工成本分析和施工成本考核。

（1）施工成本预测

施工成本预测就是根据成本信息和施工项目的具体情况，运用一定的专门方法，对未来的成本水平及其可能发展趋势做出科学的估计，其是在工程施工以前对成本进行的估算。通过成本预测，可以在满足项目业主和本企业要求的前提下，选择成本低、效益好的最佳成本方案，并能够在施工项目成本形成过程中，针对薄弱环节，加强成本控制，克服盲目性，提高预见性。因此，施工成本预测是施工项目成本决策与计划的依据。施工成本预测，通常是对施工项目计划工期内影响其成本变化的各个因素进行分析，比照近期已完工施工项目或将完工施工项目的成本（单位成本），预测这些因素对工程成本中有关项目（成本项目）的影响程度，预测出工程的单位成本或总成本。

（2）施工成本决策

项目成本决策是指对工程施工生产活动中与成本相关的问题做出判断和选择的过程。项目施工生产活动中的许多问题涉及成本，为了提高各项施工活动的可行性和合理性，为了提高成本管理方法和措施的有效性，项目成本管理过程中，需要对涉及成本的有关问题做出决策。项目成本决策是项目成本管理的重要环节，也是成本管理的重要措施，贯穿于项目生产的全过程。项目成本决策的结果直接影响到未来的工程成本，正确的成本决策对成本管理极为重要。

（3）施工成本计划

施工成本计划是以货币形式编制施工项目在计划期内的生产费用、成本水平、成本降低率以及为降低成本所采取的主要措施和规划的书面方案，它是建立施工项目成本管理责任制、开展成本控制和核算的基础，它是项目降低成本的指导文件，是设立目标成本的依据。可以说，成本计划是目标成本的一种形式。

（4）施工成本控制

施工成本控制是指在施工过程中，对影响施工成本的各种因素加强管理，并采取各种有效措施，将施工中实际发生的各种消耗和支出严格控制在成本计划范围内，随时监督并及时反馈，严格审查各项费用是否符合标准，计算实际成本和计划成本之间的差异并进行分析，进而采取多种措施，消除施工中的损失浪费现象。

（5）施工成本核算

施工成本核算包括两个基本环节：一是按照规定的成本开支范围对施工费用进行归集和分配，计算出施工费用的实际发生额；二是根据成本核算对象，采用适当的方法，计算出该施工项目的总成本和单位成本。施工成本管理需要正确及时地核算施工过程中发生的各项费用，计算施工项目的实际成本。施工项目成本核算所提供的各种成本信息，是成本预测、成本计划、成本控制、成本分析和成本考核等各个环节的依据。

（6）施工成本分析

施工成本分析是在施工成本核算的基础上，对成本的形成过程和影响成本升降的因素进行分析，以寻求进一步降低成本的途径，包括有利偏差的挖掘和不利偏差的纠正。施工成本分析贯穿于施工成本管理的全过程，它是在成本的形成过程中，主要利用施工项目的成本核算资料（成本信息），与目标成本、预算成本以及类似的施工项目的实际成本等进行比较,了解成本的变动情况,同时也要分析主要技术经济指标对成本的影响,系统地研究成本变动的因素,检查成本计划的合理性,并通过成本分析,深入揭示成本变动的规律,寻找降低施工项目成本的途径,以便有效地进行成本控制。成本偏差的控制,分析是关键,纠偏是核心,要针对分析得出的偏差发生原因,采取切实措施,加以纠正。

(7) 施工成本考核

施工成本考核是指在施工项目完成后,对施工项目成本形成中的各责任者,按施工项目成本目标责任制的有关规定,将成本的实际指标与计划、定额、预算进行对比和考核,评定施工项目成本计划的完成情况和各责任者的业绩,并以此给予相应的奖励和处罚。通过成本考核,做到有奖有惩,赏罚分明,才能有效地调动每一位员工在各自施工岗位上努力完成目标成本的积极性,为降低施工项目成本和增加企业的积累,作出自己的贡献。

施工成本管理的每一个环节是相互联系和相互作用的。成本预测是成本决策的前提,成本计划是成本决策所确定目标的具体化。成本控制则是对成本计划的实施进行控制和监督,保证决策的成本目标的实现,而成本核算又是对成本计划是否实现的最后检验,它所提供的成本信息又对下一个施工项目成本预测和决策提供基础资料。成本考核是实现成本目标责任制的保证和实现决策目标的重要手段。

应当指出,成本控制是成本管理的核心。

典型考题 8 - 2

建设工程项目施工成本管理是指在保证工期和质量要求的情况下,采用相应管理措施(　　)。(2019 年一建)
A. 全面分析实际成本的变动状态　　B. 严格控制计划成本的变动范围
C. 实际成本控制在计划范围内　　　D. 把计划成本控制在目标范围内
参考答案:C。

2. 施工成本管理的措施

为了取得施工成本管理的理想效果,应当从多方面采取措施实施管理,通常可以将这些措施归纳为组织措施、技术措施、经济措施、合同措施。

(1) 组织措施

组织措施是从施工成本管理的组织方面采取的措施。施工成本控制是全员的活动,如实行项目经理责任制,落实施工成本管理的组织机构和人员,明确各级施工成本管理人员的任务和职能分工、权利和责任。施工成本管理不仅是专业成本管理人员的工作,各级项目管理人员都负有成本控制责任。

组织措施的另一方面是编制施工成本控制工作计划,确定合理详细的工作流程。要做好施工采购规划,通过生产要素的优化配置、合理使用、动态管理,有效控制实际成本;加强施工定额管理和施工任务单管理,控制活劳动和物化劳动的消耗;加强施工调度,避免因施工计划不周和盲目调度造成窝工损失、机械利用率降低、物料积压等而使施工成本增加。成本控制工作只有建立在科学管理的基础之上,具备合理的管理体制,完善的规章制度,稳定的作业秩序,完整准确的信息传递,才能取得成效。组织措施是其他各类措施的前提和保障,而且一般不需要增加什么费用,运用得当可以收到良好的效果。

（2）技术措施

施工过程中降低成本的技术措施,包括如进行技术经济分析,确定最佳的施工方案。结合施工方法,进行材料使用的比选,在满足功能要求的前提下,通过代用、改变配合比、使用添加剂等方法降低材料消耗的费用。确定最合适的施工机械、设备使用方案。结合项目的施工组织设计及自然地理条件,降低材料的库存成本和运输成本。先进的施工技术的应用,新材料的运用,新开发机械设备的使用等。在实践中,也要避免仅从技术角度选定方案而忽视对其经济效果的分析论证。

技术措施不仅对解决施工成本管理过程中的技术问题是不可缺少的,而且对纠正施工成本管理目标偏差也有相当重要的作用。因此,运用技术纠偏措施的关键,一是要能提出多个不同的技术方案,二是要对不同的技术方案进行技术经济分析。

（3）经济措施

经济措施是最易为人们所接受和采用的措施。管理人员应编制资金使用计划,确定、分解施工成本管理目标。对施工成本管理目标进行风险分析,并制定防范性对策。对各种支出,应认真做好资金的使用计划,并在施工中严格控制各项开支。及时准确地记录、收集、整理、核算实际发生的成本。对各种变更,及时做好增减账,及时落实业主签证,及时结算工程款。通过偏差分析和未完工工程预测,可发现一些将引起未完工程施工成本增加的潜在问题,对这些问题应以主动控制为出发点,及时采取预防措施。由此可见,经济措施的运用绝不仅仅是财务人员的事情。

（4）合同措施

采用合同措施控制施工成本,应贯穿整个合同周期,包括从合同谈判开始到合同终结的全过程。首先是选用合适的合同结构,对各种合同结构模式进行分析、比较,在合同谈判时,要争取选用适合于工程规模、性质和特点的合同结构模式。其次,在合同的条款中应仔细考虑一切影响成本和效益的因素,特别是潜在的风险因素。通过对引起成本变动的风险因素的识别和分析,采取必要的风险对策。如通过合理的方式,增加承担风险的个体数量,降低损失发生的比例,并最终使这些策略反映在合同的具体条款中。在合同执行期间,合同管理的措施既要密切注视对方合同执行的情况,以寻求合同索赔的机会;同时也要密切关注自己履行合同的情况,以防止被对方索赔。

典型考题 8-3

关于建设工程项目施工成本的说法,正确的是（　　）。（2016 年一建）

A. 施工成本计划是对未来的成本水平和发展趋势做出估计

B. 施工成本核算是通过实际成本与计划的对比,评定成本计划的完成情况

C. 施工成本考核是通过成本的归集和分配,计算施工项目的实际成本

D. 施工成本管理是通过采取措施,把成本控制在计划范围内,并最大程度的节约成本

参考答案: D。

任务 8.2　施工成本计划

8.2.1　施工成本计划的类型

施工成本计划是以货币形式编制施工项目在计划期内的生产费用、成本水平、成本降低率以及为降低成本所采取的主要措施和规划的书面方案,它是建立施工项目成本管理责任制、开展成本控制和核算的基础,它是该项目降低成本的指导文件,是设立目标成本的依据,是目标成本的一种形式。

对于一个施工项目而言,其成本计划的编制是一个不断深化的过程。在这一过程的不同阶段形成深度和作用不同的成本计划,按其作用可分为三类。

1. 竞争性成本计划

竞争性成本计划即工程项目投标及签订合同阶段的估算成本计划。这类成本计划是以招标文件中的合同条件、投标者须知、技术规程、设计图纸或工程量清单等为依据,以有关价格条件说明为基础,结合调研和现场考察获得的情况,根据本企业的工料消耗标准、水平、价格资料和费用指标,对本企业完成招标工程所需要支出的全部费用的估算。在投标报价过程中,虽也着力考虑降低成本的途径和措施,但总体上较为粗略。

2. 指导性成本计划

指导性成本计划即选派项目经理阶段的预算成本计划,是项目经理的责任成本目标。它是以合同标书为依据,按照企业的预算定额标准制定的设计预算成本计划,且一般情况下只是确定责任总成本指标。

责任成本目标是企业对项目经理部提出的指令性成本目标,是以预算为依据对项目经理部进行详细施工组织设计、优化施工方案、制定成本降低对策和管理措施提出的要求。

3. 实施性计划成本

实施性计划成本即项目施工准备阶段的施工预算成本计划,它以项目实施方案为依据,落实项目经理责任目标为出发点,不断优化施工技术方案和合理配置生产要素的基础上,通过工料消耗分析和制定降低成本措施之后确定的计划成本,也称现场目标成本。一般情况下,施工预算总额应控制在责任成本目标的范围内,并留有余地。

以上三类成本计划互相衔接和不断深化,构成了整个工程施工成本的计划过程。其中,竞争性计划成本带有成本战略的性质,是项目投标阶段商务标书的基础,而有竞争力的商务标书又是以其先进合理的技术标书为支撑的。因此,它奠定了施工成本的基本框架和水平。指导性计划成本和实施性计划成本,都是战略性成本计划的进一步展开和深化,是对战略性成本计划的战术安排。此外,根据项目管理的需要,实施性成本计划又可按施工成本组成、按子项目组成、按工程进度分别编制施工成本计划。

典型考题 8-4

下列成本计划中,用于确定责任总成本目标的是( )。(2020 年一建)

A. 指导性成本计划　　　　　　　B. 竞争性成本计划

C. 响应性成本计划　　　　　　　D. 实施性成本计划

参考答案: A。

 **知识链接**

施工预算和施工图预算的区别

(1) 编制的依据不同

施工预算的编制以施工定额为主要依据,施工图预算的编制以预算定额为主要依据,而施工定额比预算定额划分得更详细、更具体,并对其中所包括的内容,如质量要求、施工方法以及所需劳动工日、材料品种、规格型号等均有较详细的规定或要求。

(2) 适用的范围不同

施工预算是施工企业内部管理用的一种文件,与建设单位无直接关系;而施工图预算既适用于建设单位,又适用于施工单位。

(3) 发挥的作用不同

施工预算是施工企业组织生产、编制施工计划、准备现场材料、签发任务书、考核功效、进行经济核算的依据,它也是施工企业改善经营管理、降低生产成本和推行内部经营承包责任制的重要手段;而施工图预算则是投标报价的主要依据。

8.2.2　成本计划编制依据

编制成本计划,需要广泛收集相关资料并进行整理,作为成本计划编制的依据。在此基础上,根据有关设计文件、工程承包合同、施工组织设计、成本预测资料等,按照项目应投入的生产要素,结合各种因素变化的预测和拟采取的各种措施,估算项目生产费用支出的总水平,进而提出项目的成本计划控制指标,确定目标总成本。目标总成本确定后,应将总目标分解落实到各级部门,以便有效地进行控制。最后,通过综合平衡,编制完成成本计划。

成本计划编制依据应包括:合同文件、项目管理实施规划、相关设计文件、价格信息、相关定额、类似项目的成本资料。

微课

施工成本计划
的编制

8.2.3　成本计划的编制方法

施工总成本目标确定之后,还需通过编制详细的实施性施工成本计划把目标成本层层分解,落实到施工过程的每个环节,有效地进行成本控制。施工成本计划的编制方式有:

（1）按施工成本组成编制施工成本计划；

（2）按项目结构编制施工成本计划；

（3）按工程实施阶段编制施工成本计划。

1. 按施工成本组成编制施工成本计划

按照成本构成要素，建筑工程安装费由人工费、材料（包含工程设备）费、施工机具使用费、企业管理费、利润、规费和税金组成。其中人工费、材料费、施工机具使用费、企业管理费和利润包含在分部分项工程费、措施项目费、其他项目费中，如图 8-2 所示。

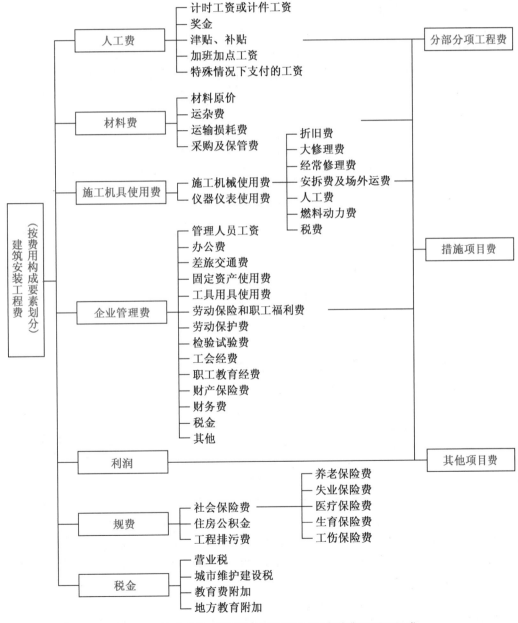

图 8-2　按成本构成要素划分的建筑工程安装费用项目组成

施工成本可以按照成本构成分解为人工费、材料费、施工机具使用费和企业管理费等,如图 8-3 所示。在此基础上,编制施工成本构成分解的施工成本计划。

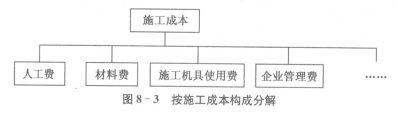

图 8-3　按施工成本构成分解

2. 按项目组成编制施工成本计划的方法

大中型工程项目通常是由若干单项工程构成的,而每个单项工程包括了多个单位工程,每个单位工程又是由若干个分部分项工程所构成。因此,首先要把项目总施工成本分解到单项工程和单位工程中,再进一步分解为分部工程和分项工程,如图 8-4 所示。

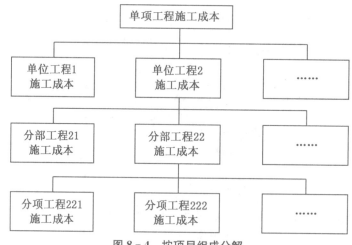

图 8-4　按项目组成分解

在完成施工项目成本目标分解之后,接下来就要具体地分配成本,编制分项工程的成本支出计划,从而得到详细的成本计划,见表 8-3。

表 8-3　分项工程成本计划表

分项工程编码	工程内容	计量单位	工程数量	计划综合单价	本分项总计
(1)	(2)	(3)	(4)	(5)	(6)

在编制成本支出计划时,要在项目总的方面考虑总的预备费,也要在主要的分项工程中安排适当的不可预见费,避免在具体编制成本计划时,可能发现个别单位工程或工程量表中某项内容的工程量计算有较大出入,使原来的成本预算失实,并在项目实施过程中对其尽可能地采取一些措施。

3. 按工程实施阶段编制施工成本计划的方法

编制按工程进度的施工成本计划,通常可利用控制项目进度的网络图进一步扩充而得。即在建立网络图时,一方面确定完成各项工作所需花费的时间,另一方面同时确定完成这一工作的合适的施工成本支出计划。在实践中,将工程项目分解为既能方便地表示时间,又能方便地表示施工成本支出计划的工作是不容易的,通常如果项目分解程度对时间控制合适的话,则对施工成本支出计划可能分解过细,以至于不可能对每项工作确定其施工成本支出计划。反之亦然。因此在编制网络计划时,应在充分考虑进度控制对项目划分要求的同时,还要考虑确定施工成本支出计划对项目划分的要求,做到二者兼顾。

通过对施工成本目标按时间进行分解,在网络计划基础上,可获得项目进度计划的横道图。并在此基础上编制成本计划。其表示方式有两种:一种是在时标网络图上按月编制的成本计划,另一种是利用时间—成本曲线(S 形曲线)表示。

时间—成本累积曲线的绘制步骤如下:

(1)确定工程项目进度计划,编制进度计划的横道图。

(2)根据单位时间内完成的实物工程量或投入的人力、物力和财力,计算单位时间(月或旬)的成本。

(3)计算规定时间 t 计划累计支出的成本额,其计算方法为:各单位时间计划完成的成本额累加求和,可按下式计算:

$$Q_t = \sum q_n \tag{8-1}$$

式中:Q_t 为某时间 t 计划累计支出成本额;q_n 为单位时间 n 的计划支出成本额;t 为某规定计划时刻。

(4)根据计算的 Q_t 值,绘制 S 形曲线。

【工程案例 8-1】

已知某项目的数据资料,见表 8-4。

表 8-4   工程数据资料

项目名称	最早开始时间(月份)	工期(月)	成本强度(万元/月)
场地平整	1	1	20
基础施工	2	3	15
主体工程施工	4	5	30
砌筑工程施工	8	3	20
屋面工程施工	10	2	30
楼地面施工	11	2	20
室内设施按照	11	1	30
室内装饰	12	1	20
室外装饰	12	1	10

【问题】   绘制该项目的时间成本累积曲线。

【案例解析】   (1)确定施工项目进度计划,编制进度计划的横道图,如图 8-5 所示。

编码	项目名称	最早开始时间	工期（月）	成本强度（万元/月）	工程进度（月份）											
					1	2	3	4	5	6	7	8	9	10	11	12
11	场地平整	1	1	20	▬											
12	基础施工	2	3	15		▬▬▬										
13	主体工程施工	4	5	30				▬▬▬▬▬								
14	砌筑工程施工	8	3	20								▬▬▬				
15	层面工程施工	10	2	30										▬▬		
16	楼地面施工	11	2	20											▬▬	
17	室内设施安装	11	1	30											▬	
18	室内装饰	12	1	20												▬
19	室外装饰	12	1	10												▬

图 8-5　进度计划横道图

（2）在横道图上按时间编制成本计划，如图 8-6 所示。

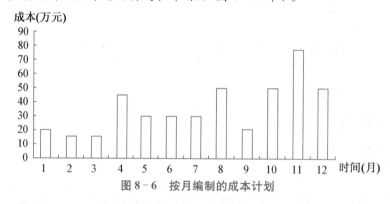

图 8-6　按月编制的成本计划

（3）计算规定时间 t 计划累计支出的成本额。

$Q_1 = 20$ 万元，$Q_2 = 35$ 万元，$Q_3 = 50$ 万元，…，$Q_{10} = 305$ 万元，$Q_{11} = 385$ 万元，$Q_{12} = 435$ 万元。

（4）绘制 S 形曲线，如图 8-7 所示。

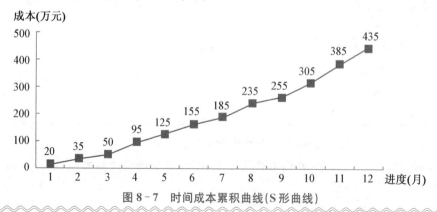

图 8-7　时间成本累积曲线（S 形曲线）

每一条 S 形曲线都对应某一特定的工程进度计划。因为在进度计划的非关键路线中存在许多有时差的工序或工作,因而 S 形曲线(成本计划值曲线)必然包络在由全部工作都按最早开始时间开始和全部工作都按最迟必须开始时间开始的曲线所组成的"香蕉图"内。项目经理可根据编制的成本支出计划来合理安排资金,同时项目经理也可以根据筹措的资金来调整 S 形曲线,即通过调整非关键路线上的工序项目的最早或最迟开工时间,力争将实际的成本支出控制在计划的范围内。

一般而言,所有工作都按最迟开始时间开始,对节约资金贷款利息是有利的,但同时,也降低了项目按期竣工的保证率,因此项目经理必须合理地确定成本支出计划,达到既节约成本支出,又能控制项目工期的目的。

以上三种编制施工成本计划的方式并不是相互独立的。在实践中,往往是将这几种方式结合起来使用,从而可以取得扬长避短的效果。例如:将项目横向按施工成本构成分解,纵向按项目分解,或相反。这种分解方式有助于检查各分部分项工程施工成本构成是否完整,有无重复计算或漏算;同时还有助于检查各项具体的施工成本支出的对象是否明确或落实,并且可以从数字上校核分解的结果有无错误。或者还可以纵向按项目分解,横向按时间分解。

典型考题 8 - 5

某工程施工成本计划采用时间—成本累积曲线(S 曲线)表示,因进度计划中存在有时差的工作,S 形曲线必然被包络在由全部工作都按(　　　)的曲线所组成的"香蕉图"内。(2019 年一建)

A. 最早开始时间开始和最迟开始时间开始

B. 最早开始时间开始和最早完成时间开始

C. 最迟开始时间开始和最迟完成时间开始

D. 最早开始时间开始和最迟完成时间开始

正确答案:A。

▶ 任务 8.3　施工成本控制 ◀

成本控制是指在项目成本的形成过程中,对生产经营所消耗的人力资源、物资资源和费用开支进行指导、监督、检查和调整,及时纠正将要发生和已经发生的偏差,把各项生产费用控制在计划成本的范围之内,以保证成本目标的实现。

8.3.1　施工成本控制的依据

1. 合同文件

施工成本控制要以工程承包合同为依据,围绕降低工程成本这个目标,从预算成本和实际成本两方面,努力挖掘增收节支潜力,以求获得最大的经济效益。

微课

施工成本控制简介

2. 成本计划

施工成本计划是根据施工项目的具体情况制定的施工成本控制方案,既包括预定的具体成本控制目标,又包括实现控制目标的措施和规划,是施工成本控制的指导文件。

3. 进度报告

进度报告提供了每一时刻工程实际完成量,工程施工成本实际支付情况等重要信息。施工成本控制工作正是通过实际情况与施工成本计划相比较,找出二者之间的差别,分析偏差产生的原因,从而采取措施改进以后的工作。此外,进度报告还有助于管理者及时发现工程实施中存在的问题,并在事态还未造成重大损失之前采取有效措施,尽量避免损失。

4. 工程变更与索赔资料

在项目的实施过程中,由于各方面的原因,工程变更是很难避免的。工程变更一般包括设计变更、进度计划变更、施工条件变更、技术规范与标准变更、施工次序变更、工程数量变更等。一旦出现变更,工程量、工期、成本都必将发生变化,从而使得施工成本控制工作变得更加复杂和困难。因此,施工成本管理人员就应当通过对变更要求当中各类数据的计算、分析,随时掌握变更情况,包括已发生工程量、将要发生工程量、工期是否拖延、支付情况等重要信息,判断变更以及变更可能带来的索赔额度等。

5. 各种资源的市场信息

各级各种资源的市场价格信息和项目实施的情况,计算项目的成本偏差,估计成本的发展趋势。

除了上述几种施工成本控制工作的主要依据以外,有关施工组织设计、分包合同等也都是施工成本控制的依据。

典型考题 8 - 6

施工成本控制的主要依据包括(　　　)。(2017 年一建)

A. 工程承包合同　　　　B. 施工成本计划　　　　C. 施工图预算

D. 进度报告　　　　　　E. 工程变更

正确答案:ABDE。

8.3.2　施工成本控制的步骤

在确定了施工成本计划之后,必须定期地进行施工成本计划值与实际值的比较,当实际值偏离计划值时,分析产生偏差的原因,采取适当的纠偏措施,以确保施工成本控制目标的实现。其步骤如下:

1. 比较

按照某种确定的方式将施工成本计划值与实际值逐项进行比较,以发现施工成本是否已超支。

2. 分析

在比较的基础上,对比较的结果进行分析,以确定偏差的严重性及偏差产生的原因。

这一步是施工成本控制工作的核心,其主要目的在于找出产生偏差的原因,从而采取有针对性的措施,减少或避免相同原因的再次发生或减少由此造成的损失。

3. 预测

按照完成情况估计完成项目所需的总费用。

4. 纠偏

当工程项目的实际施工成本出现了偏差,应当根据工程的具体情况、偏差分析和预测的结果,采取适当的措施,以期达到使施工成本偏差尽可能小的目的。纠偏是施工成本控制中最具实质性的一步。只有通过纠偏,才能最终达到有效控制施工成本的目的。对偏差原因进行分析的目的是为了有针对性地采取纠偏措施,从而实现成本的动态控制和主动控制。纠偏首先要确定纠偏的主要对象,偏差原因有些是无法避免和控制的,如客观原因,充其量只能对其中少数原因做到防患于未然,力求减少该原因所产生的经济损失。在确定了纠偏的主要对象之后,就需要采取有针对性的纠偏措施。纠偏可采用组织措施、经济措施、技术措施和合同措施等。

5. 检查

检查是指对工程的进展进行跟踪和检查,及时了解工程进展状况以及纠偏措施的执行情况和效果,为今后的工作积累经验。

8.3.3　施工成本控制的方法

8.3.3.1　用挣值法控制成本

赢得值法作为一项先进的项目管理技术,最初是美国国防部于 1967 年首次确立的。到目前为止,国际上先进的工程公司已普遍采用赢得值法进行工程项目的费用、进度综合分析控制。用赢得值法进行费用、进度综合分析控制,基本参数有三项,即已完工作预算费用、计划工作预算费用和已完工作实际费用。

1. 赢得值法的三个基本参数

(1)已完工作预算费用

已完工作预算费用为 BCWP (Budgeted Cost for Work Performed),是指在某一时间已经完成的工作(或部分工作),以批准认可的预算为标准所需要的资金总额,由于业主正是根据这个值为承包人完成的工作量支付相应的费用,也就是承包人获得(挣得)的金额,故称赢得值或挣值。

$$已完工作预算费用(BCWP)=已完成工作量×预算单价 \qquad (8-2)$$

(2)计划工作预算费用

计划工作预算费用,简称 BCWS (Budgeted Cost for Work Scheduled),即根据进度计划,在某一时刻应当完成的工作(或部分工作),以预算为标准所需要的资金总额,一般来说,除非合同有变更,BCWS 在工程实施过程中应保持不变。

$$计划工作预算费用(BCWS)=计划工作量×预算单价 \qquad (8-3)$$

(3)已完工作实际费用

已完工作实际费用,简称 ACWP (Actual Cost for Work Performed),即到某一时刻为止,已完成的工作(或部分工作)所实际花费的总金额。

$$已完工作实际费用（ACWP）=已完成工作量×实际单价 \qquad (8-4)$$

2. 赢得值法的四个评价指标

在这三个基本参数的基础上，可以确定赢得值法的四个评价指标，它们也都是时间的函数。

（1）费用偏差 CV

费用偏差（CV）=已完工作预算费用（BCWP）－已完工作实际费用（ACWP）

$$(8-5)$$

当费用偏差（CV）为负值时，即表示项目运行超出预算费用；

当费用偏差（CV）为正值时，表示项目运行节支，实际费用没有超出预算费用。

（2）进度偏差 SV

进度偏差（SV）=已完工作预算费用（BCWP）－计划工作预算费用（BCWS）　$(8-6)$

当进度偏差（SV）为负值时，表示进度延误，即实际进度落后于计划进度；

当进度偏差（SV）为正值时，表示进度提前，即实际进度快于计划进度。

（3）费用绩效指数（CPI）

费用绩效指数（CPI）=已完工作预算费用（BCWP）/已完工作实际费用（ACWP）

$$(8-7)$$

当费用绩效指数 CPI<1 时，表示超支，即实际费用高于预算费用；

当费用绩效指数 CPI>1 时，表示节支，即实际费用低于预算费用。

（4）进度绩效指数（SPI）

进度绩效指数（SPI）=已完工作预算费用（BCWP）/计划工作预算费用（BCWS）

$$(8-8)$$

当进度绩效指数 SPI<1 时，表示进度延误，即实际进度比计划进度拖后；

当进度绩效指数 SPI>1 时，表示进度提前，即实际进度比计划进度快。

> 提示：费用（进度）偏差反映的是绝对偏差，结果很直观，有助于费用管理人员了解项目费用出现偏差的绝对数额，并依此采取一定措施，制定或调整费用支出计划和资金筹措计划。但是，绝对偏差有其不容忽视的局限性。如同样是 10 万元的费用偏差，对于总费用 1 000 万元的项目和总费用 1 亿元的项目而言，其严重性显然是不同的。因此，费用（进度）偏差仅适合于对同一项目作偏差分析。费用（进度）绩效指数反映的是相对偏差，它不受项目层次的限制，也不受项目实施时间的限制，因而在同一项目和不同项目比较中均可采用。

在实际执行过程中，最理想的状态是已完工作实际费用（ACWP）、计划工作预算费用（BCWS）、已完工作预算费用（BCWP）三条曲线靠得很近、平稳上升，表示项目按预定计划目标进行。如果三条曲线离散度不断增加，则预示可能发生关系到项目成败的重大问题。

典型考题 8-7

　　某分项工程采用赢得值法分析得到：已完工作预算费用（BCWP）＞计划工作预算费用（BCWS）＞已完工作实际费用（ACWP），则该工程（　　　）。（2019 年一建）

A. 费用节余　　　　　B. 进度提前　　　　　C. 费用超支

D. 进度延误　　　　　E. 费用绩效指数大于 1

正确答案：ABE。

【工程案例 8-2】

某建筑工程通过公开招标中标某商务中心工程。合同工期 10 个月，合同总价 4 000 万元。项目经理部在第十个月时对该工程前 9 个月费用情况进行了统计检查，有关情况见表 8-5。

【问题】 （1）计算各月的 BCWP 及 9 个月的 BCWP。

（2）计算 9 个月累计的 BCWS、ACWP。

（3）计算 9 个月的 CV 与 SV，并分析成本和进度状况。

（4）计算 9 个月的 CPI、SPI，并分析成本和进度状况。

表 8-5　检查记录表

月　份	计划完成工作预算费用/万元	已完成工作量/%	实际发生费用/万元
1	220	100	215
2	300	100	290
3	350	95	335
4	500	100	500
5	660	105	680
6	520	110	565
7	480	100	470
8	360	105	370
9	320	100	310

【案例解析】 （1）计算结果见表 8-6。

表 8-6　结果分析表

月　份	计划完成工作预算费用/万元	已完成工作量/%	实际发生费用/万元	已完成工作预算费用/万元
1	220	100	215	220
2	300	100	290	300
3	350	95	335	332.5
4	500	100	500	500
5	660	105	680	693
6	520	110	565	572
7	480	100	470	480
8	360	105	370	378
9	320	100	310	320
合计	3 710		3 735	3 795.5

（2）9个月累计的 BCWS 为 3 710 万元，ACWP 为 3 735 万元。

（3）9个月的 CV 与 SV

费用偏差 CV＝BCWP－ACWP＝3 795.5－3 735＝60.5 万元，由于 CV 为正，说明费用节支。

进度偏差 SV＝BCWP－BCWS＝3 795.5－3 710＝85.5 万元，由于 SV 为正，说明进度提前。

（4）9个月的 CPI、SPI

费用绩效系数 CPI＝BCWP/ACWP＝3 795.5/3 735＝1.016，由于 CPI 大于1，说明费用节支。

进度绩效系数 SPI＝BCWP/BCWS＝3 795.5/3 710＝1.023，由于 SPI 大于1，说明进度提前。

3. 偏差分析的方法

偏差分析可采用不同的方法，常用的有横道图法、表格法和曲线法。

（1）横道图法

用横道图法进行费用偏差分析，是用不同的横道标识已完工作预算费用（BCWP）、计划工作预算费用（BCWS）和已完工作实际费用（ACWP），横道的长度与其金额成正比，如图 8-8 所示。

横道图法具有形象、直观、一目了然等优点，它能够准确表达出费用的绝对偏差，而且能一眼感受到偏差的严重性。但这种方法反映的信息量少，一般在项目的较高管理层应用。

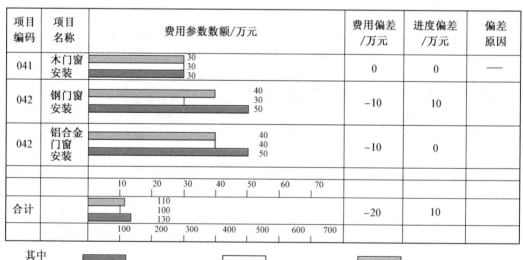

图 8-8 横道图法的费用偏差分析

（2）表格法

表格法是进行偏差分析最常用的一种方法。它将项目编号、名称、各费用参数以及费用偏差数综合归纳入一张表格中，并且直接在表格中进行比较。由于各偏差参数都在表中列出，使得费用管理者能够综合地了解并处理这些数据。

用表格法进行偏差分析具有如下优点：

① 灵活、适用性强。可根据实际需要设计表格，进行增减。

② 信息量大。可以反映偏差分析所需的资料，从而有利于费用控制人员及时采取针对性措施，加强控制。

③ 表格处理可借助于计算机，从而节约大量数据处理所需的人力，并大大提高速度。

（3）曲线法

在项目实施过程中，BCWS、BCWP、ACWP 三条曲线绘制在一个坐标系中，应用赢得值法进行费用、进度综合控制，还可以根据当前进度，费用偏差情况，通过原因分析，按趋势进行预测项目进度、费用情况，如图 8-9 所示。

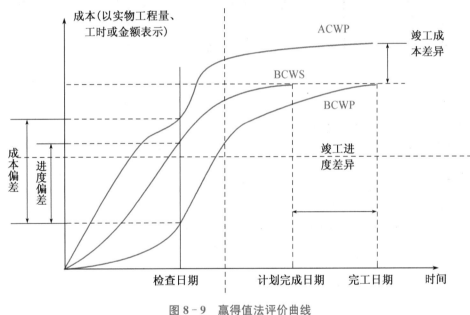

图 8-9　赢得值法评价曲线

典型考题 8-8

关于施工成本偏差分析方法的说法，正确的有（　　　　）。（2016 年一建）

A. 横道图法是进行偏差分析最常用的一种方法

B. 横道图法具有形象、直观等优点

C. 曲线法不能用于定量分析

D. 表格法反映的信息量大

E. 表格法具有灵活、适用性强的优点

正确答案：BDE。

4. 偏差原因分析与纠偏措施

（1）偏差原因分析

偏差分析的一个重要目的就是要找出引起偏差的原因,从而采取有针对性的措施,减少或避免相同原因的再次发生。在进行偏差原因分析时,首先应当将已经导致和可能导致偏差的各种原因逐一列举出来。导致不同工程项目产生费用偏差的原因具有一定共性,因而可以通过对已建项目的费用偏差原因进行归纳、总结,为该项目采用预防措施提供依据。一般来说,产生费用偏差的原因有以下几种,如图 8-10 所示。

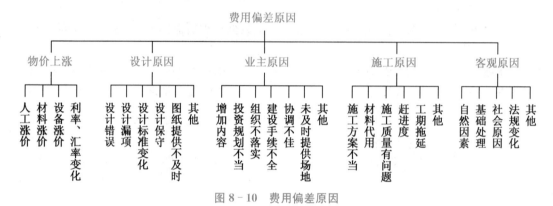

图 8-10 费用偏差原因

（2）纠偏措施

通常要压缩已经超支的费用,而不损害其他目标是十分困难的,一般只有当给出的措施比原计划已选定的措施更为有利,或使工程范围减少,或生产效率提高,成本才能降低,例如:

① 寻找新的、更好更省的、效率更高的设计方案;

② 购买部分产品,而不是采用完全由自己生产的产品;

③ 重新选择供应商,但会产生供应风险,选择需要时间;

④ 改变实施过程;

⑤ 变更工程范围;

⑥ 索赔,例如向业主、承（分）包商、供应商索赔以弥补费用超支。

8.3.3.2 用价值工程原理控制工程成本

1. 用价值工程控制成本的原理

微课

$$V = \frac{F}{C} \qquad (8-9)$$

价值工程法控制
工程成本

式中:V 代表价值;F 代表功能;C 代表成本。

按价值工程的公式 $V = F/C$ 分析,提高价值的途径有 5 条:

（1）功能提高,成本不变;

（2）功能不变,成本降低;

（3）功能提高,成本降低;

（4）降低辅助功能,大幅度降低成本;

（5）成本稍有提高，大大提高功能。

其中（1）、（3）、（4）条途径是提高价值，同时也降低成本的途径。应当选择价值系数低，降低成本潜力大的工程作为价值工程的对象，寻求对成本的有效降低。

2. 价值分析的对象

（1）选择数量大，应用面广的构配件。

（2）选择成本高的工程和构配件。

（3）选择结构复杂的工程和配件。

（4）选择体积与重量大的工程和构配件。

（5）选择对产品功能提高起关键作用的构配件。

（6）选择在使用中维修费用高、耗能量大或使用期的总费用较大的工程和构配件。

（7）选择畅销产品，以保持优势，提高竞争力。

（8）选择在施工（生产）中容易保证质量的工程和构配件。

（9）选择施工（生产）难度大、多花费材料和工时的工程和构配件。

（10）选择可利用新材料、新设备、新工艺、新结构及科研上已有先进成果的工程和构配件。

【工程案例 8-3】

某施工单位承接了某项工程的总包施工任务，该工程由 A、B、C、D 四项工作组成，施工场地狭小。为了进行成本控制，项目经理部对各项工作进行了分析，其结果见表 8-7。

表 8-7　某项目价值评分表

工作	功能评分	预算成本/万元
A	15	650
B	35	1 200
C	30	1 030
D	20	720
合计	100	3 600

【问题】（1）计算表 8-8 中 A、B、C、D 四项工作的评价系数、成本系数和价值系数。

表 8-8　某项目价值评分表

工作	功能评分	预算成本/万元	评价（功能）系数	成本系数	价值系数
A	15	650			
B	35	1 200			
C	30	1 030			
D	20	720			
合计	100	3 600			

（2）A、B、C、D四项工作中，施工单位应首选哪项工作作为降低成本的对象？说明理由。

【案例解析】 （1）评价系数、成本系数和价值系数计算见表8-9。

表8-9 某项目价值评分表

工作	功能评分	预算成本/万元	评价(功能)系数	成本系数	价值系数
A	15	650	0.15	0.18	0.83
B	35	1 200	0.35	0.33	1.06
C	30	1 030	0.30	0.29	1.03
D	20	720	0.20	0.20	1.00
合计	100	3 600	1.00	1.00	

（2）施工单位应首选A工作作为降低成本的对象，因为A工作价值系数低，降低成本潜力大。

任务8.4 施工成本核算、成本分析和成本考核

8.4.1 施工成本核算

微课

成本核算、成本分析和成本考核

施工项目成本核算在施工项目成本管理中的重要性体现在两个方面：一方面它是施工项目进行成本预测，制订成本计划和实行成本控制所需信息的重要来源；另一方面它又是施工项目进行成本分析和成本考核的基本依据。施工项目成本核算是施工项目成本管理中最基本的职能，离开了成本核算，就谈不上成本管理，也就谈不上其他职能的发挥。

1. 施工成本核算对象的划分

成本核算对象，是指在计算工程成本中，确定归集和分配生产费用的具体对象，即生产费用承担的客体。一般来说有以下几种划分方法：

（1）一个单位工程由几个施工单位共同施工时，各施工单位都应以同一单位工程为成本核算对象，各自核算自行完成的部分。

（2）规模大，工期长的单位工程，可以将工程划分为若干部位，以分部位的工程作为成本核算对象。

（3）同一建设项目，由同一施工单位施工，并在同一施工地点，属同一结构类型，开竣工时间相近的若干单位工程，可以合并作为一个成本核算对象。

（4）改建、扩建的零星工程，可以将开竣工时间相接近，属于同一建设项目的各个单位工程合并作为一个成本核算对象。

（5）土石方工程，打桩工程，可以根据实际情况和管理需要，以一个单项工程为成本

核算对象,或将同一施工地点的若干个工程量较少的单项工程合并作为一个成本核算对象。

2. 施工成本核算的内容

施工成本核算包括人工费、材料费、周转材料费、结构构件费、机械使用费、其他措施费、分包工程费、项目月度施工成本报告编制。

3. 施工成本核算的要求

(1)每一个月为一个核算期,在月末进行。

(2)采取会计核算、统计核算、业务核算"三算结合"的方法。

(3)在核算中做好实际成本与责任目标成本的对比分析、实际成本与计划成本对比分析。

(4)核算对象按单位工程划分,并与责任目标成本的界定范围相一致。

(5)坚持形象进度、施工产值统计、实际成本归集"三同步"。形象进度表达的工程量、统计施工产值的工程量和实际成本归集所依据的工程量均应是相同的数值。

(6)编制月度项目成本报告上报企业,以接受指导、检查和考核。具体内容如下:

① 人工费周报表。人工费用报表应该每周编制一份。项目经理部必须掌握人工费用的详细情况,了解该周某工程施工中的每个分项工程的人工单位成本和总成本,以及与之对应的预算数据。有了这些资料,就不难发现哪些分项工程的单位成本或总成本与预算存在差异,从而进一步找出症结所在。

② 工程成本月报表。工程成本月报表包括工程的全部费用,是针对每一个施工项目设立的。该报表的资料数据很多都来自工程成本分类账。工程成本月报表有助于项目经理评价本工程中各个分项工程的成本支出情况。

③ 工程成本分析月报表。工程成本分析月报表将施工项目的分部分项工程成本资料和结算资料汇于一表,使得项目经理能够纵观全局。该报表一月一编报,也可以一季编报一次。工程成本分析月报表的资料来源于施工项目的成本日记账、成本分类账及应收账款分类账,起到报告工程成本现状的作用。

(7)每月末预测后期成本的变化趋势和状况,制定改善成本控制的措施。

(8)搞好施工产值和实际成本的归集。包括月工程结算收入、人工、材料、机械费及现场管理费等。

典型考题 8 - 9

关于施工成本核算的说法,正确的有( )。(2017 年二建)

A. 成本核算时应做到预测、计划、实际成本三同步

B. 成本核算制和项目经理责任制等共同构成项目管理的运行机制

C. 竣工工程完成成本用于考核项目管理绩效

D. 定期成本核算是竣工工程全面成本核算的基础

E. 施工成本一般以单位工程为成本核算对象

正确答案: BDE。

8.4.2　施工成本分析

施工项目的成本分析,就是根据统计核算、业务核算和会计核算提供的资料,对项目成本的形成过程和影响成本升降的因素进行分析,以寻求进一步降低成本的途径(包括项目成本中的有利偏差的挖潜和不利偏差的纠正);另一方面,通过成本分析,可从账簿、报表反映的成本现象看清成本的实质,从而增强项目成本的透明度和可控性,为加强成本控制,实现项目成本目标创造条件。由此可见,施工项目成本分析,也是降低成本,提高项目经济效益的重要手段之一。

由于项目成本涉及的范围很广,需要分析的内容较多,因此应该在不同的情况下采取不同的分析方法,除了基本的分析方法外,还有成本项目的分析方法、综合成本的分析方法、和专项成本的分析方法等,本章主要介绍前面两种方法。

拓展知识

- 综合成本分析方法
- 专项成本分析方法

8.4.2.1　成本分析的基本方法

成本分析的基本方法包括对比分析法、因素分析法、差额法和比率法四种。

1. 比较法

比较法的应用,通常有下列形式:

(1) 将实际指标与计划指标对比,以检查计划的完成情况,分析完成计划的积极因素和影响计划完成的原因,以便及时采取措施,保证成本目标的实现。

(2) 本期实际指标与上期实际指标对比。通过这种对比,可以看出各项技术经济指标的动态情况,反映施工项目管理水平的提高程度。

(3) 与本行业平均水平、先进水平对比。通过这种对比,可以反映本项目的技术管理和经济管理与其他项目的平均水平和先进水平的差距,进而采取措施赶超先进水平。

以上三种对比,可以在一张表上同时反映。

2. 因素分析法

因素分析法,又称连环替代法。这种方法,可用来分析各种因素对成本形成的影响程度。在进行分析时,首先要假定众多因素中的一个因素发生了变化,而其他因素则不变,然后逐个替换,并分别比较其计算结果,以确定各个因素的变化对成本的影响程度。

因素分析法的计算步骤如下:

(1) 确定分析对象即所分析的技术经济指标,并计算出实际值与计划值之间的差异;

(2) 确定该指标是由哪几个因素组成的,并按其相互关系进行排序;

(3) 以计划预算数为基础,将各因素的计划预算数相乘,作为分析替代的基数;

(4) 将各个因素的实际数按照上面的排列顺序进行替换计算,并将替换后的实际数保留下来;

(5) 将每次替换计算所得的结果,与前一次的计算结果相比较,两者的差异即为该因素对成本的影响程度;

(6) 各个因素的影响程度之和,应与分析对象的总差异相等。

提示:在应用"因素分析法"时,各个因素的排列顺序应该固定不变。否则,就会得出不同的计算结果,也会产生不同的结论。排序规则一般是先实物量,后价值量;先绝对值,后相对值。

【工程案例8-4】

某种工程材料目标成为 128 万元,实际成本为 143.22 万元,比目标成本增加 15.22 万元,资料见表 8-10。分析成本增加的原因。

表 8-10　材料成本情况表

项 目	单 位	计 划	实 际	差 异	差异率/%
工程量	m³	100	110	+10	+10.0
单位材料耗量	kg	320	310	−10	−3.11
材料单价	元/kg	40	42	+2	+5
材料成本	元	1 280 000	1 432 200	+152 200	+11.89

【案例解析】　(1)分析对象某工程材料的成本,实际成本与目标成本的实际差额为 15.22 万元,该指标是由工程量、单位材料损耗量、材料单价组成的,排序见表 8-11。

(2)以目标数 1 280 000 元($=100 \times 320 \times 40$)为分析替代的基础,具体计算见表 8-11。

表 8-11　某工程材料成本影响因素分析法

计算顺序	替换因素	影响成本的变动因素			成本/元	与前一次之差异/元	差异原因
		工程量/m³	单位材料耗量/kg	单价/元			
① 替换基数		100	320	40	1 280 000		
② 一次替换	工程量	110	320	40	1 408 000	128 000	工程量增加
③ 二次替换	单耗量	110	310	40	1 364 000	−44 000	单位耗量节约
④ 三次替换	单价	110	310	42	1 432 200	68 200	单价提高
合　计						152 200	

3. 差额计算法

差额计算法是因素分析法的一种简化形式,它利用各个因素的计划与实际的差额来计算其对成本的影响程度。

【工程案例 8－5】

背景同上例,应用差额计算法分析成本增加的原因。

【解】 用于工程量增加时成本增加:$(110-100)\times320\times40=128\,000$(元);

由于单位损耗量节约使成本降低:$(310-320)\times110\times40=-44\,000$(元);

由于单价提高使成本增加:$(42-40)\times110\times310=68\,200$(元)。

4. 比率法

比率法是指用两个以上的指标的比例进行分析的方法。它的基本特点是:先把对比分析的数值变成相对数,再观察其相互之间的关系。常用的比率法有以相关比率、构成比率和动态比率法。

8.4.2.2 成本项目的分析方法

1. 人工费分析

项目施工需要的人工和人工费,由项目管理机构与作业队签订劳务分包合同,明确承包范围、承包金额和双方的权利、义务。除了按合同规定支付劳务费以外,还可能发生些其他人工费支出,主要有:

(1) 因实物工程量增减而调整的人工和人工费。

(2) 定额人工以外的计日工工资(如果已按定额人工的一定比例由作业队包干,并已列入承包合同的,不再另行支付)。

(3) 对在进度、质量、成本等方面作出贡献的班组和个人进行奖励的费用。

项目管理层应根据上述人工费的增减,结合劳务分包合同的管理进行分析。

2. 材料费分析

材料费分析包括主要材料、结构件和周转材料使用费的分析以及材料储备的分析。

(1) 主要材料和结构件费用的分析

主要材料和结构件费用的高低,主要受价格和消耗数量的影响。而材料价格的变动,受采购价格、运输费用、途中损耗、供应不足等因素的影响。材料消耗数量的变动,则受操作损耗、管理损耗和返工损失等因素的影响。因此,可在价格变动较大和数量超用异常的时候再作深入分析。为了分析材料价格和消耗数量的变化对材料和结构件费用的影响程度,可按下列公式计算:

$$因材料价格变动对材料费的影响=(计划单价-实际单价)\times实际数量 \quad (8-10)$$
$$因消耗数量变动对材料费的影响=(计划用量-实际用量)\times实际价格 \quad (8-11)$$

(2) 周转材料使用费分析

在实行周转材料内部租赁制的情况下,项目周转材料费的节约或超支,取定于材料周转率和损耗率,周转减慢,则材料周转的时间增长,租赁费支出就增加。而超过规定的损耗,则要照价赔偿。

(3) 采购保管费分析

材料采购保管费属于材料的采购成本,包括:材料采购保管人员的工资、工资附加费、劳动保护费、办公费、差旅费,以及材料采购保管过程中发生的固定资产使用费、工具用具使用费、检验试验费、材料整理及零星运费和材料物资的盘亏及毁损等。材料采购保管费一般应与材料采购数量同步,即材料采购多,采购保管费也会相应增加。因此,应根据每月实际采购的材料数量(金额)和实际发生的材料采购保管费,分析保管费率的变化。

（4）材料储备资金分析

材料的储备资金是根据日平均用量、材料单价和储备天数(即从采购到进场所需要的时间)计算的。上述任何一个因素变动,都会影响储备资金的占用量。材料储备资金的分析,可以应用"因素分析法"。

3. 机械使用费分析

由于项目施工是一次性的,项目管理机构不可能拥有自己的机械设备,而是随着施工的需要,向企业动力部门或外单位租用。在机械设备的租用过程中,存在两种情况:一是按产量进行承包,并按完成产量计算费用,如土方工程。项目管理机构只要按实际挖掘的土方工程量结算挖土费用,而不必考虑挖土机械的完好程度和利用程度。另一种是按使用时间(台班)计算机械费用的,如塔吊、搅拌机、砂浆机等,如果机械完好率低或在使用中调度不当,必然会影响机械的利用率,从而延长使用时间,增加使用费。因此,项目管理机构应该给予一定的重视。

由于建筑施工的特点,在流水作业和工序搭接上往往会出现某些必然或偶然的施工间隙,影响机械的连续作业。有时,又因为加快施工进度和工种配合,需要机械日夜不停地运转。这样便造成机械综合利用效率不高,比如机械停工,则需要支付停班费。因此,在机械设备的使用过程中,应以满足施工需要为前提,加强机械设备的平衡调度,充分发挥机械的效用。同时,还要加强平时的机械设备的维修保养工作,提高机械的完好率,保证机械的正常运转。

4. 管理费分析

管理费分析,也应通过预算(或计划)数与实际数的比较来进行。预算与实际比较的表格形式见表 8 - 12。

表 8 - 12　管理费预算(或计划)与实际比较

序号	项目	预算	实际	计划	备注
1	管理人员工资				包括职工福利费和劳动保护费
2	办公费				包括生活水电费和取暖费
3	差旅交通费				
4	固定资产使用费				包括折旧及修理费
5	工具用具使用费				
6	劳动保险费				
…					
合计					

8.4.3　施工项目的成本考核

施工项目成本考核的目的,在于贯彻落实责权利相结合的原则,促进成本管理工作的健康发展,更好地完成施工项目的成本目标。

项目成本管理是一个系统工程,而成本考核则是系统的最后一个环节。如果对成本考核工作抓得不紧,或者不按正常的工作要求进行考核,前面的成本预测、成本控制、成本核算、成本分析都将得不到及时正确的评价。施工项目的成本考核,特别要强调施工过程中的中间考核。

施工项目的成本考核,可以分为两个层次:一是企业对项目经理的考核;二是项目经理对所属部门、施工队和班组的考核(对班组的考核,平时以施工队为主)。通过以上的层层考核,督促项目经理、责任部门和责任者更好地完成自己的责任成本,从而形成实现项目成本目标的层层保证体系。

1. 施工项目成本考核的要求

(1) 企业对施工项目经理部进行考核时,应以确定的责任目标成本为依据。

(2) 项目经理部应以控制过程的考核为重点,控制过程的考核应与竣工考核相结合。

(3) 各级成本考核应与进度、质量、安全等指标完成情况相联系。

(4) 项目成本考核的结果应形成文件,为奖惩责任人提供依据。

2. 施工项目成本考核的实施

(1) 施工项目的成本考核采取评分制

具体方法为先按考核内容评分,然后按七与三的比例加权平均。即:责任成本完成情况的评分为七,成本管理工作业绩的评分三。这是一个假设的比例,施工项目可以根据自己的具体情况进行调整。

(2) 施工项目的成本考核要与相关指标的完成情况相结合

具体方法为成本考核的评分是奖罚的依据,相关指标的完成情况为奖罚的条件。也就是在根据评分计奖的同时,还要参考相关指标的完成情况加奖或扣罚。

3. 强调项目成本的中间考核

项目成本的中间考核,可从两方面考虑:

(1) 月度成本考核。一般是在月度成本报表编制以后,根据月度成本报表的内容进行考核。

(2) 阶段成本考核。项目的施工阶段,一般可分为基础、结构、装饰、总体等四个阶段。如果是高层建筑,可对结构阶段的成本进行分层考核。

4. 正确考核施工项目的竣工成本

施工项目的竣工成本,是在工程竣工和工程款结算的基础上编制的,它是竣工成本考核的依据。

工程竣工,表示项目建设已经全部完成,并已具备交付使用的条件,竣工成本是项目经济效益的最终反映。它既是上缴利税的依据,又是进行职工分配的依据。由于施工项目的竣工成本关系到国家、企业、职工的利益,必须做到核算正确,考核正确。

5. 施工项目成本的奖罚

施工项目的成本考核,如上所述,可分为月度考核、阶段考核和竣工考核三种。对成本完成情况的经济奖罚,也应分别在上述三种成本考核的基础上立即兑现,不能只考核不奖罚,或者考核后拖了很久才奖罚。

　　施工项目成本奖罚的标准,应通过经济合同的形式明确规定。这就是说,经济合同规定的奖罚标准具有法律效力,任何人都无权中途变更,或者拒不执行。另一方面,通过经济合同明确奖罚标准以后,职工群众就有了争取目标,因而也会在实现项目成本目标中发挥更积极的作用。

　　在确定施工项目成本奖罚标准的时候,必须从本项目的客观情况出发,既要考虑职工的利益,又要考虑项目成本的承受能力。

　　此外,企业领导和项目经理还可对完成项目成本目标有突出贡献的部门、施工队、班组和个人进行随机奖励。这是项目成本奖励的另一种形式,不属于上述成本奖罚范围。而这种奖励形式,往往能起到立竿见影的效用。

自测与案例

一、单项选择题

　　1. 在施工过程中对影响成本的因素加强管理,采取各种有效措施保证消耗和支出不超过成本计划,该做法属于成本管理任务中(　　)的工作内容。(2022 年二建)

　　　　A. 成本控制　　　B. 成本核算　　　C. 成本分析　　　D. 成本考核

　　2. 下列建设工程项目成本管理的任务中,作为建立施工项目成本管理责任制、开展施工成本控制和核算的基础是(　　)。(2019 年二建)

　　　　A. 成本预测　　　B. 成本复核　　　C. 成本分析　　　D. 成本计划

　　3. 下列施工成本管理措施中,属于经济措施的是(　　)。(2020 年二建)

　　　　A. 做好施工采购计划　　　　　　B. 选用合适的合同结构

　　　　C. 确定施工任务单管理流程　　　　D. 分解成本管理目标

　　4. 对建设工程项目目标控制的纠偏措施中,属于技术措施的是(　　)。(2019 年二建)

　　　　A. 调整管理方法和手段　　　　　B. 调整项目组织结构

　　　　C. 调整资金供给方式　　　　　　D. 调整施工方法

　　5. 关于按工程实施阶段编制施工成本计划的说法,正确的是(　　)。(2022 年二建)

　　　　A. 施工成本应按时间进行分解,分解的越细越好

　　　　B. 首先要将总成本分解到单项工程和单位工程中

　　　　C. 首先要将成本分解为人工费、材料费和施工机具使用费

　　　　D. 可在控制施工进度的网络图基础上进一步扩充得到施工成本计划

　　6. 施工成本控制的工作包括:① 按实际情况估计完成项目所需的总费用;② 分析产生成本偏差的原因;③ 对工程的进展进行跟踪和检查;④ 将施工成本计划值与实际值逐项进行比较;⑤ 采取纠偏措施,其正确的工作步骤是(　　)。(2016 年二建)

　　　　A. ③→②→①→④→⑤　　　　　B. ④→②→①→⑤→③

　　　　C. ④→②→③→⑤→①　　　　　D. ③→④→②→①→⑤

　　7. 采用时间-成本累积曲线法编制建设工程项目成本计划时,为了节约资金贷款利息,所有工作的时间宜按(　　)确定。(2019 年二建)

A. 最早开始时间　　　　　　　B. 最迟完成时间减干扰时差

C. 最早完成时间加自由时差　　D. 最迟开始时间

8. 对某建设工程项目进行成本偏差分析,若当月计划完成工作量是 100 m³,计划单价为 300 元/m³;当月实际完成工作量是 120 m³,实际单价为 320 元/m³。则关于该项目当月成本偏差分析的说法,正确的是(　　　)。(2019 年二建)

A. 费用偏差为 −2 400 元,成本超支

B. 费用偏差为 6 000 元,成本节约

C. 进度偏差为 6 000 元,进度延误

D. 进度偏差为 2 400 元,进度提前

9. 关于利用时间—成本累积曲线编制的施工成本计划的说法,正确的是(　　　)。(2015 年二建)

A. 所有工作都按最迟开始时间,对节约资金不利

B. 所有工作都按最早开始时间,对节约资金有利

C. 所有工作都按最迟开始时间,降低了项目按期竣工的保证率

D. 项目经理通过调整关键工作的最早开始时间,将成本控制在计划范围内

10. 项目经理部通过在混凝土拌和物中加入添加剂以降低水消耗量,属于成本管理措施中的(　　　)。(2017 年二建)

A. 经济措施　　　　　　　　　B. 组织措施

C. 合同措施　　　　　　　　　D. 技术措施

二、多项选择题

1. 下列施工成本管理措施中,属于技术措施的有(　　　)。(2020 年二建)

A. 加强施工任务单管理　　　　B. 确定最佳的施工方案

C. 进行材料使用的比选　　　　D. 使用先进的机械设备

E. 加强施工调度

2. 下列施工成本管理的措施中,属于技术措施的有(　　　)。(2019 年二建)

A. 确定合适的施工机械、设备使用方案

B. 落实各种变更签证

C. 在满足功能要求下,通过改变配合比降低材料消耗

D. 加强施工调度,避免物料积压

E. 确定合理的成本控制工作流程

3. 为了有效地控制施工机械使用费的支出,施工企业可以采取的措施有(　　　)。(2018 年二建)

A. 加强设备租赁计划管理,减少安排不当引起的设备闲置

B. 加强机械调度,避免窝工

C. 加强现场设备维修保养,避免不当使用造成设备停置

D. 做好机上人员和辅助人员的配合,提高台班产量

E. 尽量采用租赁的方式,降低设备购置费

4. 某工程主要工作是混凝土浇筑,中标的综合单价是 400 元/m³,计划工程量是

8 000 m³。施工过程中因原材料价格提高使实际单价为500元/m³,实际完成并经监理工程师确认的工程量是9 000 m³。若采用赢得值法进行综合分析,正确的结论有(　　)。(2017年二建)

  A. 已完工作预算费用360万元 B. 费用偏差为90万元,费用节省

  C. 进度偏差为40万元,进度拖延 D. 已完工作实际费用为450万元

  E. 计划工作预算费用为320万元

三、案例题

1. 某办公楼工程,钢架结构,钻孔灌注桩基础,地下一层,地上20层,总建筑面积25 000² m²,其中地下建筑面积3 000² m²,施工单位中标后与建设单位签订了施工承包合同,合同约定,"……至2017年6月15日竣工,工期目标470日历天,质量目标合格,主要材料由施工单位自行采购;因建设单位原因导致工期延误,工期顺延,每延误一天支付施工单位10 000元/天的延误费……",合同签订后,施工单位实施了项目进度策划。其中上部标准层结构工作安排如表8-14。

表8-14　上部标准层结构工序安排表

工作内容	施工准备	模板支撑体系搭设	模板支设	钢筋加工	钢筋绑扎	管线预埋	混凝土浇筑
工作编号	A	B	C	D	E	F	G
时间(天)	1	2	2	2	2	1	1
紧后工序	B、D	C、F	E	E	G	G	/

桩基施工时遇地下溶洞(地质勘探未探明),由此造成工期延误20日历天,施工单位向建设单位提交索赔报告,要求延长工期20日历天,补偿误工费20万元。

地下室结构完成,施工单位自检合格后,项目负责人立即组织总监理工程师及建设单位、勘察单位和设计单位项目负责人进行地基基础分部验收。

施工至十层结构时,因商品混凝土供应迟缓,延误工期10日历天;施工至二十层结构时,建设单位要求将该层进行结构变更,又延误工期15日历天。施工单位向建设单位提交索赔报告,要求延长工期25日历天,补偿误工费25万元。

装饰装修阶段。施工单位采取编制成本控制流程,建立协调机制等措施,保证合同约定目标的实现。(2018年二建)

问题:(1)根据上部标准层结构工序安排表绘制出双代号网络图,找出关键线路,并计算上部标准层结构每层工期是多少日历天?

(2)本工程地基基础分部工程的验收程序有哪些不妥之处?并说明理由?

(3)除采取组织措施外,降低成本还有哪几种措施?

(4)施工单位索赔成立的工期和费用是多少?逐一说明理由?

参考答案

项目 9　施工项目质量管理

【引言】

"百年大计,质量第一"是我国多年来在工程建设方面所贯彻的基本方针。建设工程质量不仅关系到建设工程的适用性、可靠性、耐久性和建设项目的投资效益,而且直接关系到人民群众生命和财产安全。加强质量管理,预防和正确处理可能发生的工程质量事故,保证工程质量达到预期目标,是建设工程施工管理的主要任务之一。

【学习目标】

1. 了解工程项目质量的特性、影响质量的因素、工程质量的特点及质量管理的方法;

2. 掌握项目施工质量控制的过程;

3. 熟悉施工质量事故预防与处理;

4. 能够在项目的不同阶段采用相应的方法进行质量控制;

5. 树立"百年大计、质量为本"的质量担当意识和责任意识以及精益求精、追求完美和极致的工匠精神。

项目任务单

背景资料

某建筑公司承接一项综合楼任务,建筑面积 100 828 m²,地下 3 层,地上 26 层,箱型基础,主体为框架结构。该项目地处城市主要街道交叉路口,是该地区的标志性建筑物。因此,施工单位在施工过程中加强了对工序质量的控制。在第 5 层楼板钢筋隐蔽工程验收时发现整个楼板受力钢筋的型号不对、位置放置错误,施工单位非常重视,及时进行了返工处理。在第 10 层混凝土部分试块检测时,发现强度达不到设计要求,但实体经有资质的检测单位检测鉴定,强度达到了要求。由于加强了预防和检查,没有再发生类似情况。该楼最终顺利完工,达到验收条件后,建设单位组织了竣工验收。

任务内容

(1) 影响工程质量的因素有哪些? 工程质量有什么特点?

(2) 简述建筑工程质量管理的基本原则和方法。

（3）工序质量控制的内容有哪些？

（4）说出第 5 层钢筋隐蔽工程验收的要点。

（5）第 10 层的质量问题是否需要处理？请说明理由。

（6）如果第 10 层混凝土强度经检测达不到要求，施工单位应如何处理？

任务 9.1　建设工程项目质量管理概述

9.1.1　建设工程项目质量

微课

质量特性及
质量管理

建设工程项目质量是指通过工程项目实施形成的工程实体的质量，符合有关标准规定和合同约定的要求。包括在安全、使用功能、耐久性、环境保护等方面满足所有明示和隐含能力的特性总和。其质量特性主要体现在由施工形成的建筑工程的适用性、安全性、耐久性、可靠性、经济性及与环境的协调性六个方面。

（1）适用性，即功能，是指工程满足使用目的的各种性能。包括物理性能、化学性能、结构性能、使用性能和外观性能等。

（2）耐久性，即寿命，是指工程在规定的条件下，满足规定功能要求使用的年限，也就是工程竣工后的合理使用寿命周期。

（3）安全性，是指工程建成后在使用过程中保证结构安全、保证人身和环境免受危害的程度。建设工程产品的结构安全度、抗震、耐火及防火能力及抗辐射、抗核污染、抗爆炸波等能力。

（4）可靠性，是指工程在规定的时间和规定的条件下完成规定功能的能力。工程不仅要求在交工验收时要达到规定的指标，而且在一定的使用时期内要保持应有的正常功能。

（5）经济性，是指工程从规划、勘察、设计、施工到整个产品使用寿命周期内的成本和消耗的费用。工程的经济性具体表现为设计成本、施工成本和使用成本三者之和。

（6）与环境的协调性，是指工程与其周围生态环境协调，与所在地区经济环境协调以及与周围已建工程相协调，以适应可持续发展的要求。

上述六个方面在质量特性彼此之间是相互依存的，都必须达到最基本的要求，缺一不可。

9.1.2　影响工程质量的主要因素

微课

质量的影响
因素及控制

影响工程质量的因素主要有五个方面，即人（Man）、材料（Material）、机械（Machine）、方法（Method）和环境（Environment），简称 4M1E 因素。

1. 人员素质

工程项目建设的决策者、管理者、操作者是生产经营活动的主体，人员的素质，将直接和间接地对规划、决策、勘察、设计和施工的质量产生影响。因此，建筑行业实行经营资质管理和各类专业从业人员持证上岗制度是保证人员素质的重要管理措施。

2. 工程材料

材料包括工程材料和施工用料,又包括原材料、半成品、成品、构配件和周转材料等。各类材料是工程施工的物质条件,材料质量是工程质量的基础,材料质量不符合要求,工程质量就不可能达到标准。所以加强材料的控制是保证工程质量的重要基础。

3. 机械设备

机械设备可分为两类:一是指组成工程实体及配套的工艺设备和各类机具,如各通风空调、电梯、消防环保设备等,它们构成了建筑设备安装工程或工业设备安装工程,形成完整的使用功能。它们是工程项目的重要组成部分,其质量的优劣,直接影响到工程使用功能的发挥。二是指施工过程中使用的各类施工机具设备,包括运输设备、吊装设备、操作工具、测量仪器等,它们是施工生产的手段,是所有施工方案和工法得以实施的重要物质基础,合理选择和正确使用施工机械设备是保证施工质量的重要措施。

4. 施工方法

施工方法包括施工技术、施工方案、施工工艺、工法和施工技术措施等。从某种程度上讲,技术工艺水平的高低,决定了施工质量的优劣。采用先进合理的工艺、技术,依据规范的工法和作业指导书进行施工,必将对组成质量因素的产品精度、强度、平整度、清洁度、耐久性等物理、化学特性等方面起到良好的推进作用。大力推进采用新技术、新工艺、新方法,提高工艺技术水平,是保证工程质量稳定提高的重要因素。

5. 环境条件

环境的因素主要包括施工现场的自然环境因素、施工质量管理环境因素和施工作业环境因素。环境因素对工程质量的影响,具有辅助多变和不确定性的特点。良好的环境对施工质量起着不可忽略的作用。

(1)施工现场自然环境因素:主要指工程地质、水文、气象条件和周边建筑、地下障碍物以及其他不可抗力等施工质量的影响因素。

(2)施工质量管理环境因素:主要指施工单位质量管理体系、质量管理制度和各参建施工单位之间的协调因素。

(3)施工作业环境因素:主要指施工现场平面和空间环境条件,各种能源介质供应、施工照明、通风、安全防护设施,施工场地给排水,以及交通运输和道路条件等因素。

典型考题 9-1

下列影响建设工程施工质量的因素中,作为施工质量控制基本出发点的因素是( )。(2018 年二建)

    A. 人   B. 机械   C. 材料   D. 环境

正确答案:A。

9.1.3 工程质量的特点

建设工程质量的特点是由建设工程本身和建设生产的特点决定的。建设工程(产品)及其生产的特点:一是产品的固定性,生产的流动性;二是产品多样性,生产的单件性;三是产品形体庞大、高投入、生产周期长、具有风险性;四是产品的社会性,生产的外部约束性。正是由于上述建设工程的特点而形成了工程质量本身有以下特点。

1. 影响因素多

建设工程质量受到多种因素的影响,如决策、设计、材料、机具设备、施工方法、施工工艺、技术措施、人员素质、工期、工程造价等,这些因素直接或间接地影响工程项目质量。

2. 质量波动大

由于建筑生产的单件性、流动性,不像一般工业产品的生产那样,有固定的生产流水线、有规范化的生产工艺和完善的检测技术、有成套的生产设备和稳定的生产环境,所以工程质量容易产生波动且波动大。同时由于影响工程质量的偶然性因素和系统性因素比较多,其中任一因素发生变动,都会使工程质量产生波动。为此,要严防出现系统性因素的质量变异,要把质量波动控制在偶然性因素范围内。

3. 质量隐蔽性

建设工程在施工过程中,分项工程交接多、中间产品多、隐蔽工程多,因此质量存在隐蔽性。若在施工中不及时进行质量检查,事后只能从表面上检查,就很难发现内在的质量问题。

4. 终检的局限性

工程项目建成后不可能像一般工业产品那样依靠终检来判断产品质量,或将产品拆卸解体来检查其内在的质量,或对不合格零部件予以更换。而工程项目的终检(竣工验收)无法进行工程内在质量的检验,发现隐蔽的质量缺陷。因此,工程项目的终检存在一定的局限性。这就要求工程质量控制应以预防为主,防患于未然。

5. 评价方法的特殊性

工程质量的检查评定及验收是按检验批、分项工程、分部工程、单位工程进行的。工程质量是在施工单位按合格质量标准自行检查评定的基础上,由监理工程师(或建设单位项目负责人)组织有关单位、人员进行检验确认验收。这种评价方法体现了"验评分离、强化验收、完善手段、过程控制"的指导思想。

典型考题 9-2

关于施工质量控制特点的说法,正确的是( )。(2017 年二建)

A. 需要控制的因素少,只有 4M1E 五大方面

B. 生产受业主监督,因此过程控制要求低

C. 施工生产的流动性导致控制的难度大

D. 工程竣工验收是对施工质量的全面检查

正确答案:C。

9.1.4 施工质量应达到的基本要求

工程项目施工是实现设计意图形成工程实体的阶段,是最终实现项目质量和项目使用价值的阶段。施工项目质量控制是整个项目质量控制的关键和重点。

施工质量要达到的最基本要求是:施工建成的工程项目实体依照国家《建筑工程施工

质量验收统一标准》(GB 50300—2013)及相关专业验收规范检查验收合格。

施工质量验收合格应符合下列要求：

（1）符合工程勘察、设计文件的要求。工程勘察、设计单位针对本工程的水文地质条件，根据建设单位的要求，从技术和经济结合的角度，为满足工程的使用功能和安全性、经济性、与环境的协调性等要求，以图纸、文件的形式对施工提出要求，是针对每个工程项目的个性化要求，这个要求可以归结为"按图施工"。

（2）符合《建筑工程施工质量验收统一标准》(GB 50300—2013)和相关专业验收规范的规定。国家建设主管部门为了加强建筑工程质量管理，规范建筑工程施工质量的验收，保证工程质量，制订相应的标准和规范。这些标准、规范是主要从技术的角度，为保证房屋建筑各专业工程的安全性、可靠性、耐久性而提出的一般性要求，这个要求可以归结为"依法施工"。

（3）施工质量在合格的前提下，还应符合施工承包合同约定的要求。施工承包合同的约定具体体现了建设单位的要求和施工单位的承诺，合同的约定全面体现了对施工形成的工程实体的适用性、安全性、耐久性、可靠性、经济性和与环境的协调性等六个方面质量特性的要求，这个要求可以归结为"践约施工"。

为了达到上述要求，施工单位必须建立完善的质量管理体系，实行严格的质量控制，努力提高施工质量管理体系的运行质量，对影响施工质量的各项因素实行有效的控制，以保证施工过程的工作质量来保证施工形成的工程实体的质量。

> 提示："合格"是对施工质量的最基本要求，施工单位可与建设单位商定更高的质量要求，或自行创造更好的施工质量。有的专业主管部门设置了"优良"的施工质量评定等级。全国和地方(部门)的建设主管部门或行业协会设立了"中国建筑工程鲁班奖(国家优质工程)"以及"金钢奖"、"白玉兰奖"、以"某某杯"命名的各种优质工程奖等，都是为了鼓励包括施工单位在内的项目建设单位创造更好的施工质量和工程质量。

9.1.5　施工质量管理

施工质量管理是指在项目实施过程中，指挥和控制施工组织关于质量的相互协调的活动，是围绕着使工程项目满足质量要求而开展的策划、组织、计划、实施、检查、监督和审核等所有管理活动的总和。它是工程项目施工各级职能部门领导的共同职责，而工程项目施工的最高领导即施工项目经理应负全责。

1. 工程项目质量管理的原则

（1）质量第一

建设工程质量不仅关系到工程的适用性和建设项目投资效果，而且关系到人民群众生命财产的安全。所以，应坚持"百年大计，质量第一"，在工程建设中自始至终把"质量第一"作为对工程质量管理的基本原则。

（2）以人为核心

人是工程建设的决策者、组织者、管理者和操作者。工程建设中各单位、各部门、各岗位人员的工作质量水平和完善程度，都直接和间接地影响工程质量。在工程质量管理中，要以人为核心,重点控制人的素质和人的行为,充分发挥人的积极性和创造性,以人的工作质量保证工程质量。

(3) 预防为主

工程质量管理应事先对影响质量的各种因素加以控制,如果出现质量问题后再进行处理,则已造成不必要的损失。所以,质量管理要重点做好质量的事先控制和事中控制,以预防为主,加强过程和中间产品的质量检查和控制。

(4) 坚持质量标准

质量标准是评价产品质量的尺度,工程质量是否符合合同规定的质量标准要求,应通过质量检验并和质量标准对照,符合质量标准要求的才是合格,不符合质量标准要求的就是不合格,必须返工处理。

2. 质量管理基本方法——PDCA 循环法

PDCA 计划循环法循环原理是质量管理的基本理论,如图 9-1 所示。PDCA 循环为计划→实施→检查→处置,以计划和目标控制为基础,通过不断循环,质量得到持续改进,质量水平得到不断提高。在 PDCA 循环的任一阶段内又可套用 PDCA 小循环,即循环套循环。

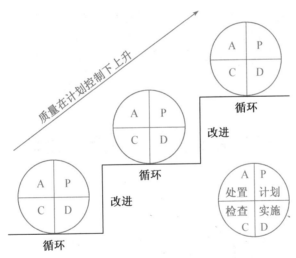

图 9-1 PDCA 循环图

(1) 计划 P (Plan)

计划是质量管理的首要环节,通过计划,确定质量管理的方针、目标,以及实现方针、目标的措施和行动方案。计划包括质量管理目标和质量保证工作计划。质量管理目标的确定,就是根据项目自身特点,针对可能发生的质量问题、质量通病,以及与国家规范规定的质量标准的差距,或者用户提出的更新、更高的质量要求,确定项目施工应达到的质量标准。质量保证工作计划,就是为实现上述质量管理目标所采取的具体措施和实施步骤。质量保证工作计划应做到材料、技术、组织三落实。

(2) 实施 D (Do)

实施包含两个环节,即计划行动方案的交底和按计划规定的方法及要求展开的施工作业技术活动。首先,要做好计划的交底和落实。落实包括组织落实、技术和物资材料的落实。其次,在按计划进行的施工作业技术活动中,依靠质量保证工作体系,保证质量计划的执行。具体地说,就是要依靠思想工作体系,做好思想教育工作;依靠组织体系,完善组织机构,落实责任制、规章制度等;依靠产品形成过程的质量控制体系,做好施工过程的质量控制工作等。

(3) 检查 C(Check)

检查就是对照计划,检查执行的情况和效果,及时发现计划执行过程中的偏差和问题。检查一般包括两个方面:一是检查是否严格执行了计划的行动方案,检查实际条件是否发生了变化,总结成功执行的经验,查明没按计划执行的原因;二是检查计划执行的结果,即施工质量是否达到标准的要求,并对此进行评价和确认。

(4) 处理 A(Action)

处理是在检查的基础上,把成功的经验加以肯定,形成标准,以利于在以后的工作中以此成为处理的依据,巩固成果;同时采取措施,纠正计划执行中的质量偏差,克服缺点,改正错误,对于暂时未能解决的问题,可记录在案留到下一次循环加以解决。

典型考题 9-3

下列施工质量控制工作中,属于"PDCA"处理环节的是( )。(2020 年二建)

A. 确定项目施工应达到的质量标准　　B. 纠正计划执行中的质量偏差
C. 按质量计划开展施工技术活动　　　D. 检查施工质量是否达到标准

正确答案:B。

任务 9.2　施工项目质量控制

9.2.1　施工质量计划

施工质量计划是指为确定项目应该达到的质量标准和如何达到这些项目质量标准而做的项目质量的计划与安排,是项目执行过程中的法规性文件,是进行施工管理,保证工程质量的管理性文件。

1. 施工质量计划的内容

(1) 工程特点及施工条件分析(合同条件、法规条件和现场条件);

(2) 履行施工承包合同所必须达到的工程质量总目标及其分解目标,质量指标应具有可测量性;

(3) 质量管理组织机构、人员,并明确职责;

(4) 制定符合项目特点的技术保障和资源保障措施,通过可靠的预防控制措施,保证质量目标的实现;

(5) 为确保工程质量所采取的施工技术方案、施工程序;

(6) 材料设备质量管理及控制措施;

（7）工程检测项目计划及方法等；

（8）建立质量过程检查制度，并对质量事故的处理做出相应规定。

2. 施工质量计划的编制

施工质量计划不是一个孤立的文件，它与施工企业现行的各种管理文件有着密切的联系。在编制质量计划之前，需认真分析现有的质量文件，了解哪些文件可以直接接采用或引用，哪些需要补充。

（1）施工质量计划应由施工项目经理主持，技术负责人负责，由质量员等有关人员参加编制。

（2）质量计划应对施工项目的特殊质量要求能通过有效的措施得以满足，体现在从施工工序、分项工程、分部工程、单位工程到整个项目的施工过程控制，且应体现从资源投入到完成工程质量最终检验和试验的全过程控制。

（3）质量计划应成为对外质量保证和对内质量控制的依据。在合同情况下，施工单位通过质量计划可向业主证明其如何满足施工合同的特殊质量要求，并作为业主实施质量监督的依据；同时，也是企业内部实施过程质量控制的依据。

（4）在编制施工质量计划时应处理好与质量手册、质量管理体系、质量策划的关系。

（5）当企业的质量管理体系已经建立并有效运行时，质量计划仅需涉及与项目有关的那些活动。

（6）为满足顾客期望，应对项目或产出物的质量特性和功能进行识别、分类、衡量，以便明确目标值。

（7）应明确质量计划所涉及的质量活动，并对其责任和权限进行分配。

（8）保证质量计划与现行文件在要求上的一致性。

（9）质量计划应尽可能简明并便于操作。

施工质量计划编制完毕，应经企业技术领导审核批准，并按照施工承包合同的约定提交工程监理或建设单位批准确认后执行。

9.2.2　施工质量控制基本环节与一般方法

微课

施工质量检查

1. 施工质量控制的依据

（1）共同性依据

指国家和政府有关部门颁布的与质量管理有关的法律和法规性文件等，如《建筑法》、《建设工程质量管理条例》等。

（2）专业技术性依据

专业技术规范文件，即规范、规程、标准、规定等。如：《工程建设项目质量检验评定标准》、《混凝土结构工程施工质量验收规范》（GB50204—2015）等。

（3）项目专用性依据

指本项目的工程建设合同、设计文件、设计交底及图纸会审记录、设计修改和技术变更等。

2. 施工质量控制的基本环节

为了保证工程项目的施工质量，应对施工全过程、全方位进行质量控制。运用动态控制原理,施工项目的质量控制可分为事前控制、事中控制和事后控制三个基本环节。

（1）事前质量控制

即在正式施工前进行的事前主动质量控制,通过编制施工质量计划,明确质量目标,制定施工方案,设置质量控制点,落实质量责任,分析可能导致质量目标偏离的各种影响因素,针对这些影响因素制定有效的预防措施,防患于未然。

（2）事中质量控制

即在施工质量形成过程中,对影响施工质量的各种因素进行全面的动态控制。事中控制首先是对质量活动的行为约束,其次是对质量活动过程和结果的监督控制。事中控制的关键是坚持质量标准,控制的重点是对工序质量、工作质量和质量控制点的控制。

（3）事后质量控制

也称为事后质量把关,以使不合格的工序或最终产品(包括单位工程或整个工程项目)不流入下道工序。事后控制包括对质量活动结果的评价、认定和对质量偏差的纠正。控制的重点是发现施工质量方面的缺陷,并通过分析提出施工质量改进的措施,保持质量处于受控状态。

以上三大环节不是互相孤立和截然分开的,而是共同构成有机的系统过程,实质上也就是质量管理 PDCA 循环的具体化,在每一次滚动循环中不断提高,达到质量管理和质量控制的持续改进。

典型考题 9－4

下列施工质量控制的工作中,属于事前质量控制的是（   ）。(2019 年二建)

A. 分析可能导致质量问题的因素并制定预防措施

B. 隐蔽工程的检查

C. 工程质量事故的处理

D. 进场材料抽样检查或实验

正确答案:A。

---

3. 施工质量控制的一般方法

（1）质量文件审核

审核有关技术文件、报告或报表,是对工程质量进行全面管理的重要手段。这些文件包括:

① 施工单位的技术资质证明文件和质量保证体系文件;

② 施工组织设计和施工方案及技术措施;

③ 有关材料和半成品及构配件的质量检验报告;

④ 有关应用新技术、新工艺、新材料的现场试验报告和鉴定报告;

⑤ 反映工序质量动态的统计资料或控制图表;

⑥ 设计变更和图纸修改文件;

⑦ 有关工程质量事故的处理方案;

⑧ 相关方面在现场签署的有关技术签证和文件等。

（2）现场质量检查

现场质量检查的内容包括：

① 开工前的检查：主要检查是否具备开工条件，开工后是否能够保持连续正常施工，能否保证工程质量。

② 工序交接检查：对于重要的工序或对工程质量有重大影响的工序，应执行"三检"制度，即自检、互检、专检。未经监理工程师（或建设单位项目技术负责人）批准不得进行下道工序施工。

③ 隐蔽工程的检查：施工中凡是隐蔽工程必须检查认证后方可进行隐蔽掩盖。

④ 停工后复工的检查：因客观因素停工或处理质量事故等停工后复工时，经检查认可复工。

⑤ 分项、分部工程完工后的检查：分项、分部工程完工后应经检查认可，并签署验收记录后，才能进行下一工程项目的施工。

⑥ 成品保护的检查：检查成品有无保护措施以及保护措施是否有效可靠。

 **知识链接**

现场质量检查方法

现场质量检查的方法主要有目测法、实测法和试验法等。

（1）目测法：即凭借感官进行检查，也称观感质量检验。其手段可概括为"看、摸、敲、照"四个字。看，就是根据质量标准要求进行外观检查。例如，清水墙面是否洁净，喷涂的密实度和颜色是否良好、均匀，工人的操作是否正常等；摸，就是通过触摸手感进行检查、鉴别。例如油漆的光滑度，浆活是否牢固、不掉粉等；敲，就是运用敲击工具进行音感检查。例如，对地面工程、装饰工程中的水磨石、面砖、石材饰面等，均应进行敲击检查；照，就是通过人工光源或反射光照射，检查难以看到或光线较暗的部位。例如，管道井、电梯井等内部设备安装质量，装饰吊顶内连接及设备安装质量等。

（2）实测法：就是通过实测，将实测数据与施工规范、质量标准的要求及允许偏差值进行对照，以此判断质量是否符合要求。其手段可概括为"靠、量、吊、套"四个字。靠，就是用直尺、塞尺检查诸如墙面、地面、路面等的平整度；量，就是指用测量工具和计量仪表等检查断面尺寸、轴线、标高、湿度、温度等的偏差，例如，大理石板拼缝尺寸与超差数量、摊铺沥青拌和料的温度、混凝土坍落度的检测等；吊，就是利用托线板以及线锤吊线两线检查垂直度，例如，砌体、门窗安装的垂直度检查等；套，是以方尺套方，辅以塞尺检查。例如，对阴阳角的方正、踢脚线的垂直度、预制构件的方正、门窗口及构件的对角线检查等。

（3）试验法：是指通过必要的试验手段对质量进行判断的检查方法。主要包括：

① 理化试验。工程中常用的理化试验包括物理力学性能方面的检验和化学成分及其含量的测定等两个方面。力学性能的检验如各种力学指标的测定，包括抗拉强度、抗压强度、抗弯强度、抗折强度、冲击韧性、硬度、承载力等。各种物理性能方面的测定如密度、

含水量、凝结时间、安定性及抗渗、耐磨及耐热性能等。化学成分及其含量的测定如钢筋中的磷、硫含量，混凝土中粗骨料中的活性氧化硅成分，以及耐酸、耐碱、抗腐蚀性等。此外，根据规定有时还需进行现场试验，例如，对桩或地基的静载试验、下水管道的通水试验、压力管道的耐压试验、防水层的蓄水或淋水试验等。

② 无损检测。利用专门的仪器、仪表从表面探测结构物、材料、设备的内部组织结构或损伤情况。常用的无损检测方法有超声波探伤、X 射线探伤、γ 射线探伤等。

9.2.3　质量因素的控制

1. 人的控制

人是生产过程的活动主体，其总体素质和个体能力决定一切质量活动的成果，因此，既要把人作为质量控制的对象，又要作为其他质量活动的控制能力。

人的控制内容包括：组织机构的整体素质和每一个体的知识、能力、生理条件、心理状态、质量意识、行为表现、组织纪律和职业道德等。目的是做到合理用人，发挥团队精神，调动人的积极性。

施工现场对人的控制，主要措施和途径有：

（1）以项目经理的管理目标和职责为中心，合理组建项目管理机构，贯彻因事设岗，配备合适的管理人员。

（2）严格实行分包单位的资质审查，控制分包单位的整体素质，包括技术素质、管理素质、服务态度和社会信誉等。

（3）坚持作业人员持证上岗，特别是重要技术工种、特殊工种、高空作业等岗位。

（4）加强现场管理、作业人员的质量意识教育及技术培训。适时开展作业过程质量保证的研讨交流活动。

（5）严格现场管理制度和生产纪律，规范人的管理、作业行为。

（6）加强激励、沟通活动，调动人的积极性。

2. 材料的控制

建筑工程采用的主要材料、半成品、成品、建筑构配件等（统称"材料"，下同）均进行现场验收。凡涉及工程安全及使用功能的有关材料，应按各专业工程质量验收规定进行复验，并应经监理工程师（建设单位技术负责人）检查认可。为了保证工程质量，施工单位应从以下几个方面把好原材料的质量控制关：

（1）采购订货关

施工单位应制定合理的材料采购供应计划，在广泛掌握市场信息的基础上，优选材料生产单位或材料供货商，建立严格的合格供应方资格审查制度，确保采购订货的质量。

（2）进场检验关

施工单位必须对水泥、钢筋、砂、石、混凝土强度、砂浆强度、混凝土外加剂、沥青、沥青混合料、防水涂料等材料进行进场抽样检验或试验，合格后才能使用。

（3）存储和使用关

施工单位必须加强材料进场后的存储和使用管理，避免材料变质（如水泥的受潮结块、钢筋的锈蚀等)和使用规格、性能不符合要求的材料造成工程质量事故。同时施工单位既要做好对材料的合理调度,避免现场材料的大量积压,又要做好对材料的合理堆放,并正确使用材料,在使用材料时进行及时的检查和监督。

3. 设备的质量控制

施工机械设备的质量控制,就是要使施工机械设备的类型、性能、参数等与施工现场的实际条件、施工工艺、技术要求等因素相匹配,满足施工生产的实际要求。其质量控制主要从机械设备的选型、主要性能参数指标的确定和使用操作要求等方面进行。

(1) 机械设备的选型:机械设备的选择,应按照技术上先进、生产上适用、经济上合理、使用上安全、操作上方便的原则进行。选配的施工机械应具有工程的适用性,具有保证工程质量的可靠性,具有使用操作的方便性和安全性。

(2) 主要性能参数指标的确定:主要性能参数是选择机械设备的依据,其参数指标的确定必须满足施工的需要和保证质量的要求。只有正确确定主要的性能参数,才能保证正常的施工,不致引起安全质量事故。

(3) 使用操作要求:合理使用机械设备,正确地进行操作,是保证项目施工质量的重要环节。应贯彻"持证上岗"和"人机固定"原则,实行定机、定人、定岗位职责的使用管理制度,在使用中严格遵守操作规程和机械设备的技术规定,做好机械设备的例行保养,使机械保持良好的技术状态,防止出现安全质量事故,确保工程施工质量。

4. 工艺方案的质量控制

在工程项目质量控制系统中,制定和采用技术先进、经济合理、安全可靠的施工技术工艺方案,是工程质量控制的重要环节。对施工工艺方案的质量控制主要包括以下内容:

(1) 深入正确地分析工程特征、技术关键及环境条件等资料,明确质量目标、验收标准、控制的重点和难点;

(2) 制定合理有效的有针对性的施工技术方案和组织方案,前者包括施工工艺、施工方法,后者包括施工区段划分、施工流向及劳动组织等;

(3) 合理选用施工机械设备和施工临时设施,合理布置施工总平面图和各阶段施工平面图;

(4) 选用和设计保证质量和安全的模具、脚手架等施工设备;

(5) 编制工程所采用的新材料、新技术、新工艺的专项技术方案和质量管理方案;

(6) 针对工程具体情况,分析气象、地质等环境因素对施工的影响,制定应对措施。

5. 施工环境因素的控制

环境的因素主要包括施工现场自然环境因素、施工质量管理环境因素和施工作业环境因素。环境因素对工程质量的影响,具有复杂多变和不确定性的特点。主要是采取预测、预防的控制方法。

(1) 对施工现场自然环境因素的控制

对地质、水文等方面影响因素,采取如基坑降水、排水、加固围护等技术控制方案。对天气气象方面的影响因素,应在施工方案中制定专项预案,落实人员、器材等。

(2) 对施工质量管理环境因素的控制

施工质量管理环境因素主要指施工单位质量保证体系、质量管理制度和各参建施工单位之间的协调等因素。要根据工程承发包的合同结构,理顺管理关系,建立统一的现场施工组织系统和质量管理的综合运行机制,确保质量保证体系处于良好的状态,保证施工质量。

（3）对施工作业环境因素的控制

施工作业环境因素主要是指施工现场的给水、排水条件,各种能源介质供应,施工照明、通风、安全防护设施,施工场地空间条件和通道,以及交通运输和道路条件等因素。

典型考题 9 - 5

为消除施工质量通病而采用新型脚手架应用技术的做法,属于质量影响因素中对（   ）因素的控制。（2019 年二建）

  A. 材料   B. 机械   C. 方法   D. 环境

正确答案:C。

9.2.4　施工阶段的质量控制

微课

施工阶段的质量控制包括:施工准备质量控制,施工过程质量控制和施工验收质量控制。

施工阶段的质量控制

9.2.4.1　施工准备质量控制

1. 技术准备的质量控制

技术准备是指在正式开展施工作业活动前进行的技术准备工作。这类工作内容繁多,主要在室内进行,例如:熟悉施工图纸,进行详细的设计交底和图纸审查,细化施工技术方案和施工人员,机具的配置方案,编制施工作业技术指导书,绘制各种施工详图（如测量放线图、大样图及配筋、配板、配线图表等）,进行必要的技术交底和技术培训。技术准备的质量控制,包括对上述技术准备工作成果的复核审查,检查这些成果有无错漏,是否符合相关技术规范、规程的要求和对施工质量的保证程度;制订施工质量控制计划,设置质量控制点,明确关键部位的质量管理点等。

2. 现场施工准备的质量控制

（1）工程定位和标高基准的控制

工程测量放线是建设工程产品由设计转化为实物的第一步。施工测量质量的好坏,直接决定工程的定位和标高是否正确,并且制约施工过程有关工序的质量。因此,施工单位必须对建设单位提供的原始坐标点、基准线和水准点等测量控制点进行复核,并将复测结果上报监理工程师审核,批准后施工单位才能据此建立施工测量控制网,进行工程定位和标高基准的控制。

（2）施工平面布置的控制

建设单位应按照合同约定并考虑施工单位施工的需要,事先划定并提供施工用地和现场临时设施用地的范围。施工单位要合理科学地规划使用好施工场地,保证施工现场的道路畅通、材料的合理堆放、良好的防洪排水能力、充分的临时给水和供电设施以及正确的机械设置。工程从施工准备开始到竣工交付使用,要经过若干工序、工种的配合施工,还要制订施工场地质量管理制度,并做好施工现场的质量检查记录。

9.2.4.2　施工过程质量控制

1. 技术交底

做好技术交底是保证施工质量的重要措施之一。项目开工前应由项目技术负责人向承担施工的负责人或分包人进行书面技术交底,技术交底资料应办理签字手续并归档保存。每一分部工程开工前均应进行作业技术交底。技术交底书应由施工项目技术人员编制,并经项目技术负责人批准实施。技术交底的内容主要包括:任务范围、施工方法、质量标准和验收标准,施工中应注意的问题,可能出现意外的预防措施及应急方案,文明施工和安全防护措施以及成品保护要求等。技术交底应围绕施工材料、机具、工艺、工法、施工环境和具体的管理措施等方面进行,应明确具体的步骤、方法、要求和完成的时间等。技术交底的形式有:书面、口头、会议、挂牌、样板、示范操作等。

2. 测量控制

项目开工前应编制测量控制方案,经项目技术负责人批准后实施。对相关部门提供的测量控制点应在施工准备阶段做好复核工作,经审批后进行施工测量放线,并保存测量记录。在施工过程中应对设置的测量控制点线妥善保护,不准擅自移动。施工过程中必须认真进行施工测量复核工作,这是施工单位应履行的技术工作职责,其复核结果应报送监理工程师复验确认后,方能进行后续相关工序的施工。常见的施工测量复核有:

（1）工业建筑测量复核。厂房控制网测量、桩基施工测量、柱模轴线与高程检测、厂房结构安装定位检测、设备基础与预埋螺栓定位检测等。

（2）民用建筑测量复核。建筑物定位测量、基础施工测量、墙体皮数杆检测、楼层轴线检测、楼层间高程传递检测等。

（3）高层建筑测量复核。建筑场地控制测量、基础以上的平面与高程控制、建筑物中垂准检测和施工过程中沉降变形观测等。

（4）管线工程测量复核。管网或输配电线路定位测量、地下管线施工检测、架空管线施工检测、多管线交汇点高程检测等。

3. 计量控制

从工程质量控制的角度,施工计量管理主要是指施工现场的投料计量和施工测量、检验的计量管理。它是有效控制工程质量的基础工作,计量失真和失控,不但会造成工程质量隐患,而且也会造成经济损失。

（1）工程施工计量管理应按照计量工作的法制性、统一性、准确性等规定要求进行,增强计量意识、法制观念和监督机制。

（2）应正确选择各种计量器具、仪器仪表,并做好经常性的维护保养和定期校准计量器具的精度和灵敏度,防止因计量器具失真失控、计量误差超标造成工程质量隐患;应加强计量工作责任制,建立计量管理制度,做到专人管理计量器具,严格执行计量操作程序和规程,规范计量记录等,以保证各项计量的准确性。

4. 工序控制

工序是指一个（或一组）工人在一个工作地点对一个（或若干个）劳动对象连续完成的各项生产活动的总和。建设工程项目施工是由一系列相互关联的工序构成,因此施工质量控制必须对各道工序质量持续控制。

（1）工序质量控制的内容

工序质量控制主要包括：工序施工条件质量控制和工序施工效果质量控制。工序施工条件是指从事工序活动的各生产要素质量及生产环境条件。工序施工条件控制就是控制工序活动的各种投入要素质量和环境条件质量。控制的手段主要有：检查、测试、试验、跟踪监督等。控制的依据主要有：设计质量标准、材料质量标准、机械设备技术性能标准、施工工艺标准以及操作规程等。工序施工效果主要反映在工序产品的质量特征和特性指标。对工序施工效果的控制就是控制工序产品的质量特征和特性指标达到设计质量标准以及施工质量验收标准的要求。工序施工质量控制属于事后质量控制，其控制的主要途径是：实测获取数据、统计分析所获取的数据、判断认定质量等级和纠正质量偏差。

拓展知识

质量控制的统计分析方法

（2）工序质量控制的原理

采用数理统计方法，通过对工序样本数据进行统计、分析，来判断整个工序质量的稳定性。若工序不稳定，则应采取对策和措施予以纠正，从而实现对工序质量的有效控制。

（3）工序质量控制的原则

① 严格遵守工序作业标准或规程；

② 主动控制工序活动条件的质量；

③ 及时控制工序活动效果的质量；

④ 合理设置工序质量控制点。

5. 特殊过程的质量控制

特殊过程是指该施工过程或工序的施工质量不易或不能通过其后的检验和试验而得到充分的验证，或者万一发生质量事故则难以挽救的施工过程。特殊过程的质量控制是施工阶段质量控制的重中之重。对在项目质量计划中界定的特殊过程，应设置工序质量控制点，抓住影响工序施工质量的主要因素进行强化控制。

（1）选择质量控制点的原则

质量控制点的选择应以那些保证质量的难度大、对质量影响大或是发生质量问题时危害大的对象进行设置。选择的原则是：对工程质量形成过程产生直接影响的关键部位、工序或环节及隐蔽工程；施工过程中的薄弱环节，或者质量不稳定的工序、部位或对象；对下道工序有较大影响的上道工序；采用新技术、新工艺、新材料的部位或环节；施工上无把握的、施工条件困难的或技术难度大的工序或环节；用户反馈指出和过去有过返工的不良工序。

根据上述选择质量控制点的原则，一般建筑工程质量控制点的位置可参考表 9-1。

表 9-1　质量控制点设置位置

分项工程	质量控制点
工程测量定位	标准轴线桩、水平桩、龙门板、标高
地基、基础（含设备基础）	基坑（槽）尺寸、标高、土质、地基承载力、基础垫层标高，基础位置、尺寸、标高，预埋件、预留洞孔的位置、标高、规格、数量，基础杯口弹线
砌体	砌体轴线，皮数杆，砂浆配合比，预留洞孔、预埋件的位置、数量，砌块排列

(续表)

分项工程	质量控制点
模板	位置、标高、尺寸，预留孔洞位置、尺寸，预埋件位置，模板的强度、刚度和稳定性，模板内部清理及润湿情况
钢筋混凝土	水泥品种、强度等级，砂石质量，混凝土配合比，外加剂比例，混凝土振捣，钢筋品种、规格、尺寸、搭接长度，钢筋焊接、机械连接，预留洞孔及预埋件规格、位置、尺寸、数量，预埋构件吊装或出厂(脱模)强度，吊装位置、标高、支承长度、焊缝长度
吊装	吊装设备的起重功能、吊具、锁具、地锚
钢结构	翻样图、放大样
焊接	焊接条件、焊接工艺
装修	视具体情况而定

（2）质量控制点设置的对象

质量控制点的设置要正确、有效，要根据对重要质量特性进行重点控制的要求，选择施工过程的重点部位、重点工序和重点质量因素作为质量控制的对象，进行重点预控和过程控制，从而有效地控制和保证施工质量。质量控制点中重点控制的对象主要包括以下几个方面：

① 人的行为。某些操作或工序，应以人为重点控制对象，比如：高空、高温、水下、易燃易爆、重型构件吊装作业以及操作要求高的工序和技术难度大的工序等，都应从人的生理、心理、技术能力等方面进行控制。

② 材料的质量与性能。这是直接影响工程质量的重要因素，在某些工程中应作为控制的重点。例如：钢结构工程中使用的高强螺栓、某些特殊焊接使用的焊条，都应重点控制其材质与性能；又如水泥的质量是直接影响混凝土工程质量的关键因素，施工中就应对进场的水泥质量进行重点控制，必须检查核对其出厂合格证，并按要求进行强度和安定性的复试等。

③ 施工方法与关键操作。某些直接影响工程质量的关键操作应作为控制的重点，如预应力钢筋的张拉工艺操作过程及张拉力的控制，是可靠地建立预应力值和保证预应力构件质量的关键过程。同时，那些易对工程质量产生重大影响的施工方法，也应列为控制的重点，如大模板施工中模板的稳定和组装问题、液压滑模施工时支承杆稳定问题、升板法施工中提升差的控制等。

④ 施工技术参数。如混凝土的外加剂掺量、水灰比，回填土的含水率，砌体的砂浆饱满度，防水混凝土的抗渗等级，钢筋混凝土结构的实体检测结果及混凝土冬期施工受冻临界强度等技术参数都是应重点控制的质量参数与指标。

⑤ 技术间歇。有些工序之间必须留有必要的技术间歇时间，例如砌筑与抹灰之间，应在墙体砌筑后留 6～10 天时间，让墙体充分沉陷、稳定、干燥，再抹灰；抹灰层干燥后，才能喷白、刷浆；混凝土浇筑与模板拆除之间，应保证混凝土有一定的硬化时间，达到规定拆模强度后方可拆除等。

⑥ 施工顺序。对于某些工序之间必须严格控制施工的先后顺序，比如对冷拉的钢筋

应当先焊接后冷拉,否则会失去冷强;屋架的安装固定,应采取对角同时施焊方法,否则会由于焊接应力导致校正好的屋架发生倾斜。

⑦ 易发生或常见的质量通病。例如:混凝土工程的蜂窝、麻面、空洞,墙、地面、屋面防水工程渗水、漏水、空鼓、起砂、裂缝等,都与工序操作有关,均应事先研究对策,提出预防措施。

⑧ 新技术、新材料及新工艺的应用。由于缺乏经验,施工时应将其作为重点进行控制。

⑨ 产品质量不稳定和不合格率较高的工序应列为重点,认真分析、严格控制。

⑩ 特殊地基或特种结构。对于湿陷性黄土、膨胀土、红黏土等特殊土地基的处理,以及大跨度结构、高耸结构等技术难度较大的施工环节和重要部位,均应予以特别的重视。

 **知识链接**

质量控制对象根据它们的重要程度和监督控制要求不同,可以设置"见证点"或"停止点"。"见证点"和"停止点"都是质量控制点,由于它们的重要性或其质量后果影响程度有所不同,它们的运作程序和监督要求也不同。

见证点的运作程序和监督要求:施工单位应在到达某个见证点之前的一定时间,书面通知监理工程师,说明将到达该见证点准备施工的时间,请监理人员届时现场进行见证和监督;监理工程师收到通知后,应在"施工跟踪档案"上注明收到该通知的日期并签字;监理人员应在约定的时间到现场见证,监理人员应对见证点实施过程进行监督、检查,并在见证表上做详细记录后签字;如果监理人员在规定的时间未能到场见证,施工单位可以认为已获监理工程师认可,有权进行该项施工;如果监理人员在此之前已到现场检查,并将有关意见写在"施工跟踪档案"上,则施工单位应写明已采取的改进措施,或具体意见。

停止点是重要性高于见证点的质量控制点,它通常是针对"特殊过程"或"特殊工艺"而言。凡列为停止点的控制对象,要求必须在规定的控制点到来之前通知监理方派人对控制点实施监控,如果监理方未能在约定的时间到现场监督、检查,施工单位应停止进入该控制点相应的工序,并按合同规定等待监理方,未经认可不能越过该点继续活动。通常用书面形式批准其继续进行,但也可以按商定的授权制度批准其继续进行。

见证点和停止点通常由工程承包单位在质量计划中明确,但施工单位应将施工计划和质量提交监理工程师审批。如果监理工程师对见证点和停止的设置有不同意见,应书面通知施工单位,要求予以修改,再报监理工程师审批后执行。

6. 成品保护的控制

所谓成品保护一般是指在项目施工过程中,某些部位已经完成,而其他部位还在施工,在这种情况下,施工单位必须负责对已完成部分采取妥善的措施予以保护,以免因成品缺乏保护或保护不善而造成损伤或污染,影响工程的实体质量。加强成品保护,首先要加强教育,提高全体员工的成品保护意识,同时要合理安排施工顺序,采取有效的保护措施。

拓展知识

成品保护的
常用措施

9.2.4.3　施工验收质量控制

施工项目的质量验收是质量控制的重要环节,其内容包括施工过程的质量验收和项目竣工验收。

1. 建筑工程质量验收的划分

建筑工程质量验收应划分为单位(子单位)工程、分部(子分部)工程、分项工程和检验批。

(1)单位工程的划分应按下列原则确定:

① 具备独立施工条件并能形成独立使用功能的建筑物或构筑物为一个单位工程。

② 建筑规模较大的单位工程,可将其能形成独立使用功能的部分划为若干个子单位工程。

(2)分部工程的划分应按下列原则确定:

① 分部工程的划分应按专业性质、建筑部位确定。

② 当分部工程较大或较复杂时,可按材料种类、施工特点、施工程序、专业系统及类别等划分为若干子分部工程。

(3)分项工程应按主要工种、材料、施工工艺、设备类别等进行划分。

分项工程可由一个或若干个检验批组成,检验批可根据施工及质量控制和专业验收需要按楼层、施工段、变形缝等进行划分。

2. 施工过程的工程质量验收

施工过程的工程质量验收,是在施工过程中、在施工单位自行质量检查评定的基础上,参与建设活动的有关单位共同对检验批、分项、分部、单位工程的质量进行抽样复验,根据相关标准以书面形式对工程质量达到合格与否做出确认。

(1)检验批质量验收合格应符合下列规定:

① 主控项目和一般项目的质量经抽样检验合格。

② 具有完整的施工操作依据、质量检查记录。

检验批是工程验收的最小单位,是分项工程乃至整个建筑工程质量验收的基础。检验批是施工过程中条件相同并有一定数量的材料、构配件或安装项目,由于其质量基本均匀一致,因此可以作为检验的基础单位,并按批验收。

(2)分项工程质量验收合格应符合下列规定:

① 分项工程所含的检验批均应符合合格质量的规定。

② 分项工程所含的检验批的质量验收记录应完整。

分项工程的质量验收在检验批验收的基础上进行。一般情况下,两者具有相同或相近的性质,只是批量的大小不同而已。

(3)分部(子分部)工程质量验收合格应符合下列规定:

① 分部(子分部)工程所含分项工程的质量均应验收合格。

② 质量控制资料应完整。

③ 地基与基础、主体结构和设备安装等分部工程有关安全及使用功能的检验和抽样检测结果应符合有关规定。

④ 观感质量验收应符合要求。

分部工程的验收在其所含各分项工程验收的基础上进行。

（4）单位（子单位）工程质量验收合格应符合下列规定：

① 单位（子单位）工程所含分部（子分部）工程的质量均应验收合格。

② 质量控制资料应完整。

③ 单位（子单位）工程所含分部工程有关安全和使用功能的检测资料应完整。

④ 主要功能项目的抽查结果应符合相关专业质量验收规范的规定。

⑤ 观感质量验收应符合要求。

（5）在施工过程的工程质量验收中发现质量不符合要求的处理办法：

① 经返工重做或更换器具、设备检验批，应重新进行验收。

② 经有资质的检测单位鉴定达到设计要求的检验批，应予以验收。

③ 经有资质的检测单位鉴定达不到设计要求但经原设计单位核算认可能满足结构安全和使用功能的检验批，可予以验收。

④ 经返修或加固的分项、分部工程，虽然改变外形尺寸但仍能满足安全使用要求，可按技术处理方案和协商文件进行验收。

⑤ 通过返修或加固仍不能满足安全使用要求的分部工程、单位（子单位）工程，严禁验收。

3. 施工项目竣工质量验收

施工项目竣工质量验收是施工质量控制的最后一个环节，是对施工过程质量控制成果的全面检验，是从终端把关方面进行质量控制。未经验收或验收不合格的工程，不得交付使用。

（1）施工项目竣工质量验收的依据

施工项目竣工质量验收的依据主要包括：国家和有关部门颁发的施工、验收规范和质量标准；上级主管部门的有关工程竣工验收的文件和规定；批准的设计文件、施工图纸及说明书；双方签订的施工合同；设备技术说明书；设计变更通知书；有关的协作配合协议书等。

（2）施工项目竣工质量验收的要求

① 建筑工程施工质量应符合《建筑工程施工质量验收统一标准》（GB 50300—2013）和相关专业验收规范的规定。

② 建筑工程施工应符合工程勘察、设计文件的要求。

③ 参加工程施工质量验收的各方人员应具备规定的资格。

④ 工程质量的验收均应在施工单位自行检查评定的基础上进行。

⑤ 隐蔽工程在隐蔽前应由施工单位通知有关单位进行验收，并应形成验收文件。

⑥ 涉及结构安全的试块、试件以及有关材料，应按规定进行见证取样检测。

⑦ 检验批的质量应按主控项目和一般项目验收。

⑧ 对涉及结构安全和使用功能的重要分部工程应进行抽样检测。

⑨ 承担见证取样检测及有关结构安全检测的单位应具有相应资质。

⑩ 工程的观感质量应由验收人员通过现场检查，并应共同确认。

（3）施工项目竣工质量验收程序和组织

① 检验批及分项工程应由监理工程师（建设单位项目技术负责人）组织施工单位项

目专业质量(技术)负责人等进行验收。

② 分部工程应由总监理工程师(建设单位项目负责人)组织施工单位项目负责人和技术、质量负责人等进行验收;地基与基础、主体结构分部工程的勘察、设计单位工程项目负责人和施工单位技术、质量部门负责人也应参加相关分部工程验收。

③ 单位工程完工后,施工单位应自行组织有关人员进行检查评定,并向建设单位提交工程验收报告。

④ 建设单位收到工程报告后,应由建设单位(项目)负责人组织施工(含分包单位),设计、监理等单位(项目)负责人进行单位(子单位)工程验收。

⑤ 单位工程有分包单位施工时,分包单位对所承包的工程按规定的程序检查评定,总包单位应派人参加。分包工程完成后,应将工程有关资料交总包单位。

⑥ 当参加验收各方对工程质量验收意见不一致时,可请当地建设行政主管部门或工程质量监督机构协调处理。

⑦ 单位工程质量验收合格后,建设单位应在规定时间内将工程竣工验收报告和有关文件报建设行政管理部门备案。

典型考题 9-6

下列质量控制活动中,属于事中质量控制的是(　　)。(2019 年二建)

A. 设置质量控制点　　　　　　B. 明确质量责任

C. 评价质量活动结果　　　　　D. 约束质量活动行为

正确答案:D。

 **思政案例**

一个火箭兵的工作质量

2014 年 12 月 7 日上午,太原卫星发射中心。长征四号乙运载火箭拖曳着十几米的火舌从发射塔架上迅速升空。很快,火箭就变成了湛蓝天空中的一个小白点儿。

2013 年 6 月 26 日,一次重大航天发射任务前夕,张枫像往常一样负责火工品的测试工作。他穿着防静电服,拿起了一枚点火药盒,这是火箭发动机的核心部件之一。如果把火箭比作汽车,点火药盒就相当于火花塞。点火药盒一旦有问题,就意味着火箭三级发动机无法启动,卫星不能准确入轨。几十亿元的投入将付之流水,数年的科研成果将毁于一旦。

"当时,药盒的外观是正常的。"按照流程,张枫把它凑到耳边轻轻摇晃了一下,"没有声音。"他又小心地把药盒掂在手里,感觉有些轻,"当时我觉得应该是没有装药。"

经过精确称重,这枚药盒比标准轻 4.5 g,而这正是应装药的重量。药盒分解后,里面空空如也。张枫消除了一起试验任务重大安全隐患,为国家挽回了巨大经济损失。

任务 9.3 施工质量事故预防与处理

9.3.1 工程质量事故分类

1. 工程质量事故的概念

（1）质量不合格

凡工程产品未满足某个规定的要求，就称之为质量不合格；而未满足与预期或规定用途有关的要求，称为质量缺陷。

（2）质量问题

凡是工程质量不合格，必须进行返修、加固或报废处理，由此造成直接经济损失低于规定限额的称为质量问题。

（3）质量事故

由于项目参建单位违反工程质量有关法律、法规和工程建设标准，使工程产生结构安全、重要使用功能等方面的质量缺陷，必须进行返修、加固或报废处理，由此造成直接经济损失在规定限额以上的称为质量事故。

2. 工程质量事故的分类

由于工程质量事故具有复杂性、严重性、可变性和多发性的特点，所以建设工程质量事故的分类有多种方法，但一般可按以下条件进行分类：

（1）按事故造成损失的程度分级

按照住房和城乡建设部《关于做好房屋建筑和市政基础设施工程质量事故报告和调查处理工作的通知》（建质〔2010〕111 号），根据工程质量事故造成的人员伤亡或者直接经济损失，工程质量事故分为特别重大事故、重大事故、较大事故、一般事故 4 个等级：

① 特别重大事故，是指造成 30 人以上死亡，或者 100 人以上重伤，或者 1 亿元以上直接经济损失的事故；

② 重大事故，是指造成 10 人以上 30 人以下死亡，或者 50 人以上 100 人以下重伤，或者 5 000 万元以上 1 亿元以下直接经济损失的事故；

③ 较大事故，是指造成 3 人以上 10 人以下死亡，或者 10 人以上 50 人以下重伤，或者 1 000 万元以上 5 000 万元以下直接经济损失的事故；

④ 一般事故，是指造成 3 人以下死亡，或者 10 人以下重伤，或者 100 万元以上 1 000 万元以下直接经济损失的事故。

该等级划分所称的"以上"包括本数，所称的"以下"不包括本数。

上述质量事故等级划分标准与国务院令第 493 号《生产安全事故报告和调查处理条例》规定的生产安全事故等级划分标准相同。工程质量事故和安全事故往往会互为因果地连带发生。

（2）按事故责任分类

① 指导责任事故：指由于工程指导或领导失误而造成的质量事故。例如，由于工程

负责人不按规范指导施工,强令他人违章作业,或片面追求施工进度,放松或不按质量标准进行控制和检验,降低施工质量标准等而造成的质量事故。

② 操作责任事故:指在施工过程中,由于操作者不按规程和标准实施操作,而造成的质量事故。例如,浇筑混凝土时随意加水,或振捣疏漏造成混凝土质量事故等。

③ 自然灾害事故:指由于突发的严重自然灾害等不可抗力造成的质量事故。例如地震、台风、暴雨、雷电及洪水等造成工程破坏甚至倒塌。这类事故虽然不是人为责任直接造成,但事故造成的损害程度也往往与事前是否采取了预防措施有关,相关责任人也可能负有一定的责任。

（3）按质量事故产生的原因分类

① 技术原因引发的质量事故:指在工程项目实施中由于设计、施工在技术上的失误而造成的质量事故。例如,结构设计计算错误,对地质情况估计错误,采用了不适宜的施工方法或施工工艺等引发质量事故。

② 管理原因引发的质量事故:指管理上的不完善或失误引发的质量事故。例如,施工单位或监理单位的质量管理体系不完善,检验制度不严密,质量控制不严格,质量管理措施落实不力,检测仪器设备管理不善而失准,材料检验不严等原因引起的质量事故。

③ 社会、经济原因引发的质量事故:是指由于经济因素及社会上存在的弊端和不正之风导致建设中的错误行为,而发生质量事故。例如,某些施工企业盲目追求利润而不顾工程质量;在投标报价中恶意压低标价,中标后则采用随意修改方案或偷工减料等违法手段而导致发生的质量事故。

④ 其他原因引发的质量事故:指由于其他人为事故(如设备事故、安全事故等)或严重的自然灾害等不可抗力的原因,导致连带发生的质量事故。

典型考题 9-7

根据工程质量事故造成损失的程度分级,属于重大事故的有( )。(2019 年二建)

A. 50 人以上 100 人以下重伤

B. 3 人以上 10 人以下死亡

C. 1 亿元以上直接经济损失

D. 1 000 万元以上 5 000 万元以下直接经济损失

E. 5 000 万元以上 1 亿元以下直接经济损失

正确答案:AE。

9.3.2　施工质量事故的预防

建立健全施工质量管理体系,加强施工质量控制,都是为了预防施工质量问题和质量事故,在保证工程质量合格的基础上,不断提高工程质量。所以,所有施工质量控制的措施和方法,都是预防施工质量问题和质量事故的手段。具体来说,施工质量事故的预防,可以从分析常见的质量通病入手,深入挖掘和研究可能导致质量事故发生的原因,抓住影响施工质量的各种因素和施工质量形成过程的各个环节,采取针对性的有效预防措施。

1. 常见的质量通病

房屋建筑工程常见的质量通病有：

(1) 基础不均匀下沉，墙身开裂；

(2) 现浇钢筋混凝土工程出现蜂窝、麻面、露筋；

(3) 现浇钢筋混凝土阳台、雨篷根部开裂或倾覆、坍塌；

(4) 砂浆、混凝土配合比控制不严，任意加水，强度得不到保证；

(5) 屋面、厨房、卫生间渗水、漏水；

(6) 墙面抹灰起壳、裂缝、起麻点、不平整；

(7) 地面及楼面起砂、起壳、开裂；

(8) 门窗变形，缝隙过大，密封不严；

(9) 水暖电工安装粗糙，不符合使用要求；

(10) 结构吊装就位偏差过大；

(11) 预制构件裂缝，预埋件移位，预应力张拉不足；

(12) 砖墙接槎或预留脚手眼不符合规范要求；

(13) 金属栏杆、管道、配件锈蚀；

(14) 墙纸粘贴不牢，空鼓、折皱，压平起光；

(15) 饰面砖拼缝不平、不直，空鼓，脱落；

(16) 喷浆不均匀，脱色、掉粉等。

2. 施工质量事故发生的原因

施工质量事故发生的原因大致有：

(1) 非法承包，偷工减料

由于社会腐败现象对施工领域的侵袭，非法承包，偷工减料，"豆腐渣"工程，成为近年重大施工质量事故的首要原因。

(2) 违背基本建设程序

《建设工程质量管理条例》规定，从事建设工程活动，必须严格执行基本建设程序，坚持先勘察、后设计、再施工的原则。但是现实情况是，违反基本建设程序的现象屡禁不止，无立项、无报建、无开工许可、无招投标、无资质、无监理、无验收的"七无"工程，边勘察、边设计、边施工的"三边"工程屡见不鲜，几乎所有的重大施工质量事故都能从这个方面找到原因。

(3) 勘察设计的失误

地质勘查过于疏略，勘察报告不准不细，致使地基基础设计采用不正确的方案；或结构设计方案不正确，计算失误，构造设计不符合规范要求等。这些勘察设计的失误在施工中显现出来，导致地基不均匀沉降，结构失稳、开裂甚至倒塌。

(4) 施工的失误

施工管理人员及实际操作人员的思想、技术素质差，是造成施工质量事故的普遍原因。缺乏基本业务知识，不具备上岗的技术资质，不懂装懂瞎指挥，胡乱施工盲目干；施工管理混乱，施工组织、施工工艺技术措施不当；不按图施工，不遵守相关规范，违章作业；使用不合格的工程材料、半成品、构配件；忽视安全施工，发生安全事故等，所有这一切都可能引发施工质量事故。

(5) 自然条件的影响

建筑施工露天作业多,恶劣的天气或其他不可抗力都可能引发施工质量事故。

3. 施工质量事故预防的具体措施

(1) 严格依法进行施工组织管理

认真学习、严格遵守国家相关政策法规和建筑施工强制性条文,依法进行施工组织管理,是从源头上预防施工质量事故的根本措施。

(2) 严格按照基本建设程序办事

建设项目立项首先要做好可行性论证,未经深入调查分析和严格论证的项目不能盲目拍板定案;要彻底搞清工程地质水文条件方可开工;杜绝无证设计、无图施工;禁止任意修改设计和不按图纸施工;工程竣工不进行试车运转、不经验收不得交付使用。

(3) 认真做好工程地质勘查

地质勘查时要适当布置钻孔位置和设定钻孔深度。钻孔间距过大,不能全面反映地基实际情况;钻孔深度不够,难以查清地下软土层、滑坡、墓穴、孔洞等有害地质构造。地质勘查报告必须详细、准确,防止因根据不符合实际情况的地质资料而采用错误的基础方案,导致地基不均匀沉降、失稳,使上部结构及墙体开裂、破坏、倒塌。

(4) 科学地加固处理好地基

对软弱土、冲填土、杂填土、湿陷性黄土、膨胀土、岩层出露、熔岩、土洞等不均匀地基要做科学的加固处理。要根据不同地基的工程特性,按照地基处理与上部结构相结合使其共同工作的原则,从地基处理与设计措施、结构措施、防水措施、施工措施等方面综合考虑处理。

(5) 进行必要的设计审查复核

要请具有合格专业资质的审图机构对施工图进行审查复核,防止因设计考虑不周、结构构造不合理、设计计算错误、沉降缝及伸缩缝设置不当、悬挑结构未通过抗倾覆验算等原因,导致质量事故的发生。

(6) 严格把好建筑材料及制品的质量关

要从采购订货、进场验收、质量复验、存储和使用等几个环节,严格控制建筑材料及制品的质量,防止不合格或是变质、损坏的材料和制品用到工程上。

(7) 对施工人员进行必要的技术培训

通过技术培训使施工人员掌握基本的建筑结构和建筑材料知识,理解并认同遵守施工验收规范对保证工程质量的重要性,从而在施工中自觉遵守操作规程,不蛮干,不违章操作,不偷工减料。

(8) 加强施工过程的管理

施工人员首先要熟悉图纸,对工程的难点和关键工序、关键部位应编制专项施工方案并严格执行;施工中必须按照图纸和施工验收规范、操作规程进行;技术组织措施要正确,施工顺序不可错,脚手架和楼面不可超载堆放构件和材料;要严格按照制度进行质量检查和验收。

(9) 做好应对不利施工条件和各种灾害的预案

要根据当地气象资料的分析和预测,事先针对可能出现的风、雨、高温、严寒、雷电等不利施工条件,制定相应的施工技术措施;还要对不可预见的人为事故和严重自然灾害做好应急预案,并有相应的人力、物力贮备。

（10）加强施工安全与环境管理

许多施工安全和环境事故都会连带发生质量事故,加强施工安全与环境管理,也是预防施工质量事故的重要措施。

典型考题 9 - 8

下列施工质量事故发生原因中,属于技术原因的有(　　)。（2020 年一建）

A. 因地质勘察不细导致的桩基方案不正确

B. 因计算失误导致结构设计方案不正确

C. 因施工管理混乱导致违章作业

D. 违反建设程序的"三边"工程

E. 采用不合适的施工方法、施工工艺

正确答案:ABE。

9.3.3　施工质量事故的处理方法

1. 施工质量事故处理的依据

（1）质量事故的实况资料

质量事故的实况资料包括质量事故发生的时间、地点;质量事故状况的描述;质量事故发展变化的情况;有关质量事故的观测记录、事故现场状态的照片或录像;事故调查组调查研究所获得的第一手资料。

（2）有关的合同文件

有关的合同文件包括工程承包合同、设计委托合同、设备与器材购销合同、监理合同及分包合同等。

（3）有关的技术文件和档案

有关的技术文件和档案主要是有关的设计文件(如施工图纸和技术说明)、与施工有关的技术文件、档案和资料(如施工方案、施工计划、施工记录、施工日志、有关建筑材料的质量证明资料、现场制备材料的质量证明资料、质量事故发生后对事故状况的观测记录、试验记录或试验报告等)。

（4）相关的建设法规

相关的建设法规主要包括《中华人民共和国建筑法》《建设工程质量管理条例》和《关于做好房屋建筑和市政基础设施工程质量事故报告和调查处理工作的通知》(建质〔2010〕111 号)等与工程质量及质量事故处理有关的法规,勘察、设计、施工、监理等单位资质管理方面的法规,从业者资格管理方面的法规,建筑市场方面的法规,建筑施工方面的法规,以及标准化管理方面的法规等。

2. 施工质量事故的处理程序

施工质量事故发生后,按照建质〔2010〕111 号文的规定,事故现场有关人员人应立即向工程建设单位负责人报告。工程建设单位负责人接到报告后,应于 1 h 内向事故发生地县级以上人民政府、住房和城乡建设主管部门及有关部门报告。同时，施工项目有关负责人应根据事故现场实际情况，及时采取必要措施抢救人员和财产，保护事故现场，防止事故扩大。房屋市政工程生产安全和质量较大及以上事故的查处督办，按照住房和城乡建设部建质［2011］66号文《房屋市政工程生产安全和质量事故查处督办暂行办法》规定的程序办理。施工质量事故处理的一般程序如图9-2所示。

（1）事故调查

事故调查应力求及时、客观、全面，以便为事故的分析与处理提供正确的依据。调查结果，要整理撰写成事故调查报告，其主要内容包括：工程项目和参建单位概况；事故基本情况；事故发生后所采取的应急防护措施；事故调查中的有关数据、资料；对事故原因和事故性质的初步判断，对事故处理的建议；事故涉及人员与主要责任者的情况等。

（2）事故的原因分析

要建立在事故调查的基础上，避免情况不明就主观推断事故的原因。特别是对涉及勘察、设计、施工、材料和管理等方面的质量事故，往往事故的原因错综复杂，因此，必须对调查所得到的数据、资料进行仔细的分析，去伪存真，找出造成事故的主要原因。

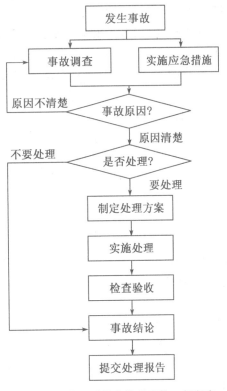

图 9-2　施工质量事故处理的一般程序

（3）制订事故处理的方案

事故的处理要建立在原因分析的基础上，并广泛地听取专家及有关方面的意见，经科学论证，决定事故是否进行处理和怎样处理。在制订事故处理方案时，应做到安全可靠，技术可行，不留隐患，经济合理，具有可操作性，满足结构安全和使用功能要求。

（4）事故处理

根据制订的质量事故处理的方案，对质量事故进行认真处理。处理的内容主要包括：事故的技术处理，以解决施工质量不合格和缺陷问题；事故的责任处罚，根据事故的性质、损失大小、情节轻重对事故的责任单位和责任人做出相应的行政处分直至追究刑事责任。

（5）事故处理的鉴定验收

质量事故的处理是否达到预期的目的，是否依然存在隐患，应当通过检查鉴定和验收做出确认事故处理的质量检查鉴定，应严格按施工验收规范和相关的质量标准的规定进行，必要时还应通过实际量测、试验和仪器检测等方法获取必要的数据，以便准确地对事故处理的结果做出鉴定，最终形成结论。

（6）提交处理报告

事故处理结束后，必须尽快向主管部门和相关单位提交完整的事故处理报告，其内容包括：事故调查的原始资料、测试的数据；事故原因分析、论证；事故处理的依据；事故处理的方案及技术措施；实施质量处理中有关的数据、记录、资料；检查验收记录；事故处理的结论等。

3. 施工质量事故处理的基本要求

（1）质量事故的处理应达到安全可靠、不留隐患、满足生产和使用要求、施工方便、经济合理的目的；

（2）重视消除造成事故的原因，注意综合治理；

（3）正确确定处理的范围和正确选择处理的时间和方法；

（4）加强事故处理的检查验收工作，认真复查事故处理的实际情况；

（5）确保事故处理期间的安全。

4. 施工质量事故处理的基本方法

（1）修补处理

当工程的某些部分的质量虽未达到规定的规范、标准或设计的要求，存在一定的缺陷，但经过修补后可以达到要求的质量标准，又不影响使用功能或外观的要求时，可采取修补处理的方法。例如，某些混凝土结构表面出现蜂窝、麻面，经调查分析，该部位经修补处理后，不会影响其使用及外观；对混凝土结构局部出现的损伤，如结构受撞击、局部未振实、冻害、火灾、酸类腐蚀、碱骨料反应等，当这些损伤仅仅在结构的表面或局部，不影响其使用和外观，可进行修补处理。再比如对混凝土结构出现的裂缝，经分析研究后如果不影响结构的安全和使用时，也可采取修补处理。例如，当裂缝宽度不大于 0.2 mm 时，可采用表面密封法；当裂缝宽度大于 0.3 mm 时，可采用嵌缝密闭法；当裂缝较深时，则应采取灌浆修补的方法。

（2）加固处理

主要是针对危及承载力的质量缺陷的处理。通过对缺陷的加固处理，使建筑结构恢复或提高承载力，重新满足结构安全性及可靠性的要求，使结构能继续使用或改作其他用途。例如，对混凝土结构常用加固的方法主要有：增大截面加固法、外包角钢加固法、粘钢加固法、增设支点加固法、增设剪力墙加固法和预应力加固法等。

（3）返工处理

当工程质量缺陷经过修补处理后仍不能满足规定的质量标准要求，或不具备补救可能性，则必须实行返工处理。例如，某防洪堤坝填筑压实后，其压实土的干密度未达到规定值，经核算将影响土体的稳定且不满足抗渗能力的要求，须挖除不合格土，重新填筑，进行返工处理；某公路桥梁工程预应力按规定张拉系数为 1.3，而实际仅为 0.8，属严重的质量缺陷，也无法修补，只能返工处理。再比如某工厂设备基础的混凝土浇筑时掺入木质素磺酸钙减水剂，因施工管理不善，掺量多于规定 7 倍，导致混凝土坍落度大于 180 mm，石子下沉，混凝土结构不均匀，浇筑后 5 天仍然不凝固硬化，28 天的混凝土实际强度不到规定强度的 32%，不得不返工重浇。

（4）限制使用

当工程质量缺陷按修补方法处理后无法保证达到规定的使用要求和安全要求，而又无法返工处理的情况下，不得已时可做出诸如结构卸荷或减荷以及限制使用的决定。

（5）不做处理

某些工程质量问题虽然达不到规定的要求或标准，但其情况不严重，对工程或结构的使用及安全影响很小，经过分析、论证、法定检测单位鉴定和设计单位等认可后可不专门作处理。一般可不作专门处理的情况有以下几种：

① 不影响结构安全、生产工艺和使用要求的。例如，有的工业建筑物出现放线定位的偏差，且严重超过规范标准规定，若要纠正会造成重大经济损失，但经过分析、论证其偏差不影响生产工艺和正常使用，在外观上也无明显影响，可不做处理。又如，某些部位的混凝土表面的裂缝，经检查分析，属于表面养护不够的干缩微裂，不影响使用和外观，也可不做处理。

② 后道工序可以弥补的质量缺陷。例如，混凝土结构表面的轻微麻面，可通过后续的抹灰、刮涂、喷涂等弥补，也可不做处理。再比如，混凝土现浇楼面的平整度偏差达到10 mm，但由于后续垫层和面层的施工可以弥补，所以也可不做处理。

③ 法定检测单位鉴定合格的。例如，某检验批混凝土试块强度值不满足规范要求，强度不足，但经法定检测单位对混凝土实体强度进行实际检测后，其实际强度达到规范允许和设计要求值时，可不做处理。对经检测未达到要求值，但相差不多，经分析论证，只要使用前经再次检测达到设计强度，也可不做处理，但应严格控制施工荷载。

④ 出现的质量缺陷，经检测鉴定达不到设计要求，但经原设计单位核算，仍能满足结构安全和使用功能的。例如，某一结构构件截面尺寸不足，或材料强度不足，影响结构承载力，但按实际情况进行复核验算后仍能满足设计要求的承载力时，可不进行专门处理。这种做法实际上是挖掘设计潜力或降低设计的安全系数，应谨慎处理。

（6）报废处理

出现质量事故的工程，通过分析或实践，采取上述处理方法后仍不能满足规定的质量要求或标准，则必须予以报废处理。

典型考题 9 - 9

工程质量缺陷按修补方案处理后，仍无法保证达到规定的使用和安全要求，又无法返工处理的，其正确的处理方式是（　　）。（2016 年二建）

A. 限制使用　　　B. 报废处理　　　C. 加固处理　　　D. 不做处理

正确答案：A。

自测与案例

一、单项选择题

1. 影响施工质量的五大要素是指人、材料、机械及（　　）。（2016 年二建）

　　A. 方法与环境　　　　　　　　B. 投资额与合同工期

　　C. 方法与设计方案　　　　　　D. 投资额与环境

2. 关于施工质量控制特点的说法，正确的是（　　）。（2015 年二建）

A. 施工质量受到各种因素影响,因此要保证质量合格很难完全控制

B. 施工生产不能进行标准化施工,因此各个工程质量有差异是难免的

C. 施工质量控制中,必须强调过程控制,及时做好检查、签证记录

D. 施工质量主要依靠对工程实体的终检来判断是否合格

3. 在影响施工质量的五大主要因素中,建设主管部门推广的高性能混凝土技术,属于(   )的因素。(2015 年二建)

  A. 环境   B. 材料   C. 机械   D. 方法

4. 下列影响施工质量的环境因素中,属于管理环境因素的是(   )。(2020 年二建)

  A. 施工现场平面布置和空间环境 B. 施工现场道路交通情况

  C. 施工现场安全防护措施   D. 施工参建单位之间的协调

5. 为消除施工质量通病而采用新型脚手架应用技术的做法,属于质量影响因素中对(   )因素的控制。(2019 年二建)

  A. 材料   B. 机械   C. 方法   D. 环境

6. 下列影响建设工程施工质量的因素中,作为施工质量控制基本出发点的因素是(   )。(2018 年二建)

   A. 人   B. 机械   C. 材料   D. 环境

7. 工程质量缺陷按修补方案处理后,仍无法保证达到规定的使用和安全要求,又无法返工处理的,其正确的处理方式是(   )。(2016 年二建)

  A. 限制使用 B. 报废处理 C. 加固处理 D. 不做处理

8. 某工程混凝土结构出现了宽度大于 0.3 mm 的裂缝,经分析研究不影响结构的安全和使用,可采取的处理方法是(   )(2022 年二建)

  A. 返工处理 B. 返修处理 C. 限制使用 D. 不做处理

9. 某工程发生的质量事故导致 2 人死亡,直接经济损失 4 500 万元,则该质量事故等级是(   )。(2020 年二建)

  A. 一般事故 B. 重大事故 C. 特别重大事故 D. 较大事故

10. 建设工程项目质量管理的 PDCA 循环中,质量处置(A)阶段的主要任务是(   )。(2019 年一建)

  A. 明确质量目并标制定实现目标的行动方案

  B. 将质量计划落实到工程项目的施工作业技术活动中

  C. 对质量问题进行原因分析,采取措施予以纠正

  D. 对计划实施过程进行科学管理

二、多项选择题

1. 施工质量控制的特点有(   )。(2016 年二建)

  A. 结果控制要求高   B. 控制的难度大

  C. 需要控制的因素多   D. 终检局限性大

  E. 过程控制要求高

2. 下列影响施工质量的因素中,属于材料因素的有(   )。(2016 年二建)

  A. 计量器具   B. 建筑构配件

C. 新型模板　　　　　　　　D. 工程设备

E. 安全防护设施

3. 下列导致施工质量事故发生的原因中,属于施工失误的有(　　)。(2015 年二建)

A. 使用不合格的工程材料　　　　B. 边勘察,边设计,边施工

C. 勘察报告不准,不细　　　　　　D. 施工人员不具备上岗的技术资源

E. 施工管理混乱

4. 施工质量保证体系运行包括的环节有(　　)。(2022 年二建)

A. 计划　　　　B. 实施　　　　C. 检查　　　　D. 处理　　　　E. 评价

5. 下列施工质量事故中,属于指导责任事故的有(　　)。(2017 年二建)

A. 混凝土振捣疏漏造成的质量事故

B. 砌筑工人不按操作规程施工导致墙体倒塌

C. 负责人放松质量标准造成的质量事故

D. 负责人追求施工进度造成的质量事故

E. 浇筑混凝土操作者随意加水使强度降低造成的质量事故

三、案例题

1. 背景资料

某小区住宅楼工程,建筑面积为 43 177 m²,地上 9 层,结构为全现浇剪力墙结构,基础为条形基础,施工过程中每道工序严格按照"三检制"进行检查验收。建设单位为某房地产开发公司,设计单位为某设计院,监理单位为某监理公司,施工单位为某建设集团公司,材料供应为某贸易公司。施工过程中发生了一层剪力墙模板拆模后,局部混凝土表面因缺少水泥砂浆而形成石子外露质量事件。

问题:(1) 本案例中的建筑工程质量检查中"三检制"是指什么?

(2) 在该工程施工质量控制过程中,谁是自控主体? 谁是监控主体?

(3) 质量事故处理的方法有哪些? 针对该质量事故应该怎么进行处理?

2. 背景资料

某工程建筑面积有 35 000 m²,建筑高度为 115 m,为 36 层现浇框架-剪力墙结构,地下 2 层,抗震设防烈度为 8 度,由某建筑公司总承包,工程于 2022 年 2 月 18 日开工。工程开工后,由项目经理部质量负责人组织编制施工项目质量计划。

问题:(1) 项目经理部质量负责人组织编制施工项目质量计划的做法对吗? 为什么?

(2) 施工项目质量计划的编制要求有哪些?

(3) 项目质量控制的方针和基本程序是什么?

参考答案

参考文献

[1] 中华人民共和国国家标准. 建筑施工组织设计规范:GB/T 50502—2009[S]. 北京:中国建筑工业出版社,2009.

[2] 中华人民共和国国家标准. 建设工程项目管理规范:GB/T 50326—2017[S]. 北京:中国建筑工业出版社. 2017.

[3] 中华人民共和国行业标准. 建筑施工安全检查标准:JGJ 59—2011[S]. 北京:中国建筑工业出版社. 2012.

[4] 中华人民共和国行业标准. 施工现场临时建筑物技术规范:JGJ/T 188—2009[S]. 北京:中国建筑工业出版社. 2011.

[5] 中华人民共和国行业标准. 施工现场临时用电安全技术规范:JGJ 46—2005[S]. 北京:中国建筑工业出版社. 2005.

[6] 中华人民共和国行业标准. 建设工程施工现场环境与卫生标准:JGJ 146—2013[S]. 北京:中国建筑工业出版社. 2013.

[7] 中华人民共和国行业标准. 工程网络计划技术规程:JGJ/T 121—2015[S]. 北京:中国建筑工业出版社. 2015.

[8] 全国一级建造师执业资格考试用书编写委员会. 建筑工程项目管理[M]. 北京:中国建筑工业出版社. 2022.

[9] 全国一级建造师执业资格考试用书编写委员会. 建筑工程管理与实物[M]. 北京:中国建筑工业出版社. 2022.

[10] 全国二级建造师执业资格考试用书编写委员会. 建筑工程管理与实物[M]. 北京:中国建筑工业出版社. 2022.

[11] 全国二级建造师执业资格考试用书编写委员会. 建筑工程施工管理[M]. 北京:中国建筑工业出版社. 2022.

[12] 危道军. 工程项目管理[M]. 4 版. 武汉:武汉理工大学出版社. 2019.

[13] 庞业海,何培斌. 建筑工程项目管理[M]. 2 版. 北京:北京理工大学出版社. 2018

[14] 范红岩,宋岩丽. 建筑工程项目管理[M]. 2 版. 北京:北京大学出版社. 2016.

[15] 鄢维峰,印宝权. 建筑工程施工组织设计[M]. 北京:北京大学出版社. 2018.